现代仪器分析实验指导

主　编：孙爱丽　刘　艳　史西志

副主编：张泽明　刘　华　张蓉蓉　焦海峰

吉林大学出版社

·长春·

图书在版编目(CIP)数据

现代仪器分析实验指导 / 孙爱丽，刘艳，史西志主编. — 长春：吉林大学出版社，2024.4
ISBN 978-7-5768-3147-4

Ⅰ. ①现… Ⅱ. ①孙… ②刘… ③史… Ⅲ. ①仪器分析－实验－高等学校－教学参考资料 Ⅳ. ① O657-33

中国国家版本馆 CIP 数据核字 (2024) 第 083361 号

书　　名：现代仪器分析实验指导
　　　　　XIANDAI YIQI FENXI SHIYAN ZHIDAO

作　　者：孙爱丽　刘艳　史西志
策划编辑：邵宇彤
责任编辑：单海霞
责任校对：樊俊恒
装帧设计：寒　露
出版发行：吉林大学出版社
社　　址：长春市人民大街4059号
邮政编码：130021
发行电话：0431-89580036/58
网　　址：http://www.jlup.com.cn
电子邮箱：jldxcbs@sina.com
印　　刷：河北万卷印刷有限公司
成品尺寸：185mm×260mm　16开
印　　张：14
字　　数：284千字
版　　次：2024年4月第1版
印　　次：2024年4月第1次
书　　号：ISBN 978-7-5768-3147-4
定　　价：88.00元

前 言

仪器分析实验作为实践教学环节，应密切配合理论课的教学，使学生加深对各种仪器分析方法基本原理的理解，能够正确和熟练地使用各种分析仪器，同时培养学生运用仪器分析的手段解决实际问题的能力。因此，本教材在内容上力求既结合实际，又突出实验方法“实用、适用、简便和先进性”的特点；书中的分析对象选取了水体、生物、食品、药品、土壤等，兼顾各个专业的特点和需要；通过仪器分析与实验相结合，使学生加深对仪器分析基本原理的理解，掌握常见分析仪器的基本构造、使用方法及其在分析测试中的应用；让学生学会正确地使用分析仪器，合理地选择实验条件，正确处理数据和表达实验结果；培养学生严谨求实的科学态度和独立创新的能力。同时，本书结合实际应用要求，在仪器的组成和结构当中介绍了各种仪器的维护及配件的选择、实验方法的选择等内容，力求反映理工科特色，努力联系工程、社会和生活实际，实现基础与前沿等内容的有机结合，培养学生从事科学研究的能力和综合实践能力。

由于编者水平有限，书中的不当和疏漏之处在所难免，诚恳地希望读者批评指正。

编 者

2024 年 4 月

目　录

第 1 章　绪　论

分析化学（analysis chemistry）是关于研究物质的组成、含量、结构和形态等化学信息的分析方法及理论的一门科学，是化学的一个重要分支。化学分析（chemical analysis）是以物质的化学反应为基础确定物质化学成分或组成的方法，是基于物质的化学反应的分析方法。

近年来，传统的仪器分析手段逐渐被赋予了新的内涵，新的分析手段也应运而生，如电子计算机、激光等新兴科技的发展迅速，使得目前的化学分析方法也逐渐朝着仪器化方向发展（如使用自动滴定的称量直读天平、用滴定管来表示滴定剂的体积数字等），但是其基本原理并未发生变化，因此化学分析与仪器分析仍然有着巨大的不同。

然而，仪器分析和化学分析并不是毫无关系的。在化学分析的基础上，仪器分析得到了持续的发展，许多仪器分析方法必须配合化学分析方法使用才能共同完成测定的全部过程，如试样的处理、分离及掩蔽等。

需要说明的是，仪器分析并非独立学科，它综合了几种不同的研究方法，这些仪器研究方法在化学学科中十分重要，因此它们已不再局限于分析本身，而是应用于化学理论与实际问题的研究与解决。

化学、化工、医药、环境、食品等多个专业均设有仪器分析课程，并将仪器分析列为专业的必修课程。仪器分析不仅为定性与定量研究提供了方法上的依据，还为定性与定量研究提供了一种快捷、简便的方法基础。

本书旨在通过学习，让学生对仪器的基本构造有一定的认识，并能对常见仪器进行分析，以提高学生作为工程技术人员所必备的基本仪器分析素质，让学生能够根据分析目的，正确地选用适当的分析方法，综合运用所学到的多种仪器分析知识。

1.1 仪器分析概述

1.1.1 现代仪器分析的内容及分类

迄今为止，已有多种仪器分析方法问世，它们的原理、仪器结构、操作和适用范围各异，大多发展成了独立的学科分支。然而，这些分析方法都可用于分析化学的测量和表征。表 1-1 列出了不同仪器分析方法的特征性质，基于这些特征性质，仪器分析一般可分为以下几类。

表 1-1 仪器分析方法分类及特征性质

方法分类	主要分析方法	特征性质
光谱法	原子发射光谱法、原子荧光光谱法、分子荧光光谱法、分子磷光光谱法、化学发光法	辐射的发射
	紫外 - 可见吸收光谱法、原子吸收光谱法、红外光谱法、核磁共振波谱法	辐射的吸收
	比浊法、拉曼光谱法	辐射的散射
非光谱法	折射法、干涉法	辐射的折射
	X 射线衍射法、电子衍射法	辐射的衍射
	偏振法	辐射的旋转
电分析化学法	电位法	电极电位
	极谱法、伏安法	电流
	库仑法	电量
色谱法	气相色谱法、液相色谱法、超临界流体色谱法、毛细管电泳法	两相间的分配
其他方法	热重分析、差热分析	热性质
	质谱法	质荷比
	放射化学分析法	放射性

1. 光学分析法

光学分析法可以分为两大类，即光谱法和非光谱法。光谱法是通过测量物质内部能级跃迁所产生的光谱波长和强度进行分析的方法。非光谱法则是在不涉及物质内部能级跃迁的情况下，基于物质与辐射相互作用时测量辐射的某些性质（如散射、折射、干涉、衍射和偏振等变化）进行分析的方法。

2. 电分析化学法

电分析化学法是根据溶液中物质的电化学性质及其变化规律进行分析的方法，它通过测量电位、电流、电量等参数，以及参数与其他化学参数之间的相互作用关系来实现分析。

3. 色谱法

色谱法是一种物理化学分离分析的方法，主要包括气相色谱法、液相色谱法、超临界流体色谱法和毛细管电泳法等。色谱法利用被分离组分在固定相和流动相重复分配的原理，通过两相之间分配系数的不同进行分析。

4. 其他仪器分析方法

其他仪器分析方法包括质谱法、放射化学分析法和热分析法等几种方法。质谱法是一种利用质谱仪将物质在离子源中电离成带电离子，通过测定离子的质荷比（m/z）来进行分析的方法。放射化学分析法是利用放射性同位素和核辐射测量对元素进行微量和痕量分析的方法。常见的放射化学分析法包括使用放射性同位素作为示踪剂进行示踪以及活化分析法（通过对样品进行中子或其他带电粒子轰击来测量样品中产生的核辐射种类及其强度）。热分析法是通过指定的控温程序控制样品的加热过程，并检测加热过程中产生的各种物理和化学变化。常见的热分析方法包括热重分析（TGA）、差热分析（DTA）和差示扫描量热分析（DSC）等。

1.1.2 仪器分析的特点

仪器分析得以广泛应用并获得迅速发展的原因与其特点有关。仪器分析主要有以下几个特点。

第一，分析速度快，适用于批量试样的检测。许多仪器配备了连续自动进样装置，利用数字显示和电子计算机技术，能够在短时间内快速分析多个样品，更适用于批量分析。有些仪器可以同时测定多种组分，如 Leeman Labs 公司的 PS 3000 扫描 / 直读联合 ICP 发射光谱仪，直读部分采用了阵列式光电倍增管设计，扫描分析和直读分析共享一个光学系统，可以实现 45 个元素的同时测定。

第二，对测定微量成分具有较高的灵敏度。相对灵敏度从 $10^{-4}\%$ 提高到 $10^{-7}\%$，甚至能够达到 $10^{-10}\%$，绝对灵敏度从 1×10^{-4} g 发展到微量分析的 1×10^{-14} g。

第三，在线分析与远程监控更为简便。在线分析以其可观的经济效益吸引了人们的关注，目前人们已开发出各种不同类型的在线分析仪器，这些仪器可用于不同的生产过程。例如，中子水分计可以在不破坏物料结构的情况下进行在线分析，光纤探头式分光光度计可以在仪器距离检测点 50 m 处直接进行监测，这些技术使在线分析和远程监控更为简便和高效。

第四，能适应各种不同分析要求，具有非常广泛的用途。

第五，试样用量少，分析过程不会破坏试样，对分析复杂的试样成分更能起到事半功倍的效果。

各种仪器分析方法尽管都有其优越性和应用范围，但也存在着许多不足，以下几点是仪器分析的局限性：

第一，对维修保护和环境要求较高的仪器设备，其结构复杂，价格也相对较高。

第二，仪器分析一般需要用已知成分的标准物质进行对照，这会限制仪器分析的广泛应用。

第三，相对误差比较大，常量、含量高的分析往往不太适用。

因此，仪器分析法在运用时要结合问题具体分析，取长补短，这样才能使各种实际的化学问题迎刃而解。

1.1.3 发展中的仪器分析

随着科技的进步，多学科之间的相互渗透和融合推动了仪器分析技术的快速发展和广泛应用。从研究对象来看，与生命科学、环境科学和新材料相联系的仪器分析方法是当前分析科学研究的热点；从检测方法来看，几种检测方法的结合使检测趋向于灵敏、快捷、准确、简单、自动化；从分析方法来看，现代仪器分析与化学计量学是当前最为活跃的研究领域，促进了仪器分析技术的快速发展，使原有的研究方法日趋成熟，新的仪器不断出现，新的研究方法也在不断出现。

电化学分析通常使用酸度计，并由此衍生出多种应用方法。其中，导数差示脉冲极谱法已经应用于抗生素、维生素、激素，以及中草药有效成分等药物的定性和定量分析，该技术与其他技术（如俄歇电子能谱、拉曼低能电子衍射等）的结合应用可以结合计算机技术显著提高其灵敏度，并拓展其应用范围，如脉冲伏安技术可以显著提高灵敏度，使其达到 10^{-12} mol 数量级。化学传感器、离子选择性电极和生物传感器的应用扩展了电分析化学研究的时空范围，可以满足生物分析和生命科学发展的需求。在生命科学活体分析中，微电极技术也具有良好的应用前景。

在光谱分析领域常用的技术包括紫外 - 可见分光光度法、红外光谱法、荧光光谱法和原子吸收法等。紫外–可见分光光度法已经被广泛用于药物制剂的量的分析测定以及均匀度或溶出度检测，该方法是《中国药典》常用的方法之一。红外光谱法是鉴别有机原料的最佳手段，可以对有机原料进行化学性质的研究，微分、差示、系数倍率、三波长、正交函数等方法能有效地降低杂质的干扰，使分离操作更加简便。光谱分析将等离子体、傅里叶变换、激光及光纤传感技术相结合，发展出新型的基于电感耦合的高频等离子体光谱、傅里叶红外光谱、等离子体质谱、激光及化学发光等新技术，实现了对样品的高灵敏度检测，降低干扰。

色谱法中常见的有气相色谱（GC）、液相色谱（HPLC）、毛细管电泳（毛细管电色谱）、手性色谱、凝胶色谱、电色谱等。HPLC 是《中国药典》中应用较多的一种仪器分析方法，在药品分析中占有很大比例。GC 在中药挥发性物质分析中具有独特的优势。毛细管电色谱法是近年来迅速发展起来的一项新兴的分离检测技术，可用于氨基酸、核酸、多肽、蛋白质等离子型生物大分子的快速、高效检测，在生命科学等方面具有重要的应用价值。

随着计算机技术的不断发展，仪器分析技术也发生了变革。在许多检测设备中，计算机已成为不可或缺的一部分，它赋予了分析工具如同“大脑”一般的“智能”。许多配备了计算机的分析仪器都具备了人机交互的能力，从样品确定、数据处理到给出实验报告，再到仪器故障诊断，全过程都由仪器的智能来控制，这极大地提高了分析的精度、灵敏度和速度，从而使操作更加简单，测定更加自动化。例如，许多色谱仪都配有微机“工作站”，它不仅能够对试验结果进行分析、处理，而且能够用电脑设置分析程序，对色谱仪内的各种分析条件进行控制。

1.2　实验室一般知识

1.2.1　仪器分析实验室规则

1. 实验基本要求

（1）要做好实验前准备。在进行实验之前，必须对实验流程、操作步骤、实验器材和化学药品等进行充分的准备和了解。

（2）要爱护仪器，对不熟悉的仪器首先要认真阅读使用说明，按照教师指导进行操作。请勿擅自使用，以免损坏设备。

（3）在实验过程中，保持安静、仔细观察、做好记录、认真思考是非常重要的，这有助于避免疏忽和错误。同时要遵守实验室的安全规程，保持实验室和实验台的干净和整洁，对废液和固体废弃物进行分类和无害化处理，确保实验室环境的安全和卫生。

（4）在实验报告中，要如实反映实验情况并遵循一定的格式，记录原始数据并保持客观的科学态度非常重要，这有助于他人理解和验证实验结果，也能够保证数据的准确性和可信度。保持记录本的完整性、不随意修改或删除数据，以及保持有效数字与设备精度一致，这些都是保证实验数据可靠性的重要步骤。

（5）实验报告应该包括以下内容。

①姓名：实验报告的作者姓名。

②实验项目及日期：实验报告所涉及的实验项目和实验日期。

③实验目的、实验原理及实验步骤：对实验目的和实验要求进行简要描述，并介绍实验的原理和主要的实验步骤。

④实验数据原始记录：记录实验中所得到的原始数据，包括测量数据、实验结果等。

⑤结果处理：对实验数据进行处理，包括制作图表、计算公式和实验结果等。

⑥实验总结：对实验过程和结果进行总结，包括实验中遇到的问题、解决问题的方法和对实验结果的分析等。

（6）实验完成后，要及时擦净玻璃器皿，恢复仪器状态，填写使用登记表，清理工作台，并按时上交实验报告。

（7）值日生将国家管制化学药品的使用情况登记在册，协助实验室管理人员妥善处置国家管制化学药品及其在实验中产生的有害物质，并将实验室打扫干净，关闭水、电、煤气、窗、门，检查无误后，方可离开实验室。

2. 实验室安全规则

（1）禁止在实验室内饮食和抽烟。

（2）在配制溶液时，对浓酸或浓碱等具有腐蚀性的物质，应将浓酸或浓碱注入水中，而不得将水注入浓酸或浓碱中。

（3）从瓶中取用试剂后，应立即盖好试剂瓶盖。决不可将取出的试剂倒回原试剂贮存瓶内。

（4）妥善处理实验中产生的有害固体或液体废弃物。应按照废弃物形态或污染性质分类回收，然后根据《危险废物贮存污染控制标准》（GB 18597—2023）、《危险废物焚烧污染控制标准》（GB 18484—2020）、《危险废物填埋污染控制标准》（GB 18598—2019）等国家标准自行或委托相关专业公司进行贮存、焚烧、填埋等处理。实验室中通过下水道排放的废液需要经过科学处理，并且符合《地表水环境质量标准》（GB 3838—2002）V 类水质标准。

（5）在使用汞盐、砷化物、氰化物等毒性较强的物品时要特别留心。为避免产生剧毒的 HCN，不要将氰化物与酸性物质接触。在处理氰化物时，应将其倒在碱性的亚铁盐溶液中，使之转变为亚铁氰化铁盐，然后倒回回收容器中。过氧化氢会侵蚀皮肤，在与化学物品接触后应立即洗手。

（6）将玻璃管、温度计或漏斗插入塞孔前，应用水或适当的润滑剂润湿，用毛巾包好再插入，两手不要分得太开，以免玻璃管等折断划伤手。

（7）闻气味时，不可将鼻子直接贴近瓶口，应当用手将气味慢慢扇向鼻子处。取用易挥发且具有刺激性气味的试剂时，需要在通风橱进行操作。开启试剂瓶盖时，禁止将瓶口对向实验人员面部。在夏天打开盖子时，最好用凉水来冷却。若试剂溅到皮肤、眼睛，要马上用清水冲洗，再用5%碳酸氢钠（酸蚀时使用）或者5%硼酸（碱性侵蚀时使用）进行冲洗。

（8）在使用有机试剂过程中，要注意避免接触到火源。使用完毕，应拧紧瓶盖，将其放于阴凉处进行保存。

（9）下列实验应在通风橱内进行：①制备或反应过程中产生有毒、刺激性的气体；②加热或蒸发 HNO_3、H_2SO_4 或 H_3PO_4 等溶液；③溶解试样。

（10）如果发生化学烧伤，必须马上用大量清水冲洗（如果需要，可以使用应急喷雾设备），并脱掉被污染的衣物；当眼睛被化学物质烧伤或者有外来物质侵入时，要马上张开双眼，然后用大量的清水（使用洗眼器）进行冲洗，最少15 min，冲洗后迅速就医；如果出现皮肤灼伤，可以将硼酸涂抹在灼伤部位；如果情况严重，需要及时就医。

（11）加热操作时，实验人员不得离开操作台。

（12）不能用湿手接触电器插头或开关。

（13）使用精密仪器时，要严格按照操作规程进行，使用结束后，要把所有的按钮复位，并切断电源。

（14）在突发事件中要保持镇定，切断电源、气源等，并及时向老师汇报。

1.2.2 分析实验室用水的规格和制备

在分析实验室中，用来溶解、稀释、配制溶液的水都要进行纯化处理。针对不同的分析需求，纯水的制备方法也不同。在实验室中，常用的纯水有蒸馏水、二次蒸馏水、去离子水、无二氧化碳蒸馏水和无氨蒸馏水。

1.分析实验室用水的规格

根据中华人民共和国国家标准GB/T 6682—2008《分析实验室用水规格和试验方法》的规定，分析实验室用水分为三个级别：一级水、二级水和三级水。分析实验室用水应符合表1-2所列规格。

表 1–2　分析实验室用水规格

项目	一级	二级	三级
pH 范围（25 ℃）	—	—	5.0 ～ 7.5
电导率（25℃）/（mS/m）	≤ 0.01	≤ 0.10	≤ 0.50
可氧化物质含量（以 O 计）/（mg/L）	—	≤ 0.08	≤ 0.4
吸光度（254 nm，1 cm 光程）	≤ 0.001	≤ 0.01	—
蒸发残渣（105 ± 2℃）含量 /（mg/L）	—	1.0	2.0
可溶性硅（以 SiO_2 计）含量 /（mg/L）	≤ 0.01	≤ 0.02	—

注：1. 由于在一级水、二级水的纯度下，难以测定其真实的 pH，因此对一级水、二级水的 pH 范围不作规定。

2. 一级水、二级水的电导率需用新制备的水“在线”测定。

3. 由于在一级水的纯度下，难以测定可氧化物质和蒸发残渣，对其限量不作规定，可用其他条件和制备方法来保证一级水的质量。

一级水用于有严格要求的分析试验，包括对颗粒有要求的试验，如高效液相色谱用水。一级水可用二级水经过石英设备蒸馏或离子交换混合床处理后，再经 0.2 μm 微孔滤膜过滤来制取。

二级水用于无机痕量分析等试验，如原子吸收光谱分析用水。二级水可用多次蒸馏或离子交换等方法制取。

三级水用于一般的化学分析试验。三级水可用蒸馏或离子交换等方法制取。

为保证实验室所用蒸馏水的纯度，我们需将蒸馏瓶加塞，将虹吸管内外进行清洁，切勿将浓盐酸、氨水等易挥发的试剂存放在蒸馏瓶周围，以免造成污染。蒸馏水一般是用清洗瓶收集的。用洗瓶取水时，切勿拔去瓶塞及玻璃管，更不可将蒸馏瓶的虹吸管插进洗瓶中。

一般情况下，蒸馏水都存放在玻璃瓶中，去离子水则存放在聚乙烯塑料容器中，高纯水保存在石英或聚乙烯塑料容器中。

2. 水纯度的检测

水质检测的方法是按照国家标准 GB/T 6682—2008 规定的试验方法进行的。此外，根据实验室的任务和需求，我们对实验用水也可采用以下方法进行一些项目的检测，以确保水的质量。

（1）酸度检测。纯水的 pH 要求为 6 ～ 7。检测方法如下：取两个试管，各加入 10 mL 待测水，其中一个试管中加入 2 滴 0.1% 甲基红指示剂不出现红色变化，另一个试管中加入 5 滴 0.1% 溴麝香草酚蓝指示剂不出现蓝色变化，即为合格。

（2）硫酸根检测。取 2 ～ 3 mL 待测水放入试管中，加 2 ～ 3 滴 2 mol · L^{-1} 盐酸酸化，再加 1 滴 0.1% 氯化钡溶液，放置 15 h，无沉淀析出，即为合格。

（3）氯离子检测。取 2 ～ 3 mL 待测水，加入 1 滴 6 mol · L^{-1} 硝酸酸化，再加入 1 滴 0.1% 硝酸银溶液，如果不产生混浊，即为合格。

（4）钙离子检测。取 2 ～ 3 mL 待测水，加入数滴 6 mol · L^{-1} 氨水将其调整为碱性，然后加入 2 滴饱和乙二酸铵溶液，放置 12 h，如果没有沉淀析出，即为合格。

（5）镁离子检测。取 2 ～ 3 mL 待测水，加入 1 滴 0.1% 达旦黄和数滴 6 mol · L^{-1} 氢氧化钠溶液，如果出现淡红色，表示含有镁离子；如果呈橙色，则为合格。

（6）铵根离子检测。取 2 ～ 3 mL 待测水，加 1 ～ 2 滴奈氏试剂，若呈黄色则有铵根离子。

（7）游离二氧化碳检测。取 100 mL 待测水加入锥形瓶中，再加入 3 ～ 4 滴 0.1% 酚酞溶液，如果出现淡红色，表示没有游离二氧化碳；如果为无色，可加入 0.1 mol · L^{-1} 氢氧化钠溶液至淡红色，1 min 内不消失即为终点。然后计算游离二氧化碳的含量，但要注意，氢氧化钠溶液用量不得超过 0.1 mL。

3. 水纯度分析结果

分析结果的表示方法有以下几种。

（1）毫克 / 升（mg/L）。毫克 / 升表示每升水中某物质的毫克含量。

（2）微克 / 升（μg/L）。微克 / 升表示每升水中某物质的微克含量。

（3）硬度。在我国，硬度通常按照德国标准表示，即 1 硬度表示 1 L 水中含有 10 mg 氧化钙。

4. 各种纯度水的制备

（1）蒸馏水。将自来水通过蒸馏设备进行加热和汽化，然后冷凝蒸汽，以获得蒸馏水。由于大部分杂质离子不挥发，蒸馏水中的杂质含量远低于自来水，虽然还含有少量金属离子和二氧化碳等杂质，但相对较纯，可达到三级水的标准。

（2）二次石英亚沸蒸馏水。为了获得更高纯度的蒸馏水，我们可以将蒸馏水进行二次蒸馏，并在蒸馏水中加入适当试剂以抑制某些杂质的挥发。例如，添加甘露醇可以抑制硼的挥发，添加高锰酸钾可以分解有机物并防止二氧化碳的蒸发。二次蒸馏水通常可以达到二级水的标准。二次蒸馏使用的是石英亚沸蒸馏器，该装置在液面上方加热，使液面始终保持亚沸状态，从而将水蒸气中的杂质减少到最低。

（3）去离子水。自来水或普通蒸馏水通过离子树脂交换柱后所得的水称为去离子水。在制备时，一般将水依次通过阳离子树脂交换柱、阴离子树脂交换柱、阴阳离子树脂混合交换柱。去离子水纯度比蒸馏水纯度高，质量可达到二级水或一级水指标，但对非电解质及胶体物质无效，同时会有微量的有机物从树脂溶出，因此根据需要可将去离子水进行重蒸馏以得到高纯水。

另外，市场上出售的离子交换纯水器，也可以用于实验室制备去离子水。

5. 特殊用水的制备

（1）无氨水。无氨水有两种制备方法。第一种方法是在每升蒸馏水中加入25 mL 5%氢氧化钠溶液，然后将其煮沸1 h，随后通过前面提到的方法检测铵根离子，确保无氨水的纯度。第二种方法是在每升蒸馏水中加入2 mL浓硫酸，然后进行二次蒸馏，从而获得无氨水。

（2）无二氧化碳蒸馏水。首先将蒸馏水煮沸，煮至原来体积的$\frac{1}{4}$或$\frac{1}{5}$，然后与空气隔离，并冷却。这种水应储存在连接碱石灰吸收管的瓶中，以保持其pH为7。

（3）无氯蒸馏水。制备方法如下：将蒸馏水置于坚硬玻璃蒸馏器中进行初次煮沸，然后进行二次蒸馏，收集中间部分的馏出物，即可获得无氯蒸馏水。

6. 水纯化设备

实验室中的水纯化设备已经非常多样化。目前，国内外已经有商品化的仪器用于生产各种不同用途的纯水和超纯水，以满足实验室的特定需求。例如，Millipore纯水系统整合了多种先进技术（包括反渗透、连续电流去离子、紫外光氧化、微孔过滤、超滤和超纯水去离子等），可以用于超痕量元素分析、微量有机化合物分析、分子生物学、微生物培养基的制备、缓冲液配制，以及生化试剂的制备等多种特定用途的实验场合，提供高纯度水。这些高度先进的设备在确保实验水质纯净性的同时，提供了方便、高效的水纯化过程，使实验室工作更加顺畅和可靠。这些设备已经成为科研、医学、制药和生命科学领域不可或缺的工具，有助于实验室工作者取得准确可靠的实验结果。

1.2.3 常用玻璃器皿的洗涤

1. 洗涤方法

分析化学实验中确保器皿的洁净是非常重要的，常用的洗涤方法如下：

（1）刷洗。此方法是使用清水和毛刷来清除器皿上的污渍和其他杂质。

（2）用去污粉、肥皂或合成洗涤剂。此方法适用于一般的污渍和杂质，洗涤时先湿润器皿，然后使用少量去污粉、肥皂或洗涤剂，用毛刷清洗器皿的内外表面，最后用水冲洗。

（3）使用铬酸洗液。此方法适用于清洗被无机物污染的器皿，对油脂也有良好的去污效果，但需小心使用，因为铬酸洗液具有强酸性和氧化性，会腐蚀材料。

（4）用酸性洗液洗涤。此方法根据器皿中污物的性质，选择不同浓度的硝酸、盐酸和硫酸进行洗涤或浸泡，并可适当加热。不同酸性洗液适用于不同类型的污垢和器皿材料，需根据具体情况选择使用。例如，浓盐酸适用于去除器皿表面的氧化剂（如二氧化锰）以及大多数不溶于水的无机物，也可用于清洁灼烧过的瓷坩埚，洗涤时先用体积比为 1 ∶ 1 的盐酸洗涤，然后使用洗涤液洗净；硝酸 - 氢氟酸洗液适用于洗涤玻璃器皿和石英器皿，可以防止杂质金属离子的黏附，其洗涤效率高，但对有机物的清除效果较差，操作时需戴手套，避免与皮肤接触，对于某些器皿（如精密玻璃量器、标准磨口仪器等）不宜使用这种洗液，因为它会对这些器皿产生腐蚀作用。

（5）用碱性溶液清洗。此方法适用于有机物的清洗，由于效果缓慢，通常采用浸泡法。在使用碱性溶液的时候要格外小心，因为它具有很强的腐蚀性，所以不要让它溅入眼睛。

（6）用有机溶剂清洗。有机溶剂洗液主要用于清洁油脂、单体原液、聚合物等多种有机杂质。在实际操作中，应针对被污染物的特点，选择适当的有机溶剂。常用的有机溶剂洗液有三氯乙烯、二氯乙烯、苯、二甲苯、丙酮、乙醇、乙醚、三氯甲烷、四氯化碳、汽油，以及醇醚的混合物。洗涤时先用有机溶剂洗涤两次，再用清水洗涤，接着用浓盐酸或浓碱洗液洗涤，最后用清水冲洗。若不能清洁，可先将器皿浸于有机溶剂中，再依前述方法处理。

除了上述清洗方法，我们也可针对污垢的性质“对症下药”。例如，我们可以用氨水洗涤除去氯化银的沉淀；用盐酸、硝酸等方法除去硫化物；溅到衣物上的碘可以用 10% 硫代硫酸钠溶液来清洗；高锰酸钾溶液在设备上留下的褐色斑点可以用酸性硫酸亚铁溶液冲洗掉。

不管采用哪一种方法，最后都要先用自来水洗净，再用蒸馏水或去离子水冲洗三次。清洁后的容器内壁应只留下一层薄而均匀的水膜，如果内壁上有水珠，就不能清洁，必须再次冲洗。

2. 常用洗液的配制

（1）铬酸洗液。将 5 g 重铬酸钾用少量的水润湿，然后慢慢地添加 80 mL 的浓硫酸并不断地搅拌以加快溶解。冷却后的铬酸洗液应贮存于磨口试剂瓶内，以避免因吸收水分引起的损坏。

（2）硝酸 - 氢氟酸洗液。该洗液含氢氟酸约 5%、硝酸 20% ～ 35%，由 100 ～ 120 mL 40% 氢氟酸、150 ～ 250 mL 浓硝酸和 650 ～ 750 mL 蒸馏水配制而成。洗液出现混浊时，可用塑料漏斗和滤纸过滤。洗涤能力降低时，可适当补充氢氟酸。

（3）氢氧化钠 - 高锰酸钾洗液。将 4 g 高锰酸钾溶解在少量水中，再加入 100 mL 10% 氢氧化钠溶液。

（4）氢氧化钠－乙醇溶液。将 120 g 氢氧化钠溶于 120 mL 水中，加入 95% 乙醇稀释至 1 L。

（5）酸性硫酸亚铁洗液。该洗液是含有微量硫酸亚铁的稀硫酸溶液，不宜长期存放，以免 Fe^{2+} 被氧化。

（6）醇醚混合物。该洗液是由乙醇和乙醚按 1 ∶ 1 的体积比混合制得的。

1.2.4 化学试剂

1. 化学试剂的级别

试剂的纯度会对准确性产生显著影响，各分析工作对试剂的纯度要求各不相同，因此了解试剂的分类标准至关重要。

表 1–3 是我国化学试剂等级标志与其他一些国家的化学试剂等级标志的对照，可以帮助我们选择适当的试剂。

表 1–3 化学试剂等级标志对照表

<table>
<tr><th colspan="2">质量次序</th><th>1</th><th>2</th><th>3</th><th>4</th><th>5</th></tr>
<tr><td rowspan="5">我国化学试剂等级标志</td><td>级别</td><td>一级品</td><td>二级品</td><td>三级品</td><td>四级品</td><td>五级品</td></tr>
<tr><td rowspan="2">中文标志</td><td>保证试剂</td><td>分析试剂</td><td>化学纯</td><td>化学用</td><td>生物试剂</td></tr>
<tr><td>优级纯</td><td>分析纯</td><td>纯</td><td>实验试剂</td><td>—</td></tr>
<tr><td>符号</td><td>G.R.</td><td>A.R.</td><td>C.P.，P.</td><td>L.R.</td><td>B.R.，C.R.</td></tr>
<tr><td>瓶签颜色</td><td>绿</td><td>红</td><td>蓝</td><td>棕色</td><td>黄色等</td></tr>
<tr><td colspan="2">德、美、英等国通用等级和符号</td><td>G.R.</td><td>A.R.</td><td>C.P.</td><td>—</td><td>—</td></tr>
</table>

G.R. 试剂适用于基准物质和高精密度分析任务。A.R. 试剂虽然纯度略低于 G.R. 试剂，但适用于大多数分析工作。C.P. 试剂纯度适中，适合一般分析工作和分析化学教学。L.R. 试剂纯度较低，通常作为次要辅助试剂使用。

此外，化学试剂还有基准试剂（PT）和专用高纯度试剂。基准试剂可直接用于标准溶液的制备；光谱纯试剂（SP）的纯度高，杂质低于光谱分析法的检测限；色谱纯试剂在最高灵敏度下以 10^{-10} g 以下的杂质表示；超纯试剂适用于痕量分析和科学研究，其生产、储存和使用须满足特殊要求。

指示剂的纯度通常不太清晰，大多数只注明为化学试剂、企业标准或部颁暂行标准等级。有机溶剂在纯度方面也没有明确等级，通常视为化学纯试剂使用，必要时需要纯化处理。

在生物化学领域，特殊试剂的纯度表示方式与一般化学试剂有所不同。蛋白质类试剂通常以含量表示，或通过某种方法（如电泳法等）测定其杂质含量。酶的纯度以单位时间内催化反应的物质数量来表示，即以其活性衡量。

2. 试剂的保管和使用

试剂的妥善保管和正确使用至关重要，否则可能导致变质、污染及实验误差。因此，试剂的保管和使用必须按规定严格遵循以下原则。

（1）在使用试剂之前，务必仔细检查并确认标签上的信息，包括试剂的名称、规格和日期。取用试剂时，不要乱放瓶盖，应将盖子反放在干净的地方。取固体试剂时，应使用干净的药匙，并在使用后立即清洗和晾干，以备下次使用。取液体试剂通常需要使用量筒。倒试剂时，应确保标签朝上，避免将试剂泼洒在外部，切勿将多余的试剂倒回试剂瓶内，以免污染试剂。使用后要及时盖好瓶盖，不可随意弄脏。

（2）试剂瓶应贴上标签，详细标明试剂的名称、规格、日期等信息。不得将与标签不符的试剂装入试剂瓶中，以免混淆和产生错误。如果试剂瓶的标签脱落，必须查明后才能使用并重新贴上标签。

（3）在使用标准溶液时，务必先充分摇匀试剂。

（4）对于易腐蚀玻璃的试剂（如氟化物和强碱等），应将其储存在塑料瓶或涂有石蜡的玻璃瓶中。

（5）对于易氧化的试剂（如氯化亚锡、低价铁盐）和易风化或潮解的试剂（如 $AlCl_3$、无水 Na_2CO_3、NaOH 等），应用石蜡密封瓶口。

（6）对于易受光分解的试剂（如 $KMnO_4$、$AgNO_3$ 等），应用棕色瓶盛装，并保存在暗处。

（7）对于容易受热分解的试剂、低沸点的液体和易挥发的试剂，应储存在阴凉处，避免受高温影响。

（8）对于剧毒试剂（如氰化物、三氧化二砷和氯化汞等），必须采取特别的妥善保管和安全使用措施，以确保实验室安全。

3. 常用试剂的提纯

仪器分析法对试剂纯度的要求非常高，特别是在痕量或超痕量测定中。例如，单晶硅的纯度要求达到 99.999 9% 以上，杂质含量不得超过 0.000 1%；在高效液相色谱法中，流动相常常使用甲醇或乙腈，要求其中不含芳烃，以避免干扰测定结果。因此，即使市售试剂标称为优级纯度，但对于这些实验，仍需要进行适当的试剂提纯处理。

为了满足分析的具体要求，试剂提纯的目标并非去除所有杂质，而是根据需要去除部分杂质即可。举例来说，光谱分析中所使用的光谱纯试剂只需要使杂质低于光谱分析法的检测限即可。试剂提纯的方法包括蒸馏、重结晶、色谱分离、电泳分离和超离心分离等，可以根据需要选择，以确保试剂达到所需的纯度标准。

几种常用的溶剂（或熔剂）的提纯方法如下：

（1）盐酸。用蒸馏法或等温扩散法对盐酸进行提纯，可以形成恒沸点为 110 ℃的恒沸化合物，因此通过蒸馏可以得到恒沸的纯酸。盐酸蒸馏时使用的是石英蒸馏器，蒸馏结束后取中段馏出液。等温扩散法提纯盐酸的具体步骤如下：准备一个直径为 30 cm 的干燥器（若干燥器为玻璃制品，为防止沾污，要在内壁涂一层白蜡），向其中加入 3 kg 优级纯盐酸，将盛有 300 mL 高纯水的聚乙烯或石英容器放置在瓷托板上，盖好干燥器盖，在室温下放置 7～10 d后，取出即可使用，此时的盐酸浓度为 9～10 $mol \cdot L^{-1}$，铁、铝、钙、镁、铜、铅、锌、钴、镍、锰、铬、锡等元素的含量在 2×10^{-9}% 以下。

（2）硝酸。在 2 L 硬质玻璃蒸馏器中放入 1.5 L 硝酸（优级纯），在石墨电炉上借可调变压器调节电炉温度进行蒸馏，馏速为 200～400 $mL \cdot h^{-1}$，弃去初馏分 150 mL，收集中间馏分 1 L。将上述得到的中间馏分放入 3 L 石英蒸馏器中。将石英蒸馏器固定在石蜡浴中进行蒸馏，借可调变压器控制馏速为 100 $mL \cdot h^{-1}$。弃去初馏分 150 mL，收集中间馏分 1 600 mL。此时的铁、铝、钙、镁、铜、铅、锌、钴、镍、锰、铬、锡等元素的含量在 2×10^{-7}% 以下。

（3）高氯酸。高氯酸形成的恒沸化合物沸点是 203 ℃，需要用减压蒸馏法提纯。提纯步骤如下：将 300～350 mL 高氯酸（60%～65%，分析纯）放入 500 mL 硬质玻璃蒸馏瓶或石英蒸馏器中，利用可调变压器调节加热温度和压力，加热温度维持在 140～150 ℃，压强一般为 2.67～3.33 kPa（20～25 mmHg），馏速保持在 40～50 $mL \cdot h^{-1}$，弃去 50 mL 初馏分，收集中间馏分 200 mL，保存在石英试剂瓶中备用。

（4）碳酸钠。将 30 g 分析纯或化学纯无水碳酸钠溶解于 150 mL 高纯水中，过滤，并向滤液中慢慢通入提纯过的二氧化碳，此时析出碳酸氢钠白色沉淀。因为生成的碳酸氢钠在冷水中的溶解度较小（碳酸氢钠在 100 mL 冷水中的溶解度：0 ℃，6.9 g；20 ℃，9.75 g），所以可用冰水冷却，并不断振荡或搅拌，以加速反应。通气 2 h 后，沉淀基本完全。用玻璃滤器抽滤析出的沉淀，并用冰冷的高纯水洗涤沉淀，在烘箱中于 105 ℃下干燥。将干燥好的碳酸氢钠置于铂皿中，在马弗炉中 270～300 ℃下灼烧至恒重（大约 1 h 即可）。

（5）氯化钠。①重结晶提纯法：将 40 g 分析纯氯化钠溶解于 120 mL 高纯水中，加热搅拌使之溶解；加入 2～3 mL 铁标准液（Fe^{3+} 浓度为 1 $mg \cdot mL^{-1}$），搅拌均匀后滴加提纯氨水至溶液 pH≈10；水浴加热使生成的氢氧化物沉淀凝聚，过滤并除去沉淀；将滤液放至铂皿中，在低温电炉的密闭蒸发器中蒸发至有结晶薄膜出现；冷却并抽滤析出的结晶，用化学纯酒精洗涤；在真空干燥箱中于 105 ℃和 2.67 kPa（20 mmHg）压强下干燥。

此法得到的 NaCl 经光谱定性分析仅含有微量的硅、铝、镁和痕量的钙。②用碳酸钠和盐酸制备：取 100 g 分析纯碳酸钠放于 500 mL 烧杯中，滴加高纯盐酸中和、溶解，当不再产生二氧化碳时，停止滴加盐酸；用高纯水洗杯壁并加入 2 ～ 3 mL 铁标准液，加提纯氨水至析出氢氧化铁；其余步骤如①所述。③为了提高氯化钠的产量和重结晶的纯化效果，在过滤热盐溶液之后，我们可以用冰冷却滤液并用通入氯化氢的方法使氯化钠析出，通氯化氢的导气管口做成漏斗状，防止析出的 NaCl 将管口堵死。上述方法提纯制得的氯化钠可在光谱分析中做载体和做配标准溶液用的原始物质。

1.2.5 分析试样的准备和分解

1. 分析试样的准备

送到实验室进行分析的样品对于整批物料来说应当具有代表性。在制备分析样品的过程中，维持其足够的代表性和确保分析结果的准确性同样重要。下面将介绍采集不同类型样品的方法。

（1）气体试样的采集。①常压取样：用一般吸气装置（如吸筒、抽气泵）使盛气瓶产生真空，自由吸入气体试样。②高压取样：可用球胆、盛气瓶直接采集试样。③低压取样：先将取样器抽成真空，再与取样管接通进行取样。

（2）液体样品的采集。①采集装在大容器中的液体试样：采用搅拌器搅拌，然后用内径约 1 cm、长 80 ～ 100 cm 的玻璃管在容器内的不同深度和不同部位取样，混合均匀后供分析。②采集在密封式容器中的液体试样：将液体试样前面一部分放出，再接取供分析的试样。③用几个小容器分装的液体试样的采集：先把各容器中试样混合均匀，再根据该产品规定的取样量，分别从各容器取等量试样放在同一个试样瓶中，混匀供分析。④炉水的采集：按从密封容器中取样的方法取样。⑤采集水管中的样品：先将管内静水放出，准备一根橡皮管，橡皮管一端套在水管上，另一端深入取样瓶底部，然后在瓶中装满水，使其缓慢、少量地溢出瓶口。⑥从河、池塘等水源中采样：在离水面 50 cm 深度以下、离岸 1 ～ 2 m、尽量背阴的地方取样。

（3）固体样品的采集。①采集粉状或松散样品：可用探料钻来采集精矿、石英砂、化工产品等较均匀的固体样品。②采集金属锭块或制件样品：通常按照采样规定用钻、刨、切削、击碎等方法采集试样；如果规定不明确，可从锭块或制件的不同部位采取；如有特殊要求，可与送检单位协商采集方式。③采集大块物料样品（如矿石、煤炭等）：由于组分不均，形状、质量差异大，应以适当的间距从各个不同部分采集小样，原始样品一般按全部物料的千分之一至万分之三采集小样，对于极不均匀的物料，有时取五百分之一，取样深度为 0.3 ～ 0.5 m。

（4）固体样品加工的一般程序如图 1-1 所示。

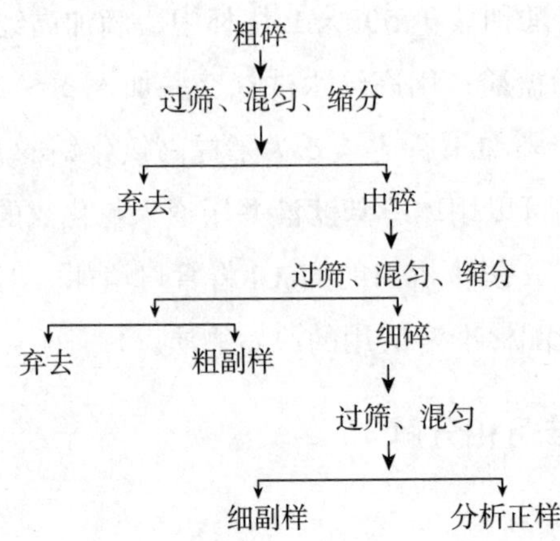

图 1-1　固体样品加工程序

实际上，将所有样品都加工成分析样品通常是不现实的，因此在处理过程中需要进行逐级分样以得到最小可靠质量，确保具有足够代表性的样品。我们可以根据切乔特公式进行计算：

$$Q = kd^2 \tag{1-1}$$

式中：Q 表示试样的最小可靠质量，单位为 kg；k 是一种基于材料性质的缩分系数；d 是试样中最大粒子的直径，单位为 mm，以粉碎后样品能全部通过的孔径最小的筛号孔径为准。缩分的次数并非随意的，每次缩分都需要符合切乔特公式，以确保粒度的准确性。根据样品的颗粒大小和缩分系数，我们可以在手册上查到样品最小可靠质量的 Q 值，以确定最终的样品质量。缩分采用四分法，即将样品混匀堆成锥状后稍微压平，通过中心分成四等份，弃去对角的两份。尽管留下的样品量减半，但其成分仍然能够代表原样，因为样品中不同粒度和密度的颗粒基本上是均匀分布的。重复地进行粉碎缩分，直至试样的质量减小到可用于分析的量，之后在玛瑙研钵中研磨至产品规格所需的粒度，一般要经过 100 ～ 200 个筛数才能达到分析要求。

2. 试样的保存

所收集到的样品应尽可能地缩短贮存期，以保证其测定结果的可靠性。为避免待测组分因挥发、分解或受污染而导致的损耗，能够在现场进行检测的工程必须就地进行。如果样品必须保存，应按照其物理特性、化学性质及分析需要采用适当的保存方法。我们常常使用普通玻璃瓶、棕色玻璃瓶、石英试剂瓶、聚乙烯瓶、袋或桶等保存样品。

3. 试样的分解

试样的分解是指样品在分解时必须充分分解，不会将被测试组分带入分解，也不会造成待测组分的损失，不会对随后的检测产生任何影响。

常用的分解试样的方法有溶解法、熔融法、闭管法、干法灰化法和温法灰化法等。溶解法通常按水、稀酸、浓酸、混合酸的顺序处理，可加入氧化剂（如 H_2O_2）作为提高酸氧化能力和加快试样溶解率的辅助溶剂，常用的用于溶解法的酸有盐酸、硝酸、硫酸、磷酸、氢氟酸、高氯酸等。不溶于酸的物质可采用熔融法，常用的熔剂有碳酸钠、氢氧化钠、硫酸氢钾和焦硫酸钾等，由于熔融温度可高达 1 200 ℃，因此反应能力大大增强。闭管法是将试样和溶剂置于适当的容器后装在保护管中，使其在密闭的情况下进行分解，由于容器内温度高、压强大，溶剂难以挥发损失，可有效分解难溶物质。干法灰化法和湿法灰化法常用于分解有机试样，干法灰化法通常将样品放在坩埚灼烧，将所有有机物燃烧完全后留下不挥发的无机残留物；湿法灰化法是将样品与浓度较高的、具有氧化性的无机酸（单酸或混合酸）共热，使样品完全氧化，各种元素以简单的无机离子形式存在于酸溶液中，硫酸、硝酸或高氯酸等单酸，以及硝酸和硫酸或硝酸和高氯酸等混合酸常用于湿法灰化法。在灰化处理过程中应考虑待测组分的挥发损失。

20 世纪 70 年代中期产生的微波消解技术是一种被广泛应用的溶样技术。微波是指频率为 300 MHz ～ 300 GHz、波长为 1 mm ～ 1 m、位于远红外线与无线电之间的电磁辐射。与煤气灯、马弗炉等传统的加热技术不同，微波加热是一种由内而外的“内加热”，即在微波产生的交变磁场作用下，具有偶极矩的极性样品分子与酸的混合物发生介质分子极化，极性分子随高频磁场交替排列，使分子高速振荡，加热物内部分子间也产生剧烈的振动和碰撞，内部的温度迅速升高，分子间不断剧烈碰撞、搅动并清除已溶解的试样表面，促使酸与试样更有效地接触，迅速分解样品。金属材料可以反射微波，但不能吸收微波，所以可以用金属作为微波炉的炉膛，通过金属反射作用将微波聚焦在被加热物质上，提高加热效率，缩短时间。通常所用的微波方法包括常压和高压微波溶样，我们应根据微波功率、分解时间、温度、压强和样品量之间的关系来选择微波溶样。微波溶解样品的特点如下：第一，待加热材料内部和外部同时加热，可瞬间达到较高的温度，热量损失小，利用率高；第二，微波渗透力大、受热均匀，尤其是对于难溶性的试样，如采用最高效的高压溶蚀法，在 200℃下还需 2 d 的时间，而微波加热仅 2 h 就能完全分解；第三，常规的加热方法一般都要经过很长时间的准备才能到达所需的溶解温度，而微波加热只需 10 ～ 15 s 就能起作用，大大减少了样品溶解时间；第四，在密闭容器中用微波法溶解样品时，试剂用量较小，大大减少了空白值，有效地防止了微量元素的挥发和对样品的污染，提高了测定的准确度；第五，微波消解技术的一个根本性变化就是易于实现分析过程的自动控制，并在环境、生物、地质、冶金等领域中得到了广泛的应用。

常用的微波溶样设备是微波消解仪，频率为（2450 ± 50）MHz。微波消解仪主要由实验室专用微波炉、消解罐测温测压及其控制装置、高压密闭消解罐组成。

（1）实验室专用微波炉。炉腔是实验室专用微波炉与民用微波炉之间最突出的区别。民用微波炉只能加热非密闭物体，炉腔设计没有考虑一旦发生爆炸危险时如何防护。而实验室专用微波炉的设计必须考虑消解爆罐的情况，一旦发生爆罐，炉腔将是安全连锁中最后的防线。实验室专用微波炉的安全防范措施有：①炉腔由不锈钢制成，厚度在 2 mm 以上，而民用微波炉由普通锌板制成，厚度大多只有 0.6 mm；②实验室专用微波炉的炉腔不论是门还是门钩全部采用不锈钢整体焊接而成，同时采用“浮动门”设计，完全能够抵御爆罐时产生的气浪，而民用微波炉采用的是塑料门钩；③实验室专用微波炉的炉腔内壁都喷涂有聚四氟乙烯涂层以抵御强酸、强氧化剂腐蚀，而民用炉腔只能喷涂普通涂层。

（2）消解罐测温测压及其控制装置。在微波作用下，密闭消解罐内发生的化学反应可使罐内温度和压强瞬间升高，该类装置的作用在于怎样做到对密闭消解罐中的温度和压强进行实时监控，以免爆炸发生，提高实验操作安全性。消解罐的测压控压系统和测温控温系统是分开设计的，它们之间相互独立。测压控压系统主要包括压力消解罐、压力传感器和压力显示及控制电路。压力消解罐与试样消化罐的形状、体积相同，操作时将与试样消化罐内相同的反应试剂（有时也会加入除试样以外的所有其他反应试剂）装入压力消解罐，在反应期间通过导压管将所产生的气体压力送至压力传感器，并通过控制板上的显示窗口将容器内的压力显示出来，并将此压力信号传送给控制回路，使其与预设的压力值进行对比，当实际测量结果超出预设值时，该控制回路可将微波加热器关断，并提示安全报警。测温控温系统主要包括测温消解罐、温度探头、温度显示及控制电路，温度测定箱与样品消化箱的外观、体积也是相同的，操作时将与试样消化罐中相同的反应物装入温度测定的消解罐中，测温探头有严密的电子屏蔽，耐腐蚀性很强，可直接插在测温溶槽内，槽内的温度通过测温探头转换为电信号，控制面板上的显示屏会显示槽内的温度，并将此温度信号传送给控制回路，使其与预设的温度值进行比较，当测量到的温度超过预设值时，该控制回路将自动切断微波加热装置，并发送安全报警信号。

（3）高压密闭消解罐。由于不能用金属作为消解罐材料，且消解样品所用的溶剂都是强酸氧化剂，因此消解罐材料的选择决定了其耐压、耐温、抗腐蚀性和安全性能。消解罐由内罐和外罐组成。内罐是反应罐，容积约为 60 mL，大多用聚四氟乙烯（PTFE）材料制成。它的最高工作压强一般约 4 MPa，最高工作温度约 240 ℃（不同仪器都有明确规定）；外罐起防护作用，由高强度聚醚醚酮（PEEK）制成。设计消解罐时一般还会采取如下安全措施：①内罐使用专用安全膜，当消解罐内反应压力超过安全膜的耐压时，安全膜破裂，释放罐内压力；②内罐的密封盖设计成裙边形状，当安全膜不起作用、压力继续上升时，密封盖裙边破裂并释压；③外罐采取垂直防爆设计，即爆炸时通过外罐将冲击力引向上下而非四周。

利用微波消解仪进行微波溶样的主要操作参数有加热功率、加热时间、压力和温度，它们与所用的样品量和溶剂量有关。从安全性来说，称样量越少越好，因为样品量越多，反应速率越快，温度和压力上升也越快，爆炸的危险性越大，所以要限制称样量。通常无机样品称样量为 0.2 ～ 2 g，有机样品为 0.1 ～ 1 g，溶剂和样品的总体积不超过 20 mL(与消解罐容积有关)。表 1-4 列出了部分实际样品的操作参数，以供参考。

表 1-4 部分实际样品的操作参数

样品名称	样品质量 /g	溶剂 /mL	微波功率 /W	温度 /℃	压强 /MPa	时间 /min	效果
奶粉	0.2	5（HNO_3）	800	140	0.5	2	清
		2（H_2O_2）		160	1.0	2	
		5（H_2O）					
沸石	0.2	6（HNO_3）	800	175	0.5	2	清
		2（HF）		200	1.0	4	
		3（H_2O）		215	1.5	5	
发电厂沉淀泥	0.2	6（HNO_3）	800	140	0.5	2	清
		2（HF）		180	1.0	5	
		3（HCl）		220	1.5	5	
		3（H_2O）					

1.2.6 特殊材料的使用

仪器分析常常要用到多种珍贵的材料来制造电极、器具。在实际应用中，我们要针对不同的实验目标和需要，选用合适的材料。

1. 铂、金和银

铂属惰性金属具有很高的稳定性，是一种很好的电极材料。常用的电极有铂片、铂盘或旋转圆盘电极等，在电分析、电化学试验中得到了广泛的应用，尤其是铂超微电极的开发，使铂的应用领域得到了极大的扩展。铂电极在常用介质中的电位范围如表 1-5 所示。

表 1-5　铂电极适用的电位范围

介质	电位范围 /V	
	阳极	阴极
6 mol · L^{-1} HCl	+0.97	−0.30
0.1 mol · L^{-1} HCl	+1.1	−0.30
乙酸盐缓冲溶液，pH 为 4.0	+0.9	−0.50
磷酸盐缓冲溶液，pH 为 7.0	+0.94	−0.70
0.1 mol · L^{-1} NaOH，pH 为 12.9	+0.72	−0.91
0.1 mol · L^{-1} KCl	+1.0	—

铂也常制成铂坩埚、铂蒸馏器、铂容器，用于分解试样、蒸馏提纯酸和存放纯制的酸。

金主要用于制作各种类型的电极。金电极也常用于制备化学修饰电极。金电极适用的电位范围见表 1-6。

表 1-6　金电极适用的电位范围

介质	电位范围 /V	
	阳极	阴极
1 mol · L^{-1} $HClO_4$	+1.5	−0.2
乙酸盐缓冲溶液，pH 为 4.0	—	−0.88
磷酸盐缓冲溶液，pH 为 7.0	—	−1.19
0.1 mol · L^{-1} NaOH，pH 为 12.9	—	−1.28
0.1 mol · L^{-1} $NaClO_4$，pH 为 7.0，未缓冲	—	−1.13

银主要用于制作参比电极和坩埚。由于银不如铂和金稳定，因此银作为工作电极不如铂电极和金电极应用广泛。在测定卤素时经常使用银电极。

2. 碳

碳具有良好的导电性和化学稳定性，且成本低廉。碳电极材料主要包括玻璃炭、渗蜡石墨、碳糊、热解炭、碳纤维等，其中常用的是玻璃炭和碳纤维。碳质电极适用的电位范围如表 1-7 所示。

表 1-7　0.2 mol · L^{-1} KNO_3 中碳质电极适用的电位范围

电极	电位范围 /V
渗蜡石墨电极	0.0 ～ +0.25
渗蜡碳电极	0.0 ～ +0.50
碳糊电极	−0.25 ～ +0.85
热解石墨电极	−0.75 ～ +0.90
玻璃碳电极	−0.75 ～ +1.0

碳除了作为电极材料外，还广泛用于制作石墨炉、石墨管、纯碳粉等。

3. 汞

汞作为电极材料具有良好的特性。汞电极包括滴汞电极、静汞电极和汞膜电极等。汞虽然也可以制成汞超微电极，但与铂、金和碳纤维超微电极相比，其制作难度较大。在中性溶液中，汞电极的电压使用范围为 −2.5 ～ +0.2 V。由于汞电极在负电位区具有广泛的适用电压范围，并且容易进行表面更新，因此在定量分析中具有重要意义。然而，由于汞具有毒性，在使用汞电极时应当小心谨慎。

4. 石英和玛瑙

石英由二氧化硅组成，具有较好的稳定性和较高的熔点，1 700 ℃温度下也不变软，常用作石英蒸馏器、坩埚、比色皿、色散棱镜、试剂瓶、烧杯、电解池等。

玛瑙是一种以二氧化硅为主的天然珍贵非金属矿物，其含微量金属（Al、Fe、Ca、Mg、Mn 等）氧化物，属于石英的一个变种。玛瑙具有较高的硬度，但脆性较大，对大部分化学药品均不起作用。

5. 聚四氟乙烯

聚四氟乙烯具有耐酸、碱性、无氢氟酸腐蚀、溶解样品过程中无金属杂质等优点，因而被广泛应用于制作蒸馏器、溶样管、微波消解池、电解池等多种化工器具。聚四氟乙烯在 −195 ～ 200 ℃的环境下工作，在 250 ℃以上就会发生分解，并且会释放出有毒性的气体。

6. 坩埚材料

除了铂坩埚、银坩埚、石英坩埚，坩埚材料还有钢、玉、瓷、铁、镍等。不同材料的坩埚宜采用不同的溶剂、样品及操作方式，在使用过程中要严格按照要求进行，否则会对坩埚造成损伤，从而影响分析结果。

1.2.7 气体钢瓶的使用及注意事项

1. 常用气体钢瓶的国家标准规定

气体钢瓶由无缝碳素钢或合成钢制成，适用于装介质压强在 1.520×10^7 Pa 以下的气体。不同类型的气体钢瓶，其外表所漆的颜色、标记的颜色等有统一规定。我国钢瓶常用的标记如表 1-8 所示。

表 1-8 部分气体钢瓶的标记

气体钢瓶名称	外表颜色	字体颜色	色环	字样	工作压强 /Pa	性质	钢瓶内气体状态
氧气	天蓝	黑	p=1.520×10^7Pa，无环； p=2.026×10^7Pa，白色一环； p=3.040×10^7Pa，白色二环	氧	1.471×10^7	助燃	压缩气体
压缩空气	黑	白	p=1.520×10^7Pa，无环； p=2.026×10^7Pa，白色一环； p=3.040×10^7Pa，白色二环	压缩空气	1.471×10^7	助燃	压缩气体
氯气	草绿	白	白色环	氯	1.961×10^7	助燃	液态
氢气	深绿	红	p=1.520×10^7Pa，无环； p=2.026×10^7Pa，红色环； p=3.040×10^7Pa，红色环	氢	1.471×10^7	易燃	压缩气体
氨气	黄	黑	—	氨	2.942×10^6	可燃	液态
乙炔	白	红	—	乙炔	2.942×10^6	可燃	乙炔溶解在活性丙酮中
石油液化气	灰	红	—	石油液化气	1.569×10^6	易燃	液态
乙烯	紫	红	p=1.216×10^7Pa，无环； p=1.520×10^7Pa，白色一环； p=3.040×10^7Pa，白色二环	乙烯	—	可燃	液态
甲烷	褐	白	p=1.520×10^7Pa，无环； p=2.026×10^7Pa，黄色一环； p=3.040×10^7Pa，黄色二环	甲烷	1.471×10^7	可燃	液态
硫化氢	白	红	红色环	硫化氢	2.942×10^6	可燃	液态

续 表

气体钢瓶名称	外表颜色	字体颜色	色环	字样	工作压强 /Pa	性质	钢瓶内气体状态
其他可燃气体	红	白	—	气体名	2.942×10^6	可燃	液态
氮气	黑	黄	p=1.520×10^7Pa，无环； p=2.026×10^7Pa，棕色一环； p=3.040×10^7Pa，棕色二环	氮气	1.471×10^7	不可燃	压缩气体
二氧化碳	黑	黄	p=1.520×10^7Pa，无环； p=2.026×10^7Pa，黑色一环	二氧化碳	1.226×10^7	不可燃	液态
氩气	灰	绿	—	氩	1.471×10^7	不可燃	压缩气体
氦气	棕	白	p=1.520×10^7Pa，无环； p=2.026×10^7Pa，白色一环； p=3.040×10^7Pa，白色二环	氦	1.471×10^7	不可燃	压缩气体
光气	绿	红	红色环	光气	2.942×106	不可燃	液态
氖气	褐红	白	p=1.520×10^7Pa，无环； p=2.026×10^7Pa，白色一环； p=3.040×10^7Pa，白色二环	氖	1.471×10^7	不可燃	压缩气体
二氧化硫	黑	白	黄色环	二氧化硫	1.961×10^6	不可燃	液态
氟利昂气	银灰	黑	—	氟利昂	—	不可燃	液态
其他不可燃气体	黑	黄	—	气体名	—	不可燃	压缩

2. 使用钢瓶注意事项

（1）将瓶子存放在阴凉干燥处，远离阳光、暖气、火源和其他热源。与明火保持至少 10 m 的距离，确保室温不超过 35 ℃，并安装必要的通风系统。最好露天安装，进气口要有管道。

（2）移动钢瓶时，应小心拿住钢瓶并固定好安全盖。使用气瓶时，应固定好气瓶，以免气瓶掉落爆炸。打开安全帽或阀门时，不要用锤子或凿子敲击，应用扳手慢慢打开。

（3）使用减压阀（二氧化碳和氨气瓶除外）时，要检查气瓶阀门上的螺纹塞是否正常。通常，一般可燃气体（如氢气、乙烯等）的钢瓶气门螺纹是反扣的，对于腐蚀性气体（如氯气），通常不使用减压阀。不同的减压阀不能混用。

（4）严禁用油脂污染氧气瓶阀门和减压阀。

（5）氧气瓶配件的连接必须使用合适的衬垫（如铝、金属板、石棉等），以防泄漏，不得使用棉、麻或其他织物，以防燃烧。检查配件和管道泄漏时，可在检查区域涂抹肥皂溶液观察可燃气体，但不得使用氧气和氢气。可在气瓶阀门附近放置一个气球来检测气瓶阀门的泄漏。

（6）气瓶不能吹扫，但必须保持 4.93×10^4 Pa 的残余表压，乙炔气瓶必须保持 2.922×10^5 Pa 的表压，以确定气瓶中气体的种类，检查附件是否泄漏，并防止大气倒流。

（7）氧气瓶和可燃气体瓶、氢气瓶或氯气瓶不得存放在一起。

（8）气瓶必须每三年检查一次，并按规定颜色重新喷漆。腐蚀性气瓶应每两年检查一次，不合格的气瓶应及时处理或降级。

1.2.8 实验室安全常识

实验室工作经常需要直接接触剧毒、具有腐蚀性、易燃易爆的化学物品或使用易碎的瓷器和其他玻璃器皿进行实验，也可能在气体、水、电和其他高温电气设备包围的环境中进行严酷而精密的工作，因此工作期间的安全必须放在首位。

1. 实验室用电规范

（1）实验室内电气设备的安装和使用必须符合电气工作的安全规定，严禁使用不符合安全标准的电气产品。

（2）大功率实验室设备必须使用专用线路，严禁使用普通照明线路，以免电网超负荷引起火灾。

（3）实验室多路开关电源线路系统必须定期检查并保持在可使用状态。

（4）熔断装置的熔丝必须符合线路的允许容量，不得使用其他导线。

（5）使用高压和高频设备的实验室必须定期对设备进行维护，并配备可靠的防护设备。

（6）实验室技术人员和实验室主管必须熟悉设备和装置的规格和操作方法，并严格按照操作手册进行操作。

（7）使用的接线板质量必须可靠，严禁超负荷使用或私拉乱接电线。

（8）使用大功率设备（如烘烤设备）时，必须始终有人值班。严禁在易燃易爆场所进行带电作业，避免电弧引起爆炸。

（9）如果设备出现漏电，首先要做的是立即切断电源，并报告给专业人员处理。

（10）应正确标示各种断路器，以便在发生事故时立即将其关闭。为防止漏电，应注意保持电线干燥，不要将水倒在电气设备或电线上。

（11）如果电气设备过热，应立即停止使用。

（12）在下雨、下雪、刮风或打雷天气时，应保持电气设备干燥，不使用时应关闭所有开关。

（13）维修电气设备时，首先要关闭电源，并在开关处悬挂维修警示牌，以防误开设备发生意外。

2.实验室灭火方法

如果在实验过程中发生火灾，我们要保持冷静，不必惊慌，此时应切断电源，根据具体的起火情况，采取适当措施。一般方法如下：

（1）如果是易燃液体燃烧，首先应立即清除火源附近的所有可燃物，并关闭换气扇，防止燃烧面积扩大。如果火源较小，可以用抹布、湿巾、铁块、沙土等覆盖，阻隔空气进行灭火，覆盖物必须足够结实，以防装有易燃溶剂的玻璃器皿碰撞或翻倒而泄漏过多溶剂，引起后续火灾。

（2）如果酒精或其他水溶性液体着火，可以用水扑灭。

（3）如果是汽油、乙醚或甲苯等有机溶剂燃烧，可用石棉布或沙子扑灭。切勿用水，因为水会增加燃烧面积。

（4）如果是金属钠着火，可用沙子覆盖。

（5）如果是导线着火，应关闭电源或使用四氯化碳灭火器，切勿用水或二氧化碳灭火器灭火。

（6）当衣服被点燃时，切勿惊慌，可用衣物包裹身体或在地上滚动以灭火。

（7）一旦发生火灾，应采取预防措施保护现场，并灭火。较大的着火事故应立即报警。

3.化学品泄漏处理

化学品在生产、储存和使用过程中，经常会因意外（如装满化学品的容器破裂）而泄漏，因此掌握一些安全、简便、有效的安全技术措施来消除或减少泄漏的危险是十分必要的。下面详细介绍化学品泄漏时应采取的应急措施。

（1）如果泄漏的化学品具有火灾危险，切断火源就显得尤为重要，必须立即消除污染区的各种火源。

（2）如果在生产、储存或使用化学品的过程中发生泄漏，应首先疏散无关人员并隔离污染区域。如果发生大量易燃易爆化学品泄漏，应立即拨打“119”急救电话，召集消防队进行救援，同时保护和控制事故现场。

（3）处理化学品泄漏的人员应熟悉泄漏化学品的化学性质和反应特点，必要时应使用喷水枪（雾状水）进行覆盖。根据泄漏物质的类型和接触有毒物质的类型，应选择最佳的防护设备，以避免在处理泄漏物质时发生意外和中毒。呼吸系统防护：在剧毒或高浓度化学品发生泄漏并且缺氧的情况下，应使用氧气呼吸器、空气呼吸器或供气式长管呼吸器；如果泄漏物质中的氧气浓度高于 18%，而有毒物质的浓度在一定范围内，可使用防毒面具（有毒物质浓度低于 2% 时使用绝热呼吸器，浓度低于 1% 时使用直接呼吸器，浓度低于 0.1% 时使用防毒面具）；在多尘环境中可使用防尘口罩。皮肤防护：为防止皮肤损伤，可使用面罩式橡胶防毒服、服装式橡胶防毒服、透毒防毒服、透气防毒服等。眼睛防护：为防止眼睛受到伤害，可使用化学护目镜、防毒面具等。手部防护：为防止手部受到伤害，应使用橡胶手套、乳胶手套、耐酸碱手套、耐化学品手套等保护手部。

（4）在生产和使用过程中发生泄漏时，必须通过关闭相应的阀门、停止连接的设备和管道、暂停操作或改变工艺流程的一个方向来处理化学品泄漏。如果储罐发生泄漏，必须根据具体情况采取堵漏和修补措施，防止继续泄漏。若无法控制泄漏，则必须在适当的时候清除泄漏，并仔细监控以防止火灾或爆炸，避免泄漏物质扩散到附近。

（5）泄漏发生时，应适当、及时、安全、可靠地修复泄漏。

（6）对于气体的泄漏，可通过采取适当的通风措施或喷洒雾化水使其液化，及时阻止气体泄漏并使其安全扩散，然后再将其消除。

（7）对于少量泄漏，可使用沙子或其他不易燃的吸附剂进行吸附，将其收集在容器中并进行处理。对于难以收集的大面积溢出物，可通过筑堤或引流将泄漏物引到安全的地方。可用泡沫或其他覆盖物对泄漏物进行覆盖，防止泄漏物扩散到空气中，造成不必要的危害。

4. 实验室废弃物回收要求

（1）危险废物的处理应遵循“分类收集、就地贮存、专门处理、集中处置”的原则。

（2）在各实验室，师生必须重视环境保护，不得随意倾倒有毒废弃物或含有危险废物的液体，不得随意掩埋、丢弃固体废弃物。

（3）在实验室中，严禁将液体废弃物直接倒入水池；不得将实验室废弃物及垃圾堆放在门口，占用公共消防通道；禁止私自出售实验室医疗废弃物。

（4）实验过程中产生的利器（如注射针、采血针、手术刀等）必须收集到专用的利器箱内。

（5）每个实验室应备有收集有毒和有害化学液体和固体废物的专用容器，并将有害废物储存在安全的地方，以便集体回收和处理。

5. 实验室气体安全（易燃气体）

（1）经常检查管道、接头、开关和设备是否有易燃气体泄漏。

（2）在使用易燃气体或安装管道、设备等的实验室内，应经常开窗通风。

（3）如在实验室内发现可燃气体泄漏，应立即关闭阀门，疏散室内人员，打开门窗或通风设备检查泄漏情况，并联系专业人员进行维修。在泄漏完全修复并开窗通风之前，不要点火或接通电源。

（4）检查气体泄漏时，首先要打开窗户，通风换气，让新鲜空气进入室内，并按照正确的操作程序进行操作。严禁用火检查泄漏。

（5）如果煤气管道或开关组件松动导致煤气泄漏，应立即拧紧阀门，关闭煤气供应，然后用湿布或石棉纸覆盖熄灭火焰，修复泄漏。

（6）实验室人员在使用易燃气体后，应确保所使用的易燃气体设备完全密封或熄灭，以防止内部燃烧。除非现场有人，否则应禁止使用石油气设备。

（7）使用燃气时，应先关闭空气阀，点火后打开燃气阀，并将流量调整到所需水平。用气结束时，也应先关闭空气阀，再关闭燃气阀。

（8）易燃气体突然停止供应时，必须立即关闭设备开关、副阀和主阀，防止恢复供气时，室内充满燃气，发生危险。

（9）为避免发生事故，严禁在燃气设备附近放置易燃易爆物品。

第 2 章　原子发射光谱法

光呈粒子性或波动性，是一种电磁辐射，具有不同的频率（ ν ）、波长（λ）或能量，其能量与电磁辐射的频率成正比。处于不同状态的物质在状态发生变化时会产生电磁辐射，产生的电磁辐射经色散系统分光后，会按照频率、波长或能量的顺序排列形成电磁辐射图谱，即光谱。根据电磁辐射的本质，光谱可分为 X 射线能谱、γ 射线能谱、原子光谱和分子光谱四种；根据辐射能传递方式，光谱又可分为发射光谱、吸收光谱、拉曼光谱和荧光光谱四类。

原子光谱是指原子的能态发生变化时产生的电磁辐射形式。原子光谱分析是现代元素分析中应用广泛的一种分析方法，是分析化学的重要分支学科。原子光谱分析是一种利用辐射与原子（或离子）的相互作用或原子（或离子）发射的辐射来进行样品分析的方法，在分析科学中占有十分重要的地位，已成为环保、冶金、食品、地质、生命和材料等学科领域中主要的分析方法。

原子光谱分析主要包括原子发射光谱分析（atomic emission spectrometry, AES）、原子吸收光谱分析（atomic absorption spectrometry, AAS）、原子荧光光谱分析（atomic fluorescence spectrometry, AFS）和原子质谱分析（atomic mass spectrometry, AMS）。在原子光谱分析中，相对而言，原子发射光谱分析是一种较为传统的分析仪器技术。

原子发射光谱分析通过识别元素的特征光谱来鉴别元素的存在，实现元素的定性分析。根据激发光源的不同，原子发射光谱分析方法主要可分为电感耦合等离子体发射光谱法（ICP-AES）、火花 / 电弧发射光谱法（spark/arc-AES）和辉光放电 / 发射光谱法（GD-AES）。

2.1　基本原理

原子发射光谱法是利用物质在热激发或电激发下，每种元素的原子或离子发射特征光谱来进行元素定性及定量分析的一种方法。该方法在元素的定性和定量分析方面具有一定的优势，其优点包括选择性好、分析速度快、检出限低、试样消耗少、标准曲线线性范围宽等，但基于原子发射光谱的分析原理及现有技术水平的限制，原子发射光谱法在元素定性和定量分析方面仍然存在一定的局限性。

物质的组成来源于不同元素的原子。当原子受到激发后，其外层的电子会经历不同的能级跃迁，但符合"光谱选律"。因此，特定元素的原子会产生一系列不同波长的特征谱线。根据量子理论，谱线的波长 λ 与两能级间的能量差 ΔE 存在以下关系：

$$\Delta E = E_2 - E_1 = h\nu = h\frac{c}{\lambda} \tag{2-1}$$

$$\lambda = h\frac{c}{\Delta E} \tag{2-2}$$

式中：ΔE 为两个能级之间的能量差；λ 为谱线的波长；c 为光在真空中的传播速度，$c=2.997\,925\times10^{8}\ \mathrm{m\cdot s^{-1}}$；$h$ 为普朗克常数，$h=6.626\times10^{-34}\ \mathrm{J\cdot s}$。原子结构不同的各种原子，其发射谱线也不同，基于各元素的特征谱线，我们可以对该元素进行定性分析。

浓度不同的待测元素的原子所产生的发射强度不同，因此我们可以依据谱线强度和待测元素浓度的关系来进行原子发射光谱的定量分析，式（2-3）是实现光谱定量分析的基本关系式，称为赛伯－罗马金公式。

$$I = ac^{b} \tag{2-3}$$

式中：b 为与谱线自吸有关的自吸收系数，随着浓度 c 的增大，b 值逐渐减小，b 值在浓度很小无自吸时为 1。由此可见，我们通过测量谱线强度可以对试样进行定量分析。

2.2　原子发射光谱仪

原子发射光谱仪主要由光源、分光系统、检测系统三部分组成。

2.2.1 光源

光源的作用是为试样的蒸发、解离、原子化、激发和形成光谱提供充足的能量；光源的特性对光谱分析的精密度、准确度和检出限有着很大程度的影响。

等离子体是指高度离子化而整体呈电中性的气体。部分被电离的气体一般电离度大于0.1%，总体上呈中性，由自由电子、离子、中性原子及分子组成。这种等离子体的力学性质与普通气体相同，但由于带电粒子的存在，两者的电磁学性质完全不同。原子发射光谱分析中所用的等离子体光源有多种类型，其中电感耦合等离子体（inductively coupled plasma, ICP）最为常用，是商品化仪器的主要光源。

ICP 光源装置主要由高频发生器、感应线圈、矩管、供气系统、试样引入系统组成。高频发生器的作用是通过感应线圈产生高频磁场，提供等离子体能量。感应线圈一般是2～3 匝的铜管，内通冷却水。矩管由三层同心石英管构成，工作时都通入氩气，其中最外层的氩气又称为冷却气，流量为 10～19 L·min^{-1}，一般沿切线方向引入并旋转上升。它有维持 ICP 的工作气流、隔离等离子体与矩管和防止石英管烧熔的作用。中间层氩气的流量一般为 1 L·min^{-1}，称为辅助气，用于辅助等离子的形成，也起到抬高等离子体焰矩、减少试样盐粒或炭粒沉积、保护矩管的作用。内管直径为 1～2 mm，通入的气体称为载气，主要负责携带试样气溶胶进入等离子体内。试样通常是液体，由雾化器形成气溶胶，也可以是固体粉末或气体。

ICP 焰矩形成过程：首先开启高频发生器，矩管通入氩气，由于常温下气体不导电，因此没有感应电流，也不会产生等离子体；感应线圈通过电磁感应会在矩管的轴向上产生高频磁场，用点火装置产生火花，触发少量气体电离，在高频磁场中，带电荷粒子快速运动，与周围氩气产生碰撞，氩气随即被电离，呈“雪崩”式放电，形成等离子体焰矩。此时，经过电离的气体在与磁场方向垂直的截面上形成闭合的环形路径的涡流，这相当于变压器的次级线圈，由同为初级线圈的感应线圈耦合而成。图 2-1 为 ICP 焰矩形成原理图。

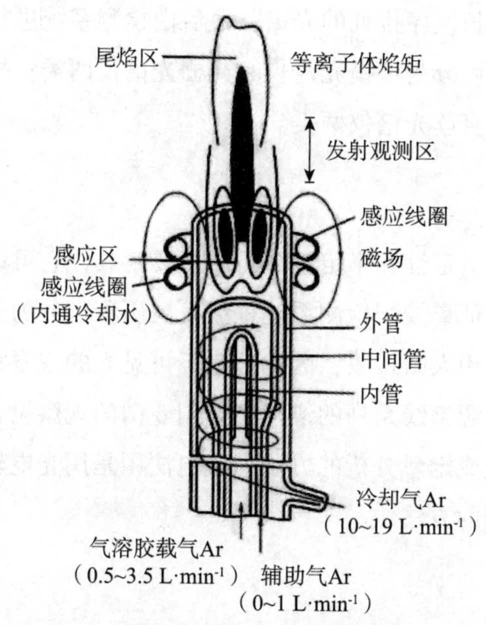

图 2–1　ICP 焰矩形成原理图

ICP 焰矩的外观和火焰类似，其结构大致分为焰心区、内焰区和尾焰区三个区域。

焰心区是由高频电流形成的涡流区，呈不透明白色，最高温度可达 10 000 K。该区域的电子密度高，能发射很强的连续光谱。光谱分析一般避开这个区域。焰心区主要用于预热试样、挥发溶剂和蒸发溶质，因此该区域又被称为预热区。

内焰区一般在感应线圈以上 10 ～ 20 mm 处，位于焰心区上方，温度为 6 000 ～ 8 000 K，呈半透明状态，略带淡蓝色，是进行试样原子化、激发、电离及辐射的主要区域。光谱分析在此区域内进行，因此该区域又被称为测光区。

尾焰区呈无色透明状态，在内焰区上方，温度低于 6 000 K，仅为激发电位较低的元素谱线的观测区。

电感耦合等离子体原子发射光谱法（inductively coupled plasma atomic emission spectrometry, ICP–AES）具有工作曲线线性范围宽、精密度好（相对标准偏差一般为 0.5% ～ 2%）、灵敏度高，以及检出限低（10^{-11} ～ 10^{-9} g · min^{-1}）等优点，可实现同一份试液从常量到痕量元素的分析，且试样中的基体和共存元素干扰小，因此电感耦合等离子体光源是比较接近理想状态的原子发射光谱分析光源之一。

2.2.2　分光系统

分光系统的工作过程：从光源发出的光经照明系统后均匀地照在狭缝上，后经准光系统的准直物镜变为平行光照射在色散元件上，色散后各种波长的平行光经聚焦物镜聚焦投影到其焦面上并获得按波长次序排列的光谱，最后由检测系统进行记录或检测。分光系统根据使用色散元件的不同可分为棱镜光谱仪和光栅光谱仪两类；根据检测方法的不同又可分为照相式摄谱仪和光电直读光谱仪两类。

2.2.3 检测系统

光谱投影仪是发射光谱定性和半定量分析的主要工具，它可以把光谱感光板上的谱线放大，以便查找元素的特征谱线。检测系统根据发展历程可分为三个阶段，即看谱法、摄谱法和光电法。看谱法是用人眼接收，因此只限于可见光的观察；摄谱法是用感光板感光后，经过处理得到含有光源谱线系列的谱片，再用专门的观察设备（如投影仪、测微光度计等）检查谱线进行定性或定量分析的方法；光电法则是用光电转化器将光信号直接转化为电信号并进行观察检测的方法。

2.3 原子发射光谱仪使用注意事项

我们在使用原子发射光谱仪时，为了确保获得准确、可靠的分析结果以及仪器能够安全、稳定地运行，需要注意以下事项：

第一，预热与稳定。开机后，充分预热仪器，使其工作在稳定状态。

第二，样品准备。保证样品清洁，避免杂质和沉淀；样品的浓度应适中，以免超出仪器的检测范围；对于高浓度样品，需要进行适当稀释。

第三，标准品与校准。使用适当的标准品进行仪器的校准；定期进行校准，以确保测量的准确性。

第四，安全操作。遵循实验室的安全规定；当使用火焰等离子源时，确保良好的通风和排风；避免与高温、高压或有毒部件直接接触。

第五，维护与清洁。定期清洁雾化器、燃烧室和光学部分；定期检查易损耗部件，如封片、管路等；使用完毕后，关闭仪器，并根据制造商的建议进行维护。

第六，环境条件。保持实验室的温度和湿度稳定；将仪器放置在避免震动、免受强光干扰的地方。

第七，数据处理。记录和保存所有的操作步骤、参数和测量结果；对于异常或意外的结果，进行重新分析或核查。

第八，化学品管理与处理。妥善存储和标记所有化学试剂；废弃化学品应按照环境保护要求进行处理。

第九，仪器关闭。使用完毕后，确保仪器完全关闭，避免任何可能的能源浪费或潜在危险。

2.4　实验内容

2.4.1　用电感耦合等离子体原子发射光谱法测定河流和湖泊沉积物中 11 种重金属元素含量

1. 实验目的

（1）掌握电感耦合等离子体原子发射光谱法的基本原理及操作方法。

（2）评估河流和湖泊沉积物中 11 种重金属元素的分布情况和污染程度。

（3）了解重金属在河流和湖泊沉积物中的吸附、迁移和转化过程。

（4）对比不同河流和湖泊的重金属污染状况，探讨潜在的污染源。

2. 实验原理

沉积物中重金属的含量分布作为水体环境评价中的一个重要指标，可以反映所在流域常年的受污染状况、污染特征及潜在风险，追溯可能的重金属污染源，评价人类活动对河流污染物造成的影响。因此，研究与评价河流和湖泊沉积物中的重金属污染有着非常重要的意义。

沉积物样品的前处理方法有湿法消解、微波消解等。湿法消解法有着速度慢、试剂消耗量大、能耗高和样品易受周边环境污染等不足；微波消解法弥补了传统湿法消解的缺陷，具有空白值低、能耗低、试剂消耗量小和消解时间短等优点，得到了广泛应用。电感耦合等离子体原子发射光谱法因具有精密度好、线性范围宽和能够同时实现多元素测定等优点而逐步在环境监测领域得到应用。

本实验采用微波消解 - 电感耦合等离子体原子发射光谱法测定河流和湖泊沉积物中的 11 种重金属元素。铬、镉、铅是第一类重点防控重金属，属于生物毒性显著的金属元素；钴、镍、钒、锌、铜、锰、锑、银是第二类重点防控重金属，属于具有一定毒性的一般金属元素。此实验对分析谱线、酸消解体系和观测方式的选择进行了优化，旨在建立一种实现河流和湖泊沉积物样品中重金属元素高效、简便、准确测定的方法。

3. 仪器与试剂

（1）仪器：具有双向观测功能的电感耦合等离子体原子发射光谱仪（采用同心雾化器及旋流雾室；射频功率为 1 150 W；辅助气流量为 0.5 $L \cdot min^{-1}$，雾化气流量为 0.75 $L \cdot min^{-1}$，冷却气流量为 15.0 $L \cdot min^{-1}$；泵速为 50 $r \cdot min^{-1}$；短波曝光时间为 15 s，长波曝光时间为 5 s）；纯水仪；电子天平；微波消解仪（微波消解最大功率为 1 600 W，7 min 升温至 120 ℃，保持 3 min；5 min 升温至 160 ℃，保持 3 min；5 min 升温至 190 ℃，保持 25 min）。

（2）试剂：硝酸（纯度 65%）、氢氟酸（纯度 40%）、盐酸（纯度 37%），均为优级纯；试验用水为超纯水（电阻率为 18.2 MΩ · cm）。

4. 实验步骤

（1）将采集好的沉积物样品（一般不少于 500 g）混匀后用四分法缩分至约 100 g，自然风干或冷冻干燥。

（2）除去石子和动植物残体等异物，用玛瑙棒或木棒研压，通过 2 mm 尼龙筛除去沙砾。

（3）用玛瑙研钵将其研磨至全部通过 0.149 mm 尼龙筛，混匀后备用。

（4）称取 0.100 0 ～ 0.500 0 g 试样于聚四氟乙烯消解罐中，依次加入硝酸 6 mL、盐酸 2 mL、氢氟酸 2 mL，根据反应剧烈程度，放置一定时间，待反应平稳后加盖拧紧，放入消解盘中进行微波消解程序。

（5）程序运行完毕，取出后冷却 15 ~ 30 min，待罐内压力降至常压，开盖。

（6）将消解罐置于配套的赶酸设备中，于 130 ～ 140 ℃进行赶酸，待近干时，取下冷却，用水定容至 50 mL 容量瓶中，按仪器工作条件进行测定，同时做空白试验。

5. 数据记录与处理

消解体系的选择：有研究结果表明，硝酸 – 盐酸 – 氢氟酸三酸体系对不同类型沉积物国家标准物质的消解效果较好。

分析谱线的选择：电感耦合等离子体原子发射光谱法存在光谱干扰和非光谱干扰两类干扰类型。选择分析谱线时应综合分析干扰情况、谱线强度及稳定性，优先选择谱线干扰少、精密度好、强度高的谱线作为分析谱线。

观测方式的选择：根据光学系统观测方向的不同，观测方式分为轴向观测和径向观测。轴向观测的检出限较低，但基体效应比径向观测大，且存在易电离干扰的问题；径向观测能有效地解决易电离干扰的问题，能进一步扩宽线性范围。

背景扣除的选择：背景干扰一般可通过背景扣除的方式进行校正，在分析过程中，我们可以依据计算机操作软件自动进行背景扣除；对自动扣除效果不理想的，可通过手动操作找出合适的背景扣除点进行扣除。

选择合适的分析谱线和观测方式、优化背景校正扣除点可以确保实验数据的准确性。实验选择的分析谱线、背景扣除方式及观测方式如表 2-1 所示。

表 2-1　分析谱线、背景扣除方式及观测方式

测定元素	分析谱线 λ/nm	干扰元素	背景扣除方式	观测方式
Cd	228.802	Fe、As	2 点	轴向
Co	230.786	Fe、Ni	2 点	径向
Ag	328.068	Mn、Ti	1 点（右）	轴向
Pb	220.353	Al、Fe	2 点	径向
Zn	213.856	Cu、Ni、Fe	2 点	径向
Cr	267.716	Fe、Mo	1 点（右）	径向
Cu	324.754	Mo、Ti、Fe	1 点（右）	轴向
Mn	257.610	Fe、Al、Mg	2 点	径向
Ni	231.604	Fe、Co	2 点	径向
V	292.402	Fe、Mo、Ti	2 点	径向
Sb	206.833	Al、Cr、Mo	2 点	轴向

按照实验步骤制备 7 份空白溶液进行测定，以 3 倍、12 倍标准偏差计算各元素的检出限（3 s）和测定下限（12 s），将实验结果记录于表 2-2 中。

表 2-2　线性参数、检出限和测定下限

元素	线性范围 ρ/（mg · L^{-1}）	线性回归方程	相关系数	检出限 w/（mg · L^{-1}）	测定下限 w/（mg · L^{-1}）
Cd					
Co					
Ag					
Pb					
Zn					
Cr					
Cu					
Mn					
Ni					
V					

续表

元素	线性范围 ρ/（mg·L^{-1}）	线性回归方程	相关系数	检出限 w/（mg·L^{-1}）	测定下限 w/（mg·L^{-1}）
Sb					

6. 注意事项

（1）在取样时，确保使用无污染的工具和容器。为防止样品受到外部污染，应在洁净环境下进行样品处理。

（2）使用高纯度的酸进行消解，以避免引入额外的杂质。在加热消解过程中，注意观察，防止样品溅出或过热。完成消解后，确保液体清澈，无固体残留。

（3）确定每种金属元素的检测限和定量限，以保证分析结果的准确性。

（4）注意其他元素或物质对分析结果的干扰，如矩阵效应等。

（5）对异常数据进行复核，确保数据的一致性和准确性。

（6）仪器应放置在通风良好的地方，以排放可能产生的有害气体。

7. 思考题

（1）为何河流和湖泊沉积物中的重金属元素含量可以作为环境污染的指标？这些重金属是如何进入河流和湖泊的？

（2）当对河流和湖泊沉积物中的重金属元素进行测定时，可能会遇到哪些技术难题？如何通过实验条件的优化来提高测定的准确性和精确性？

2.4.2　用电感耦合等离子体原子发射光谱法测定地下水及生活饮用水中硫酸根的含量

1. 实验目的

（1）掌握用电感耦合等离子体原子发射光谱法测定水中硫酸根含量的基本原理和操作技巧。

（2）了解地下水及生活饮用水中硫酸根的分布特性和来源。

（3）评估不同来源饮用水（如地下水、自来水、矿泉水等）中硫酸根的含量及其对人体健康的潜在影响。

（4）通过电感耦合等离子体原子发射光谱法，验证和比对用其他常用方法测定水中硫酸根含量的准确性和灵敏度。

（5）探讨不同地理、气候和工业活动对地下水及生活饮用水中硫酸根含量的影响。

2. 实验原理

硫元素普遍存在于地下水及生活饮用水中，主要以硫酸根、亚硫酸根和硫化物的形式存在。硫元素的存在形式除硫酸根以外皆不稳定，容易被氧化或者挥发，因此地下水及生活饮用水中的硫元素多以硫酸镁和硫酸钙的形式存在。不同水质中的硫酸根质量浓度在 1 ～ 10 000 mg · L^{-1} 内，含量差别大。GB/T 14848—2017《地下水质量标准》规定，Ⅰ、Ⅱ、Ⅲ、Ⅳ类水中的硫酸根含量上限分别为 50，150，250，350（单位：mg · L^{-1}）；GB 5749—2022《生活饮用水卫生标准》规定，水质中硫酸根的质量浓度应小于 250 mg · L^{-1}。当水中硫酸盐的含量较高时，水的味道就会发涩、发苦；当硫酸根的质量浓度超过 600 mg · L^{-1} 时，可能会导致腹泻。因此，测定地下水及生活饮用水中硫酸根的含量十分必要。

测定地下水和生活饮用水中硫酸根含量的方法主要有液相色谱法、离子色谱法、硫酸钡比浊法、电位滴定法、分光光度法等，这些方法具有化学试剂用量多、分析速率慢、操作步骤烦琐和线性范围窄等不足。而电感耦合等离子体原子发射光谱法具有线性范围宽、检出限低、操作简便、分析快速等优点，因此可用于土壤中和天然矿泉水中硫酸根含量的测定。

本实验采用电感耦合等离子体原子发射光谱法来测定地下水和生活饮用水中硫酸根的含量，该方法具有良好的准确度和精密度，可满足地下水和生活饮用水中硫酸根含量的测定要求。

3. 仪器与试剂

（1）仪器：电感耦合等离子体原子发射光谱仪（射频功率为 1 100 W；载气压强为 0.12 MPa；辅助气流量为 0.5 L · min^{-1}；冷却气流量为 13 L · min^{-1}；蠕动泵泵速为 50 r · min^{-1}；垂直观测高度为 12 mm；冲洗时间为 30 s；稳定时间为 5 s；积分时间为 15 s；分析谱线波长为 180.731 nm）。

（2）试剂：硫酸根标准溶液系列（由硫酸根标准储备液用水逐级稀释而成，质量浓度分别为 1.00 mg · L^{-1}，5.00 mg · L^{-1}，10.00 mg · L^{-1}，50.00 mg · L^{-1}）；硫酸根标准储备液（1 000 mg · L^{-1}）；硫离子标准储备液（1 000 mg · L^{-1}，碱性环境下添加保护剂乙酸锌 - 乙酸钠混合溶液，使硫离子转化为硫化锌沉淀）；硝酸（100.00 mg · L^{-1}）为优级纯；实验用水为超纯水。

4. 实验步骤

（1）硫离子含量较低的样品（$\rho(S^{2-}) \leqslant 0.10$ mg · L^{-1}）：水样不做预处理直接进样，按照仪器工作条件测定硫酸根含量。

（2）硫离子含量较高的样品（$\rho(S^{2-}) > 0.10$ mg · L^{-1}）：取 50 mL 水样于 100 mL 烧杯中，加入 2 mL 硝酸，在 75 ℃电热板上加热消解 40 min，取下冷却，用水定容至 50 mL 容量瓶中，按照仪器工作条件测定。

5. 数据记录与处理

有研究表明，硫元素分析谱线为 180.731 nm 时所测得的硫酸根标准溶液系列的平均背景强度和其他分析谱线相差不大，但线性相关系数和相对强度较大；用量为 2.0 mL 的硝酸和 40 min 的消解时间对硫离子有较好的去除效果；共存离子对硫酸根的测定不存在明显干扰。实验结果记录表如表 2-3 所示。

表 2-3　实验结果记录表

样品	是否消解	$\rho(SO_4^{2-})$ / （$mg \cdot L^{-1}$）

6. 注意事项

（1）严格控制实验条件，确保测试结果的准确性和可靠性。

（2）规范操作流程，防止交叉污染和样品混淆。

（3）根据实际需求进行数据处理和分析，以获得更可靠的测试结果。

7. 思考题

（1）在电感耦合等离子体原子发射光谱法测定过程中，可能会受到哪些干扰因素的影响？如何消除这些干扰？

（2）在实验过程中，如何保证实验数据的准确性和可靠性？是否有必要进行重复实验或平行实验？

2.4.3　用电感耦合等离子体原子发射光谱法测定硝酸铵试剂中铝、铜、铬的含量

1. 实验目的

（1）掌握原子发射光谱法的基本原理。

（2）了解电感耦合等离子体原子发射光谱仪的基本结构和工作原理。

（3）掌握用电感耦合等离子体原子发射的标准曲线作定量分析的操作及测试方法。

2. 实验原理

利用原子发射光谱定性分析某一元素的存在必须在该试样的光谱中辨认几条灵敏线或最后线，以判断该元素存在与否。

根据赛伯－罗马金公式 $I = ac^b$ 进行定量测定，当元素的浓度很低时，元素的自吸现象可以忽略不计，即 b 等于 1，通过测量待测元素特征谱线的强度与其浓度的关系进行定量分析。

本实验先对硝酸铵试剂中的微量元素进行定性分析，然后对试剂中的 Al、Cu、Cr 等微量金属元素进行定量分析。

3. 仪器与试剂

（1）仪器：等离子体原子发射光谱仪；液氮罐或氩气钢瓶；容量瓶。

（2）试剂：1.0 mg · mL^{-1} Al 标准储备液；1.0 mg · mL^{-1} Cu 标准储备液；1.0 mg · mL^{-1} Cr 标准储备液；6 mol · L^{-1} HNO_3 溶液；去离子水。

4. 实验步骤

（1）标准溶液的配制。Al 标准溶液的配制：吸取 10.00 mL 1.0 mg · mL^{-1} Al 标准储备液至 100 mL 容量瓶中，用去离子水稀释至刻度线，摇匀，此溶液中 Al 的浓度为 100.0 μg · mL^{-1}。按此方法可配制 100.0 μg · mL^{-1} Cu 和 Cr 的标准溶液。Al、Cu、Cr 混合标准溶液的配制：在一个 100 mL 容量瓶中分别加入 1 mL 100.0 μg · mL^{-1} Al、Cu、Cr 标准溶液，加入 3 mL 6 mol · L^{-1} HNO_3 溶液，用去离子水稀释至刻度线，摇匀，此溶液中 Al、Cu、Cr 的浓度均为 1.00 μg · mL^{-1}。

（2）试样溶液的配制。在电子天平上准确称取 1.0 ～ 1.2 g 硝酸铵样品，将其置于 50 mL 烧杯中，用去离子水溶解，然后转移至 100 mL 容量瓶中，定容后摇匀备用。

（3）测定。ICP 的射频功率为 1 200 W，冷却气流量为 12 L · min^{-1}，辅助气流量为 0.3 L · min^{-1}，载气压强为 24 psi（1 psi=6.895 kPa），蠕动泵转速为 100 r · min^{-1}，溶液提升量为 0.2 L · min^{-1}、0.8 L · min^{-1}、1.5 L · min^{-1}，观察位置自动优化。将标准溶液和处理好的试样分别导入电感耦合等离子体发射光谱仪中进行测试。分析线波长为 Al 300.27 nm、Cu 327.393 nm、Cr 267.716 nm。

5. 数据记录与处理

将实验原始数据及数据处理结果记录至表 2-4。

表 2-4　谱线强度及元素含量

元素名称	分析线波长 /nm	谱线强度		含量 /（mg · kg^{-1}）
		标准溶液	试样溶液	
Al	300.270			
Cu	327.393			
Cr	267.716			

6. 注意事项

（1）实验过程中涉及高压、高电流操作，要注意安全。

（2）关机时要规范操作。实验结束后，先用去离子水清洗进样系统，然后降低压力，熄灭等离子体，最后关闭冷却器。

7. 思考题

（1）原子发射光谱法定性和定量分析的理论依据是什么？

（2）ICP 光源的基本构成是什么？简述各部件的作用。

2.4.4 用交流电弧直读原子发射光谱法测定碳酸盐岩石样品中的银、锡

1. 实验目的

（1）确定碳酸盐岩石样品中银、锡元素的含量。

（2）研究碳酸盐岩石样品的组成；分析碳酸盐岩石样品的结构。

（3）探讨银、锡元素在碳酸盐岩石样品中的分布规律。

（4）了解碳酸盐岩石样品中银、锡元素的控制因素。

2. 实验原理

碳酸盐岩石在岩石化探中占有一定的比例。由于大多数元素之间的激发电位、电离电位等差异较大，在试样激发过程中，基体成分的变化会严重影响分析元素的谱线强度。在碳酸盐岩石样品分析中，试样的钙、镁元素含量较高时，难挥发及中等挥发元素的激发受到抑制，谱线变浅，背景加深，严重影响了银、锡元素的测定。

本实验以缓冲剂 + 人工配制的硅酸盐基体物质（稀释剂）+ 样品 =0.100 0 g+0.050 0 g+0.050 0 g 的比例混合。人工配制的硅酸盐基体物质的作用是做稳定剂以控制弧焰温度，减少基体效应，提高分析准确度，改善基体的总成分，使试样的总成分趋于一致；也可以使含量较高的分析元素得到稀释，以提高分析的准确度，有效促进基体与待测元素的蒸发行为和分馏效应，从而使 Ca、Mg、Fe 等基体元素得到有效抑制，大大降低光谱背景。以 Ge 为内标元素可以起到很好的补偿作用，提高被测元素的灵敏度，满足 1 ∶ 50 000 岩石化探分析测定的要求。

3. 仪器与试剂

（1）仪器：摄谱仪；光栅；激发光源；CCD（电荷耦合器件）检测器；光谱纯石墨电极；振动搅拌仪；玛瑙珠；梅特勒电子天平；磨样机。

（2）试剂：乙醇溶液（1+1，分析纯）；蔗糖（分析纯）；10% 蔗糖 - 乙醇水溶液；缓冲剂 [m（NaF）∶ m（$K_2S_2O_7$）∶ m（Al_2O_3）∶ m（碳粉）=20 ∶ 22 ∶ 44 ∶ 14，内含质量分数为 0.007% 的 GeO_2]；人工配制的硅酸盐基体物质（称取 70.5 g 二氧化硅、12 g 三氧化二铝、5 g 三氧化二铁、5 g 氧化钙、5 g 硫酸钠、2 g 氧化镁和 0.5 g 二氧化钛置于磨样机的玛瑙钵体中，研磨两天以上进行磨细混匀）。

4. 实验步骤

（1）准确称取样品 0.050 0 g、人工配制的硅酸盐基体物质 0.050 0 g 和缓冲剂 0.100 0 g，依次加入三颗玛瑙珠，置于 5 mL 瓷坩埚中；

（2）把瓷坩埚放在烘箱中，105 ℃下烘样 2 h；

（3）待自然冷却后，在振动搅拌仪上研磨 25 min，机器振动频率为 2 600 Hz 下混均匀，再装入石墨电极中压紧；

（4）加两滴 10% 蔗糖 - 乙醇水溶液，待试料将溶液吸收后，置于电热鼓风干燥箱中，温度调至 105 ℃保持 2 h；

（5）于 CCD 交流电弧直读原子发射光谱仪上，用上下垂直电极进行摄谱（截取曝光），将分析元素谱线和内标谱线的原始强度扣除背景后，根据拟合标准曲线，分别计算出试料中银、锡元素的含量。

5. 数据记录与处理

本实验利用 CCD 检测替代了传统的相板与光电译谱的过程，实现了直读，并可同时获得各内标元素谱线的原始强度和分析元素的谱线，扣除背景后，用内标法以对数坐标拟合标准曲线，得出标准曲线方程，其中银是一次曲线方程，锡是三次曲线方程；计算试料中银和锡元素的含量；用本方法测定条件平行测定样品 12 次，计算样本的检出限、标准偏差 *S* 等，将结果记录在表 2-5 所示的实验结果记录表中。

表 2-5 实验结果记录表

元素	分析线 /nm	内标线 /nm	测试范围 /（$\mu g \cdot g^{-1}$）	检出限 LOD/%	标准偏差 *S*

6. 注意事项

（1）实验过程中要保证气体的纯度符合要求，以免干扰实验结果。

（2）严格控制实验温度和电压，确保样品在适宜的温度和电场下被激发。

（3）实验所使用的仪器设备要定期检查和维护，保证其正常运行。

（4）实验人员需经过专业培训，熟悉实验操作流程和安全规范，佩戴必要的防护装备，确保实验过程的安全性。

（5）在实验过程中要避免样品污染，如手部接触样品时，需使用无尘手套或其他防护措施。

（6）实验结束后，要对实验场所进行清理，确保环境安全。

7. 思考题

（1）在实验过程中，如何保证测定结果的准确性？

（2）在实验过程中，如何减少误差的产生？

2.4.5 催化柴油中硫化物的气相色谱－原子发射光谱分析方法及应用

1. 实验目的

（1）掌握催化柴油中硫化物气相色谱－原子发射光谱分析的基本原理和实验操作流程。

（2）探究不同因素对催化柴油中硫化物脱除效果的影响。

（3）了解柴油中硫化物对环境和设备的危害及催化柴油的优势。

（4）评估催化柴油中硫化物的脱除效果及对柴油质量的影响。

2. 实验原理

随着日益严格的环保法规和日益提高的国外高硫原油加工量，柴油质量面临挑战，因此以高硫原油为原料进行优质低硫柴油生产的加工工艺急需被研究和开发。实验中经常发现，纯化合物的脱硫效率和实际柴油馏分的脱除效果不一致，因此了解柴油中各种硫化物的分布及含量很有必要。建立柴油馏分中各种硫化物的定性、定量分析方法，并对不同来源及加工工艺的柴油馏分中各种硫化物的分布进行进一步研究，可为更好的脱硫工艺和脱硫催化剂的选择提供必要的基础数据。

用气相色谱结合选择性检测器是测定特定油品中各硫化物含量及分布最有效的方法。气相色谱－原子发射光谱联用技术是 20 世纪 90 年代发展起来的一种色谱检测技术，它的优点是对硫的线性响应不随硫化物结构的变化而变化。

本实验选择 PONA（甲基聚硅氧烷）柱对柴油中的 130 多个硫化物进行了定性及定量分析，建立了柴油馏分中硫化物的分析方法，考察了各项色谱条件对柴油中各种硫化物分离所产生的影响，并将该方法应用于研究不同来源和不同加工工艺的柴油馏分中各种硫化物的分布，为柴油加氢脱硫工艺和催化剂的研究提供了依据。

有研究表明，原子发射光谱对不同硫化物具有相同的响应，且其硫信号不被共流出烃猝灭，具有较高的选择性和线性动态范围。

3. 仪器与试剂

（1）仪器：化学工作站；氦气净化器；HP GC6890；配原子发射光谱检测器；带电子压力控制（EPC）的分流 / 不分流进样口；自动进样器。

（2）试剂：二苯并噻吩；苯并噻吩；4,6- 二甲基二苯并噻吩；4- 甲基二苯并噻吩；实验所用试剂均为分析纯。

4. 实验步骤

在选定的实验条件下，选择催化柴油样品进行重现性实验。平行测定 6 次，计算柴油中含量较多且较受关注的几种硫化物（苯并噻吩、4- 甲基苯并噻吩、二苯并噻吩、4- 甲基二苯并噻吩、4,6- 二甲基二苯并噻吩）峰面积的相对标准偏差（RSD），当信噪比（S/N）为 3 时，在选定的实验条件下，测出苯并噻吩硫的检出限。

5. 数据记录与处理

在表 2-6 中记录硫化物的定性和定量分析的结果。

表 2-6　柴油中硫化物的分析结果记录表

硫化物	硫化物含量 /(mg · L^{-1})	相对标准偏差	检出限 / (mg · L^{-1})	w / %

6. 注意事项

（1）在实验开始前，需要收集具有代表性的样品，并确保样品的数量足够进行后续分析。

（2）收集到的样品应存放在干燥、密封的容器中，并避免受到外界环境的影响。

（3）在实验开始前，对所使用的仪器设备进行检查，确保其正常运转，如灵敏度、稳定性等。

7. 思考题

（1）简述气相色谱 - 原子发射光谱联用技术在催化柴油中硫化物分析中的优势是什么。

（2）在实际应用中，如何根据气相色谱 - 原子发射光谱联用技术得到的数据，判断催化柴油的质量优劣？请提出一种可行的判断方法，并解释其合理性。

第 3 章　原子吸收光谱法

原子吸收光谱法又称原子吸收分光光度法，是基于被测元素的基态原子对特征辐射（谱线）的吸收程度进行定量分析的一种仪器分析方法，其主要分析过程是用同种原子发射的特征辐射照射试样溶液被雾化和原子化的原子蒸气层，测量透过的光强或吸光度，根据吸光度与浓度的关系计算试样中被测元素的含量。

3.1　基本原理

原子吸收光谱法是一种用于测定样品中待测元素含量的分析方法，它基于待测元素的原子在样品蒸气中吸收特定波长的辐射，通过测量光的强度的减弱程度来确定待测元素的含量。图 3-1 是原子吸收光谱分析示意图。

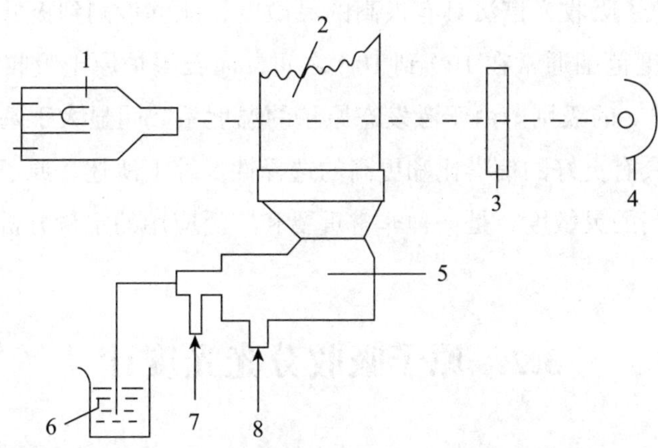

1—空心阴极灯；2—火焰；3—单色器；4—光电检测器；
5—原子化系统；6—试液；7—助燃器；8—燃气。

图 3-1　原子吸收光谱分析示意图

当光源发射线的半宽度小于吸收线的半宽度，即为锐线光源时，光源的发射线经过一定厚度的原子蒸气，能够被基态原子吸收。在这种情况下，吸光度与原子蒸气中待测元素的基态原子数的关系需遵循朗伯 - 比尔定律：

$$A = \lg \frac{I_0}{I} = K'N_0 L \qquad (3\text{-}1)$$

式中：I_0 代表入射光的强度；I 代表透射光的强度；N_0 代表单位体积中的基态原子数；L 代表光程长度；K' 是与实验条件相关的常数。

式（3-1）表明，吸光度与蒸气中的基态原子数呈线性关系。在常用的火焰温度低于 3 000 K 的情况下，火焰中绝大多数是基态原子。因此，我们可以用基态原子数 N_0 来代表吸收辐射的总原子数。

在实际工作中，我们需要测定试样中待测元素的浓度。在确定的实验条件下，试样中待测元素的浓度与蒸气中的总原子数存在如下关系：

$$N = \alpha c \qquad (3\text{-}2)$$

式中：α 为比例常数。将式（3-2）代入式（3-1）得

$$A = KcL \qquad (3\text{-}3)$$

式（3-3）为原子吸收光谱法的基本公式，它表示在确定的实验条件下，吸光度和试样中待测元素浓度呈线性关系。

原子吸收和原子发射是相互联系的两种相反的过程。由于原子的吸收线与发射线的数目相比少得多，因此原子吸收光谱的干扰较少，选择性较高。在原子蒸气中，基态原子的数量远远多于激发态原子（如在 2 000 K 的火焰中，基态与激发态钙原子的比值约为

1.2×10^{-7})，因此原子吸收光谱法具有极高的灵敏度，能够检测到极低浓度的元素。火焰原子吸收法的灵敏度范围通常在 10^{-9} 到 10^{-6} 之间，而石墨炉原子吸收法的绝对灵敏度可以达到 $10^{-14}\sim10^{-12}$ g 的级别。由于激发态原子的温度系数明显大于基态原子，原子吸收法相比发射光谱法具有更好的信噪比和更高的选择性。综上所述，原子吸收光谱法具有特异性、准确度和极高的灵敏度，是一种非常重要和广泛应用的定量分析方法。

3.2 原子吸收分光光度计

原子吸收分光光度计有多种型号，其自动化程度也各不相同，主要分为单光束型和双光束型两大类。这两种型号的仪器主要由光源、原子化装置、光学系统和检测系统组成。单光束型和双光束型仪器的光路图如图 3-2 所示。

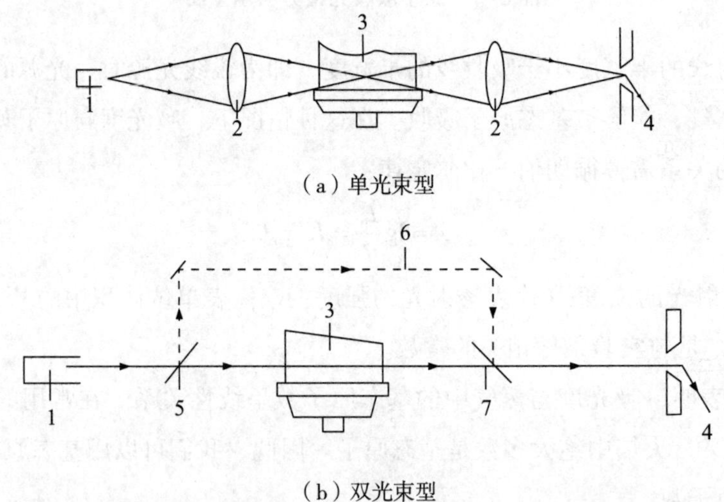

1—光源；2—透镜；3—火焰；4—单色器入射狭缝；5—斩光器；6—参比光束；7—试样光束。

图 3-2 单光束型和双光束型原子吸收分光光度计光路图

3.2.1 光源

光源在原子吸收分光光度计中的作用是发射待测元素的特征光谱。光源需要满足以下条件：一是能够发射比吸收线窄得多的锐线；二是具有充分的辐射强度、稳定性和低背景噪声。目前应用比较广泛的光源是空心阴极灯。空心阴极灯的结构如图 3-3 所示，它由一个封装在玻璃管中的钨丝阳极和一个圆筒状阴极组成，该阴极由被测元素的金属或合金制成。空心阴极灯内充有低压的氖气或氩气。空心阴极灯能够产生被测元素的特征光谱，具有较高的辐射强度和稳定性。

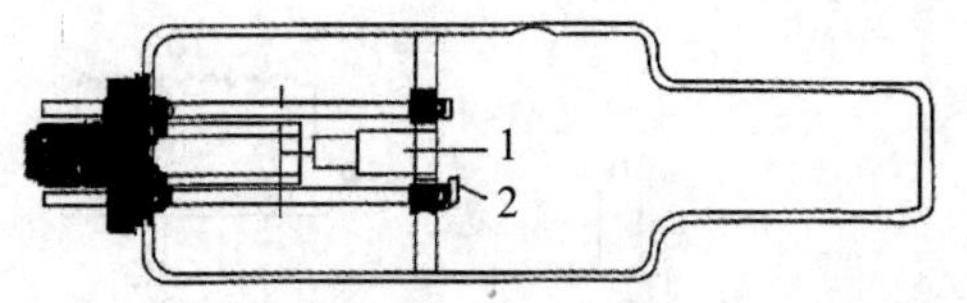

1—空心阴极；2—阳极。

图 3–3　空心阴极灯

当在阴极和阳极之间施加电压时，气体中的原子或分子会被电场加速，发生电离，产生电子和离子。带正电的离子在电场的作用下会被加速，轰击阴极表面，引起阴极表面的金属原子溅射。这是因为离子的能量足以克服金属表面的结合能，使金属原子从阴极表面脱离。溅射出的金属原子会与气体中的电子、惰性气体原子及离子发生碰撞。这些碰撞会激发金属原子，使其处于激发态，激发态的金属原子会发出辐射。最后，金属原子会扩散回到阴极表面，并重新淀积下来。

空心阴极灯分为单元素灯和多元素灯两种类型。单元素灯只能用于测定特定元素，如果需要测定其他元素，就需要更换相应的元素灯。而多元素灯（如六元素的空心阴极灯）可以同时测定多种元素，无须更换灯，使用更加方便。

空心阴极灯内存在杂质气体会导致辐射强度减弱，噪声增大，测定灵敏度下降。为了解决这个问题，我们可以将灯的正、负极反接并加热 30 ～ 60 min，这样可以吸收杂质气体，使灯恢复原来的性能。

3.2.2　原子化装置

原子化装置在原子吸收分光光度计中的作用是将试样中的待测元素转化为基态原子蒸气。原子化的方法主要分为火焰原子化和非火焰原子化两种。

1. 火焰原子化装置

火焰原子化装置的结构如图 3-4 所示。雾化器将试液雾化后，喷出的雾滴会碰撞在撞击球上，进一步分散为细雾。雾化器的效率除了与其结构有关外，还取决于溶液的表面张力、黏度，以及助燃气的压力、流速和温度等因素。

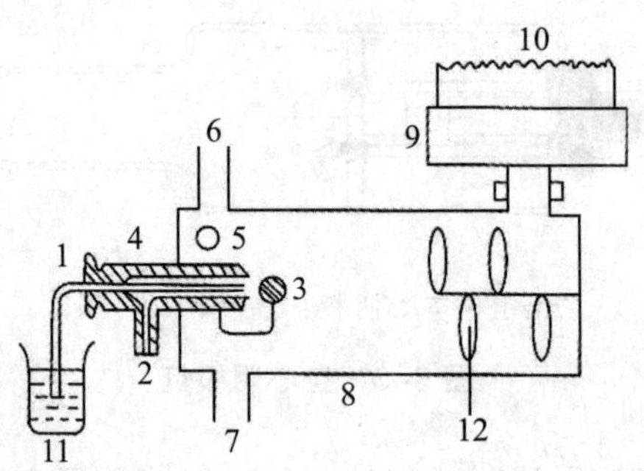

1—毛细管；2—空气入口；3—撞击球；4—雾化器；5—空气补充口；6—燃气入口；
7—排液口；8—预混合室；9—燃烧器（灯头）；10—火焰；11—试液；12—扰流器。

图 3-4 火焰原子化装置的结构

试液经过雾化后进入预混合室与燃气混合。较大的雾滴会凝聚并通过排液口排出，较小的雾滴则进入燃烧器。常用的燃烧器是缝式燃烧器，其缝长通常为 100 ～ 110 mm，缝宽为 0.5 ～ 0.6 mm，适用于空气 - 乙炔焰。另一种燃烧器的缝长为 50 mm，缝宽为 0.46 mm，适用于氧化亚氮 - 乙炔焰。

气路系统是火焰原子化装置的供气部分。在气路系统中，压力表、流量计和调节阀门用来控制和测量气体流量。燃气乙炔由钢瓶供给，乙炔管道及接头严禁使用铜和银材料，因为乙炔与铜、银会生成易爆的乙炔铜和乙炔银。乙炔是易燃易爆气体，因此乙炔钢瓶应远离明火，并保持通风良好。

火焰原子化装置具有火焰噪声小、稳定性好、易于操作的优点。其缺点是试样利用率较低，大部分试液通过排液口排出。

2. 石墨炉原子化装置

石墨炉原子化装置是一种无火焰原子化装置，其结构如图 3-5 所示，它通过电加热的方式将试样进行干燥、灰化和原子化，试样用量只需几微升。为了防止试样和石墨管氧化，加热过程中需要通入氮气或氩气，在这种情况下，石墨提供了大量的碳，因此能够获得较好的原子化效率，特别是对于易形成耐熔氧化物的元素而言。这种原子化方法的最大优点是注入的试样基本上完全原子化，因此具有较高的灵敏度。其缺点是基体干扰和背景吸收较大，测定的重现性相对于火焰原子化方法较差。

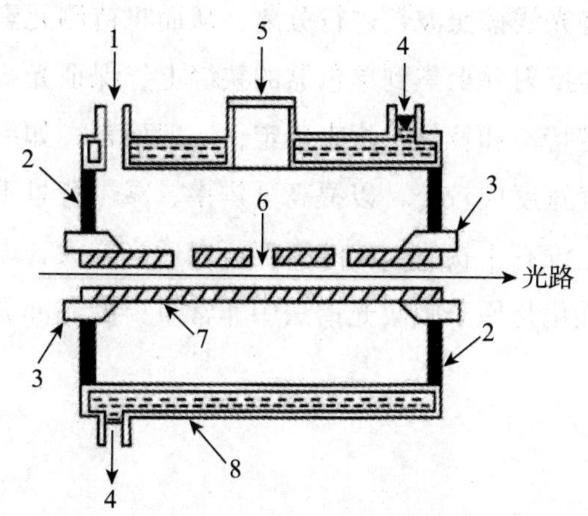

1—惰性气体；2—绝缘材料；3—电接头；4—冷却水；

5—可卸式窗；6—样品；7—石墨管；8—金属套。

图 3–5 石墨炉原子化装置的结构

3. 其他原子化方法

应用化学反应进行原子化也是常用的方法。例如，砷、硒、碲、锡等元素可以通过化学反应生成易挥发的氢化物，然后送入空气 - 乙炔焰或电加热的石英管中进行原子化。

对于汞的原子化，我们可以使用 $SnCl_2$ 将试样中的汞盐还原为金属汞。由于汞的挥发性较高，我们可以使用氮气或氩气将汞蒸气带入气体吸收管进行测定。

3.2.3 光学系统

光学系统分外光路和分光系统（单色器）两部分。光学系统示意图如图 3-6 所示。

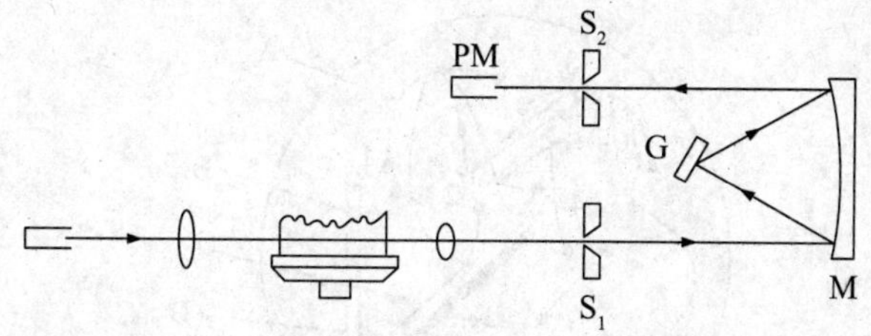

G—光栅；M—反射镜；S_1—入射狭缝；S_2—出射狭缝；PM—检测器。

图 3–6 光学系统示意图

外光路系统可以使空心阴极灯发射出的共振线准确通过燃烧器上方的被测试样的原子蒸气，然后射到单色器的狭缝上。分光系统的主要作用是将待测元素的共振线与邻近的谱线分开，以便于检测和测量。分光系统通常由色散元件（光栅或棱镜）、反射镜、狭缝等组成。色散元件可以将光线按照波长进行分离，从而将待测元素的共振线与邻近的谱线分开。反射镜可以将光线反射并聚焦到单色器的狭缝上，保证光线的准确传输。狭缝的宽度应根据待测元素的光谱特性和背景干扰来确定，一般而言，如果待测元素的光谱比较复杂或存在连续背景，狭缝宽度应较小，以提高分辨率、减少背景干扰；如果待测元素的谱线相对简单且共振线附近没有干扰线，狭缝宽度可以适当增大，以提高信噪比、降低检测限。分光系统的设计和优化是原子吸收光谱法中非常重要的一部分，它直接影响检测的准确性和灵敏度。

3.2.4 检测系统

检测系统通常由检测器、放大器、对数转换器，以及显示或打印装置组成。常用的检测方法是光信号检测。光信号检测是通过光电倍增管将光信号转换为电信号，然后经过放大器进行信号放大，放大器输出的信号经过对数转换，使指示仪表上显示的数值与试样浓度呈线性关系，测定结果可以通过仪表的显示功能直接显示出来，也可以通过记录器进行记录，还可以使用计算机对数据进行处理，并将结果打印出来或在屏幕上显示。

光电倍增管由光阴极以及若干个二次发射极（又称打拿极）组合而成，其示意图如图3-7所示。光电子进入打拿极后，会与打拿极表面的材料发生相互作用，使打拿极表面发射出更多的电子，即二次发射。这种二次发射的现象可以使一个光电子引发更多的电子发射，从而实现电子倍增。经过二次发射后，产生的电子被加速向下一个打拿极运动，再次引发二次发射，这个过程可以重复多次。每一次二次发射都会使电子数量增加，最终在阳极上收集到的电子数量可以达到 $10^6 \sim 10^7$ 个，这取决于光电倍增管的放大倍数。光电倍增管的放大倍数主要由电极间的电压和打拿极的数目决定。

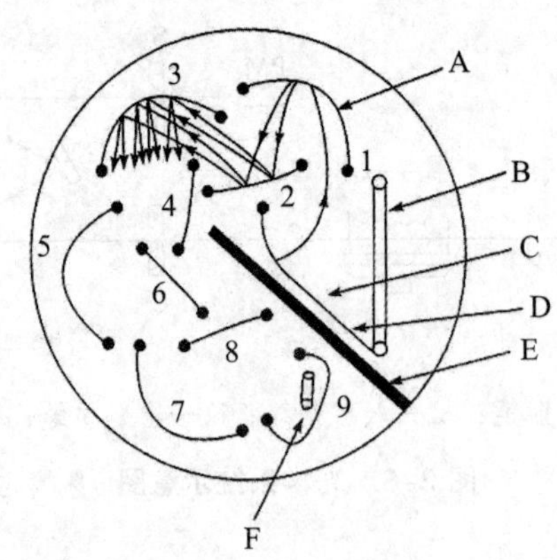

A—打拿极（1 ～ 9 均为打拿极）；B—栅极；

C—入射光；D—阴极；E—屏蔽；F—阳极。

图 3-7 光电倍增管示意图

3.2.5　原子吸收分光光度计的操作步骤

火焰原子吸收分光光度计技术在国内已经非常成熟，并且具有较高的性价比。如今，原子吸收分光光度计的参数设置、控制、数据记录和处理等功能都可以通过计算机来实现。计算机工作站的设计和使用大同小异，现以澳大利亚 GBC932plus 火焰原子吸收分光光度计为例说明操作步骤。

第一，根据所测元素，安装该元素灯。

第二，打开计算机主机，启动原子吸收分光光度计工作站。工作站主要包含仪器硬件配置设置（Instrument）、仪器方法参数设置（Method）、样品测定顺序设置（Samples）、分析（Analysis）和结果（Results）、报告格式（Report）等模块程序。点击"仪器硬件配置设置"模块程序，核对仪器实际的硬件配置与模块程序中的硬件配置是否一致。若不一致（如仪器的元素灯由锌灯换为镁灯，但模块程序中的设置还是锌灯），则打开原子吸收分光光度计主机电源后，仪器自检时就会出错，导致程序无法继续运行。通常，该模块程序中只有元素灯及其所在灯架的位置需要经常改变设置，其他因仪器配置不变，所以不需要改变。

第三，当确认仪器所配置的硬件与模块程序中设置的硬件相符后，点击"Method"模块程序，输入待测元素、灯电流、测定波长、狭缝宽度、数据采集和处理、工作曲线校正方法、标准浓度等基本操作参数。

第四，打开原子吸收分光光度计主机电源，稍等片刻，元素灯自动开启，并按照步骤三输入的波长自动调节。

第五，对光。当灯被更换后，灯的位置可能变动，使空心阴极灯发出的入射线偏离单色器的入射狭缝，导致没有信号或信号降低。点击窗口顶部的"Instrument"图标，系统会弹出显示当前空心阴极灯光强的窗口，当改变空心阴极灯位置时，窗口中入射光强度"指示表"指针会随之变化。反复调整灯的位置，使空心阴极灯样品光束、参比光束强度达到最大。关闭该窗口。

第六，将空压机通电，等待气压达到 0.35 ～ 0.4 MPa；打开乙炔钢瓶，调节出口压强为 0.4 MPa。待气路检查无误后，先打开仪器助燃气开关，再打开燃气，用仪器自动点火或电子点火枪在燃烧器缝口点火。

第七，用吸样管先吸入去离子水（空白），点击窗口顶部的"Status"（状态）图标，系统弹出显示吸光度状态的窗口，点击"zero"（零调）按钮，完成仪器零调操作。将吸样管放入最高浓度的标准溶液中，通过调节燃助比、燃烧器高度和燃烧器的前后位置，使吸光度达到最大（吸光度不要超过 1），将仪器调整到最佳工作状态。

第八，试样测定顺序设置。点击"Samples"（样品）图标，对样品测定顺序进行设置，以便仪器自动处理。在设置测定顺序时，首先应将“Calibration”（标准样品测定）放在第一位置，再设定待测样品顺序。若测定样品数量很多，则每间隔 15 个样品，应插入一个“Re-scale”（重校标准曲线斜率）。

第九，测样。将吸液管插入去离子水，点击“Start”（测样开始）图标，按照程序自动提示的样品序号进行测量。计算机可以自动完成标准曲线和样品测试报告。

第十，测试完毕后，将吸液管插入去离子水中，用 250 ～ 500 mL 蒸馏水清洗原子化装置，最后按照与开机相反的顺序关机。

3.3 实验内容

3.3.1 原子吸收光谱法测定最佳实验条件的选择

1. 实验目的

（1）了解原子吸收分光光度计的结构、性能及操作方法。

（2）了解实验条件对测定的准确度、灵敏度和干扰情况的影响及最佳实验条件的选择。

2. 实验原理

在原子吸收分析中，选择合适的测定条件对测定的灵敏度、准确度和干扰情况都具有重要影响。选择共振线作为分析线可以提高测定的灵敏度。然而，为了消除干扰，有时会选择灵敏度较低的谱线。例如，在测定铅时，为了避免短波对分子吸收的影响，通常不使用 217.0 nm 的共振线，而选择 283.3 nm 的次灵敏线；对于高浓度样品的分析，通常也会选择灵敏度较低的谱线，以获得适中的吸光度。总之，在原子吸收分析中，根据需要选择适当的测定条件可以提高测定的准确度并减少干扰。

在使用空心阴极灯进行原子吸收分析时，灯的电流需要控制在允许的最大工作电流范围内。若灯的工作电流过大，则会产生自吸作用，增强多普勒效应，导致谱线变宽，降低测定的灵敏度，使工作曲线弯曲，缩短灯的寿命。相反，若灯的电流过低，则谱线会变得窄小，灵敏度会增加，但会导致发光强度减弱，发光不稳定，信噪比下降。因此，我们应在保持稳定和适当的光强输出的前提下，尽可能选择较低的灯电流。在实际操作中，一般以空心阴极灯上标明的最大电流的一半至三分之二作为工作电流的选择范围。具体的工作电流需要根据实验条件和样品特性进行调整和优化。通过实验确定最适宜的工作电流可以获得稳定的光谱输出和较长的灯寿命，同时保持较高的测定灵敏度。因此，在选择空心阴极灯的工作电流时，我们需要综合考虑灵敏度、光谱稳定性和灯的寿命等因素，以获得最佳的测定结果。

燃气和助燃气的流量对原子吸收分析的灵敏度和干扰情况有直接影响。不同的燃助比会产生不同的火焰特性，从而影响测定结果。当燃助比小于 1 ∶ 6 时，形成的是贫燃焰，贫燃焰燃烧充分，温度较高，但还原性较差，适合测定不容易氧化的元素（氧化反应相对较弱），有利于原子化和激发，从而提高灵敏度。当燃助比大于 1 ∶ 3 时，形成的是富燃焰，富燃焰的温度相对较低，噪声比较大，火焰具有强还原性，适合测定易形成难熔氧化物的元素（还原性较强），有助于还原氧化物，但由于富燃焰的温度较低，可能导致灵敏度降低。燃助比为 1 ∶ 4 的火焰是常用的火焰类型，这种火焰温度较高，火焰稳定，背景低且噪声小，适用于大多数元素的分析。因此，在选择燃气和助燃气的流量时，我们需要根据元素的特性和分析要求，选择合适的燃助比，以获得最佳的测定结果。

根据不同的火焰高度，被测元素基态原子的浓度分布是不均匀的。火焰高度的变化会导致火焰温度和还原性的变化，进而影响基态原子的浓度分布。

在原子吸收测定中，如果光谱干扰较小，我们可以使用较宽的狭缝来增加光强，从而提高信噪比，这样可以提高测定的准确性和灵敏度。然而，对于谱线复杂的元素（如铁族和稀土元素），我们需要采用较小的狭缝，这是因为谱线复杂的元素通常具有多个谱线，如果使用较宽的狭缝，不同谱线的光会重叠在一起，导致工作曲线弯曲，影响测定的准确性，因此为了分离不同谱线，我们需要采用较小的狭缝，以保证测定的准确性。

3. 仪器与试剂

（1）仪器：GBC932plus 火焰原子吸收分光光度计；镁空心阴极灯；空气压缩机；乙炔钢瓶；100 mL 烧杯 1 个；100 mL 容量瓶 3 个；5 mL、10 mL 吸管各 1 支；10 mL 吸量管 1 支。

（2）试剂：镁储备液（准确称取于 800 ℃灼烧至恒量的氧化镁 1.658 3 g，加入 1 mol · L^{-1} 盐酸至完全溶解，移入 1 000 mL 容量瓶中，稀释至刻度线，摇匀，溶液中镁的浓度为 1.000 mg · L^{-1}。上述氧化镁为 A.R. 级。

4. 实验步骤

（1）试验溶液的配制。①用吸管吸取 10 mL 1.000 mg · mL^{-1} Mg 储备液至 100 mL 容量瓶中，用蒸馏水稀释至刻度线，溶液中 Mg 的浓度为 0.1 mg · mL^{-1}。②准确吸取 5 mL 0.1 mg · mL^{-1} Mg 标准溶液至 100 mL 容量瓶中，稀释至刻度线，此溶液中 Mg 的浓度为 0.005 mg · mL^{-1}。③用 0.005 mg · mL^{-1} Mg 标准溶液配制 100 mL 0.3 μg · mL^{-1} 镁标准溶液。

（2）仪器的调节。①按照前面 GBC932plus 火焰原子吸收分光光度计的操作步骤一至四开机，设置分析波长为 285.2 nm，调整空心阴极灯的位置，对好光路。将空压机通电，等待气压达到 0.35 ～ 0.4 MPa；打开乙炔钢瓶，调节出口压强为 0.4 MPa。待检查气路无误后，先打开仪器助燃气开关，再打开燃气，用仪器自动点火或电子点火枪在燃烧器缝口点火。②用吸样管先吸入去离子水（空白），点击“调零”按钮完成仪器调零。将吸样管放入镁标准溶液中。

（3）最佳实验条件的选择。①分析线的选择：根据试样分析灵敏度的要求和干扰情况选择适合的分析线，当试液浓度较低时，选择灵敏线；当试液浓度较高时，选择次灵敏线，并选择没有干扰的谱线。②空心阴极灯工作电流的选择：根据喷雾所配制的试验溶液，每改变一次灯电流，记录对应的吸光度信号；在每次测定数值之前，必须先喷入蒸馏水进行调零（以下试验均相同）；空心阴极灯一般需要预热 10 ～ 30 min 才能达到稳定输出。③燃助比的选择：在固定其他试验条件和助燃气流量的情况下，喷入试验溶液，改变燃气流量，并记录吸光度。④燃烧器高度的选择：喷入试验溶液，逐一改变燃烧器的高度，并记录对应的吸光度。⑤光谱通带的选择：一般元素的光谱通带为 0.5 ～ 4.0 nm，谱线复杂的元素（如 Fe、Co、Ni 等）可以采用小于 0.2 nm 的通带以将共振线与非共振线分开，通带过小会导致光强减弱，信噪比降低。

（4）结束实验。实验结束之后，需按照前面 GBC932plus 火焰原子吸收分光光度计的操作步骤并关机，整理实验台面，盖好仪器罩并填写仪器使用登记卡。

5. 数据记录与处理

（1）绘制吸光度 - 灯电流曲线，找出最佳灯电流。

（2）绘制吸光度 - 燃气流量曲线，找出最佳燃助比。

（3）绘制吸光度 - 燃烧器高度曲线，找出燃烧器最佳高度。

6. 注意事项

（1）在打开乙炔钢瓶阀门时，确保旋开的圈数不超过 1.5 圈，以避免丙酮逸出。

（2）在进行实验时，务必打开通风设备，以确保金属蒸气及时排出室外，保持实验环境的安全性。

（3）在点火时，先通空气，后通乙炔气。在熄火时，先关乙炔气，后关空气。确保按照正确的顺序进行点火和熄火操作，保证实验的安全性。

（4）如果在实验过程中室内出现乙炔气味，应立即关闭乙炔气源，并进行通风，排除问题后再继续进行实验。确保及时处理异常情况，保障实验的安全性。

7. 思考题

（1）如何选择最佳实验条件？实验时，如果条件发生变化，对结果会造成什么影响？

（2）为什么在原子吸收分光光度计中，单色器位于火焰之后，而紫外 - 可见分光光度计单色器位于试样室之前？

3.3.2　原子吸收光谱法测定的干扰及其消除

1. 实验目的

（1）掌握原子吸收光谱法的化学干扰及其消除方法。

（2）掌握原子吸收光谱法的电离干扰及其消除方法。

2. 实验原理

相对于其他光谱分析方法，原子吸收光谱法的干扰较少，这是因为原子吸收光谱法中，参与吸收的基态原子数目受温度影响较小，基态原子数近似等于原子总数。此外，使用锐线光源和较少的吸收线数目减少了谱线重叠和相互干扰的概率；仪器采用调制光源和交流放大可以消除火焰中直流发射的影响。然而，在实际工作中，化学干扰和电离干扰仍可能存在，尤其是在复杂的样品基质中。因此，在进行原子吸收光谱分析时，我们仍需要采取适当的措施（包括选择合适的分析波长、进行样品预处理、使用化学修饰剂或掩蔽剂、进行背景校正等）来消除或校正干扰，以确保分析结果的准确性和可靠性。

化学干扰是指在试样溶液或气相中分析元素与共存物质之间由于化学作用而引起的干扰效应，它主要影响分析元素化合物的解离与原子化的速度和程度，会降低原子吸收信号。化学干扰是一种选择性干扰，它对各个元素的干扰是相同的。化学干扰不仅取决于待测元素和干扰组分的性质，还与火焰类型、火焰温度、火焰状态和部位、共存的其他组分、雾珠与气溶胶颗粒大小等实验条件的变化有关。化学干扰包括阳离子干扰、阴离子干扰、阴阳离子的混合干扰以及气相干扰等。对于化学干扰，我们可在试液中加入一种试剂，它会优先与干扰组分反应，释放出待测元素，这种试剂称为释放剂，可以有效地消除化学干扰。

电离干扰是指被测元素在火焰中形成自由原子之后继续电离，使基态原子数减少、吸收信号降低的干扰效应。若火焰中存在能提供自由电子的其他易电离的元素，则该元素可使已电离的待测元素的离子回到基态，使被测元素基态原子数增加，从而达到消除电离干扰的目的。

3. 仪器与试剂

（1）仪器：GBC932plus 火焰原子吸收分光光度计；镁和钙空心阴极灯；空气压缩机；乙炔钢瓶；100 mL 烧杯 2 个；100 mL 容量瓶 20 个；10 mL、5 mL 吸管各 1 支；10 mL 吸量管 1 支。

（2）试剂：镁储备液（见 3.3.1）；钙储备液（准确称取于 110 ℃干燥的碳酸钙 2.498 g，加入 100 mL 蒸馏水，滴加少量盐酸使其全部溶解，移入 1 000 mL 容量瓶，用蒸馏水稀释至刻度线，此溶液中钙的浓度为 1.0 $mg \cdot mL^{-1}$）；铝储备液（溶解 1.0 g 纯铝丝于少量

6 mol·L^{-1} 盐酸中，移入 1 000 mL 容量瓶，用 1% 盐酸稀释至刻度线，此溶液中铝的浓度为 1.0 mg·mL^{-1}）；钾溶液（溶解 2.3 g KCl 于蒸馏水中，稀释至 100 mL，此溶液中钾的浓度为 12.0 mg·mL^{-1}）；镧溶液（称取 La（NO_3）$_3$·$6H_2O$ 15.6 g 溶于少量蒸馏水中，稀释至 100 mL，此溶液中镧的浓度为 50.0 mg·mL^{-1}）。以上碳酸钙、KCl、La（NO_3）$_3$·$6H_2O$ 均为 A.R. 级。

4. 实验步骤

（1）化学干扰及其消除。①在 6 个 100 mL 容量瓶中将镁和铝储备液适当稀释，配制一系列溶液，其中镁的浓度均为 0.2 μg·mL^{-1}，铝的浓度分别为 0 μg·mL^{-1}、1.0 μg·mL^{-1}、10.0 μg·mL^{-1}、50.0 μg·mL^{-1}、100.0 μg·mL^{-1}、500.0 μg·mL^{-1}，逐一测量其吸光度，测量条件参照 3.3.1。②在 6 个 100 mL 容量瓶中配制一系列溶液，其中镁的浓度均为 0.2 μg·mL^{-1}，铝的浓度分别为 0 μg·mL^{-1}、1.0 μg·mL^{-1}、10.0 μg·mL^{-1}、50.0 μg·mL^{-1}、100.0 μg·mL^{-1}、500.0 μg·mL^{-1}，镧浓度均为 1.0 mg·mL^{-1}，分别测量其吸光度（测量条件同上）。

（2）电离干扰及其消除。①测量条件：分析线 422.7 nm；灯电流 5 mA；燃烧器高度 9 mm；狭缝宽度 0.2 mm。②在 8 个 100 mL 容量瓶中配制一系列溶液，其中钙的浓度为 8.0 μg·mL^{-1}，钾的浓度分别为 0 μg·mL^{-1}、1.00 μg·mL^{-1}、10.0 μg·mL^{-1}、100.0 μg·mL^{-1}、500.0 μg·mL^{-1}、1 000.0 μg·mL^{-1}、2 000.0 μg·mL^{-1}、3 000.0 μg·mL^{-1}，逐一测量其吸光度。

5. 数据记录与处理

（1）绘制未加 La 和加 La 后测得的吸光度关于 Al 浓度变化的曲线。

（2）绘制吸光度关于 K 浓度变化的曲线。由图确定本实验中克服电离干扰所需 K 的最小量。

6. 注意事项

（1）全部测定均先喷蒸馏水，待记录仪基线平稳后再喷试液。

（2）乙炔关闭后，检查乙炔钢瓶上压力表指针是否回零，若没有回零则说明乙炔钢瓶总开关未关紧。

7. 思考题

（1）试解释 Al 对 Mg 的干扰和加 La 消除干扰的机理。是否还有其他方法消除这种干扰？

（2）消除电离干扰除了加入钾盐，还可加哪些金属盐？

3.3.3　用原子吸收光谱法测定自来水中的钙和镁

1. 实验目的

（1）通过自来水中钙和镁元素的测定，掌握标准曲线法在实际样品分析中的应用。

（2）进一步熟悉原子吸收分光光度计的使用。

2. 实验原理

锐线光源条件下，基态原子蒸气对共振线的吸收符合朗伯－比尔定律［式（3-1）］。在试样原子化以及火焰温度低于 3 000 K 时，大多数元素的基态原子数目接近原子总数。在固定的实验条件下，待测元素的原子总数与其在试样中的浓度 c 成正比，由此可以得出原子吸收定量分析的依据［式（3-3）］。

对于组成简单的试样，使用标准曲线法进行定量分析是比较方便的方法。

3. 仪器与试剂

（1）仪器：GBC932plus 火焰原子吸收分光光度计；乙炔钢瓶；空气压缩机；镁和钙空心阴极灯；50 mL 烧杯 3 个；100 mL 容量瓶 17 个；2 mL、5 mL、10 mL 吸管各 1 支；10 mL 吸量管 1 支。

（2）试剂：0.005 mg · mL^{-1} 镁标准溶液（见 3.3.1）；0.1 mg · mL^{-1} 钙标准溶液［用吸管吸取 10 mL 1.0 mg · mL^{-1} Ca 储备液（见 3.3.2）于 100 mL 容量瓶中，用蒸馏水稀释至刻度，此溶液中 Ca 的浓度为 0.1 mg · mL^{-1}］。

4. 实验步骤

（1）钙、镁系列标准溶液的配制。用 10 mL 吸量管分别吸取 2 mL、4 mL、6 mL、8 mL、10 mL 的 Ca 标准溶液（0.10 mg · mL^{-1}）于 5 个 100 mL 容量瓶中，再用 10 mL 吸量管分别吸取 2 mL、4 mL、6 mL、8 mL、10 mL 的 Mg 标准溶液（0.005 mg · mL^{-1}）于上述 5 个 100 mL 容量瓶中，然后用蒸馏水稀释至刻度，摇匀。此系列标准溶液中 Ca 的浓度分别为 2.0 μg · mL^{-1}、4.0 μg · mL^{-1}、6.0 ug · mL^{-1}、8.0 μg · mL^{-1}、10.0 μg · mL^{-1}；Mg 的浓度分别为 0.10 μg · mL^{-1}、0.20 μg · mL^{-1}、0.30 μg · mL^{-1}、0.40 μg · mL^{-1}、0.50 μg · mL^{-1}。

（2）钙的测定。①制备自来水水样：使用 10 mL 吸管吸取自来水水样，加入 100 mL 容量瓶中，然后用蒸馏水稀释至刻度，摇匀。②测定：按照 3.3.2 的测量条件，逐一测量一系列标准溶液的吸光度，最后测量自来水水样的吸光度。

（3）镁的测定。①制备自来水水样：使用 2 mL 吸管吸取自来水水样，加入 100 mL 容量瓶中，然后用蒸馏水稀释至刻度，摇匀。②测定：按照 3.3.1 的测量条件，测定一系列标准溶液和自来水样的吸光度。

5. 数据记录与处理

在坐标纸上绘制 Ca 和 Mg 的标准曲线，将一系列标准溶液的吸光度作为纵坐标，其对应的浓度作为横坐标，通过标准曲线确定自来水中 Ca 和 Mg 的含量。

6. 注意事项

试样的吸光度应在标准曲线的中部，若没有，则可改变取样的体积。

7. 思考题

（1）试述标准曲线法的特点及适用范围。

（2）如果试样成分比较复杂，应该怎样进行测定？

3.3.4 用原子吸收光谱法测定豆乳粉中的铁、铜、钙元素

1. 实验目的

（1）掌握原子吸收光谱法测定食品中微量元素的方法。

（2）学习食品试样的处理方法。

2. 实验原理

原子吸收光谱法利用金属元素对特定波长的光的吸收特性进行分析。通过比较样品中金属元素的吸收光谱与标准曲线或标准溶液的吸收光谱，我们可以确定样品中金属元素的含量。试样可以通过湿法处理或干法灰化处理来制备溶液。

湿法处理：可以通过将试样加入盐酸或硝酸中，在适当的条件下进行加热或搅拌来实现。

干法灰化处理：将试样置于马弗炉中，在高温（通常在 400 ～ 500℃）下进行灰化处理，然后将灰分溶解在盐酸或硝酸中，制备成溶液。

本实验使用干法灰化处理样品，并测定样品中的 Fe、Cu、Ca 等元素。这种方法也适用于其他食品（如豆类、水果、蔬菜、牛奶）中微量元素的测定。

3. 仪器与试剂

（1）仪器：GBC932plus 火焰原子吸收分光光度计；铁、铜和钙空心阴极灯；1 000 mL、100 mL、50 mL 容量瓶各 2 个；10 mL 吸管 3 支；5 mL 吸量管 3 支；马弗炉；瓷坩埚；50 mL 烧杯 4 个。

（2）试剂：铜储备液（准确称取 1 g 纯金属铜溶于少量 6 $mol \cdot L^{-1}$ 硝酸中，移入 1 000 mL 容量瓶，用 0.1 $mol \cdot L^{-1}$ 硝酸稀释至刻度，此溶液中 Cu 的浓度为 1.0 $mg \cdot mL^{-1}$），铁储备液（准确称取 1 g 纯铁丝溶于 50 mL 6 $mol \cdot L^{-1}$ 盐酸中，再移入 1 000 mL 容量瓶，然后用蒸馏水稀释至刻度，此溶液中 Fe 的浓度为 1.0 $mg \cdot mL^{-1}$），钙储备液（1.0 $mg \cdot mL^{-1}$，见 3.3.2），镧溶液（50.0 $mg \cdot mL^{-1}$ 见 3.3.2）。

4. 实验步骤

（1）试样的制备。准确称取 2 g 试样于瓷坩埚中，放入马弗炉，500 ℃灰化 2 ～ 3 h，取出冷却后，加 6 mol · L^{-1} 盐酸 4 mL，加热促使残渣完全溶解，再移入 50 mL 容量瓶中，用蒸馏水稀释至刻度，摇匀。

（2）铜和铁的测定。①系列标准溶液的配制：用吸管移取铁储备液 10 mL 至 100 mL 容量瓶中，用蒸馏水稀释至刻度，此标准溶液中铁的浓度为 100.0 μg · mL^{-1}；稀释铜储备液，配制 20.0 μg · mL^{-1} 铜标准溶液；在 5 个 100 mL 容量瓶中分别加入 100.0 μg · mL^{-1} Fe 标准溶液 0.50 mL、1.00 mL、3.00 m L、5.00 mL、7.00 mL 和 20.0 μg · mL^{-1} Cu 标准溶液 0.50 mL、2.50 mL、5.00 mL、7.50 mL、10.00 mL，再加入 8 mL 6 mol · L^{-1} 盐酸，用蒸馏水稀释至刻度，摇匀。②标准曲线：铜的分析线为 324.8 nm，铁的分析线为 248.3 nm，其他测量条件通过实验选择，分别测量系列标准溶液的吸光度。铜系列标准溶液的浓度分别为 0.10 μg · mL^{-1}、0.50 μg · mL^{-1}、1.00 μg · mL^{-1}、1.50 μg · mL^{-1}、2.00 μg · mL^{-1}；铁系列标准溶液的浓度分别为 0.50 μg · mL^{-1}、1.00 μg · mL^{-1}、3.00 μg · mL^{-1}、5.00 μg · mL^{-1}、7.00 μg · mL^{-1}。③试样溶液的分析：在与标准曲线同样的条件下，测量制备的试样溶液中 Cu 和 Fe 的浓度。

（3）钙的测定。①系列标准溶液的配制：将钙的储备液稀释成 100.0 μg · mL^{-1} 的 Ca 标准溶液，用 5 mL 吸量管准确移取该标准溶液 0.5 mL、1.0 mL、2.0 mL、3.0 mL、5.0 mL 于 5 个 100 mL 容量瓶中，分别加入 8 mL 6 mol · L^{-1} 盐酸和 20 mL 镧溶液，用蒸馏水稀释至刻度，摇匀。②标准曲线：测量条件参照 3.3.2，逐一测定标准溶液的吸光度，系列 Ca 标准溶液的浓度分别为 0.50 μg · mL^{-1}、1.00 μg · mL^{-1}、2.00 μg · mL^{-1}、3.00 μg · mL^{-1}、5.00 μg · mL^{-1}。③试样溶液的分析：用 10 mL 吸管吸取制备的试样溶液至 50 mL 容量瓶中，加入 4 mL 6 mol · L^{-1} 盐酸和 10 mL 镧溶液，用蒸馏水稀释至刻度，摇匀，测量其吸光度。

5. 数据记录与处理

（1）在坐标纸上分别绘制 Fe、Cu、Ca 的标准曲线。

（2）确定豆乳粉中 Fe、Cu、Ca 元素的含量。

6. 注意事项

（1）若样品中 Fe、Cu、Ca 元素的含量较低，可以增加取样量。

（2）处理好的试样溶液若混浊，可用定量滤纸干过滤。

7. 思考题

（1）为什么稀释后的标准溶液只能放置较短的时间，而储备液则可以放置较长的时间？

（2）测定钙时，为什么加入镧溶液？

3.3.5 原子吸收法测定食品中微量元素的虚拟仿真实验

从实践教学的角度出发，将原子吸收实验与虚拟仿真软件相结合，可以为学生提供更加灵活和互动的学习体验，帮助他们深入理解原子吸收光谱法的技术原理和实验操作。通过操作虚拟仿真软件，学生可以模拟实验过程，进行实验前的准备工作（如样品制备和仪器设置），他们可以调整仪器参数，观察吸光度的变化，并与理论知识进行对比和分析。虚拟仿真软件可以提供实时的数据和结果，帮助学生进行数据处理和结果分析。在虚拟仿真实验中，学生可以通过模拟实验操作，学习和掌握仪器的使用方法和操作注意事项，他们可以进行仪器的校准和调试，了解仪器的工作原理和操作流程。通过反复练习，学生可以提高实验技能，并培养实验操作的熟练度。虚拟仿真实验还可以提供更多的学习资源（如实验指导书、视频教程和实验报告模板等），帮助学生更好地理解实验原理和操作步骤。

1. 实验室现场操作

（1）实验准备环节：穿戴实验装备，确保实验室环境的安全和整洁。

（2）选择实验项目并搭建实验流程图：确定实验目标和步骤，绘制实验流程图以指导实验操作。

（3）选择所需实验材料：根据实验流程图，准备所需的试剂、仪器和其他实验材料。

（4）仪器开机前准备：开启氩气钢瓶，确保氩气供应充足；开启真空泵，确保仪器处于适当的真空状态；开启空气压缩机，确保仪器所需的气压稳定。

（5）仪器开机：按照仪器的操作手册依次开启原子吸收分光光度计和电脑，确保仪器正常运行。

（6）样品配置：配置标准样品。

2. 仿真工作站操作

（1）分析方法的建立：包括分析方法的设置和分析方法的发送。

（2）样品信息的建立：包括样品信息的设置和样品信息的保存。

（3）样品的测定：包括数据采集和谱图绘制与保存。

（4）数据的处理：包括工作曲线制作、数据处理方法保存和物质定性定量分析。

3. 注意事项

（1）样品制备过程中应特别注意防止各种污染，所用设备必须是不锈钢制品，所有容器必须使用玻璃或聚乙烯制品。

（2）所用玻璃仪器均用洗衣粉充分洗刷，再用水反复冲洗、烘干，然后以硫酸－重铬酸钾洗液浸泡数小时，最后用水反复冲洗，用去离子水冲洗晾干或烘干后方可使用。

（3）避免使用橡皮膏等含锌的用品，避免外环境的污染。

第 4 章　电感耦合等离子体质谱分析

20 世纪 80 年代兴起的电感耦合等离子体质谱（inductively coupled plasma mass spectrometry, ICP-MS）是一种具有高灵敏度、高选择性和高分辨率的分析技术，被广泛应用于地球科学、环境科学、生物医学和工业领域。ICP-MS 可以准确地分析样品中不同元素的同位素组成，从而实现对样品元素的准确鉴定和分析。目前，ICP-MS 在地球科学领域被广泛用于地质样品中稀土元素、微量金属元素和同位素的分析，从而研究地质成因和地球化学过程；在环境科学领域，ICP-MS 可以用于水、土壤和大气中有害元素的监测和分析，对环境污染的监控研究具有重要意义；在生物医学和工业领域，ICP-MS 可以用于药物、生物样品和工业产品中微量元素的分析，对药物疗效和产品质量的控制具有重要作用。综上所述，ICP-MS 已经成为现代科学研究和工业生产中不可或缺的技术手段。

4.1　基本原理

电感耦合等离子体质谱是一种用于无机多元素分析的先进技术，该技术利用电感耦合等离子体作为离子源，并通过质谱仪进行样品检测。具体操作步骤如下：首先将待分析样品以气溶胶形式引入氩气流中，然后样品进入被射频能激发的氩等离子体中心区（该区域处于大气压下，高温可使样品去溶剂化、蒸发和电离），部分离子经过接口进入不同压力区域，进而进入真空系统，其中的正离子则被拉出并按质荷比进行分离；随后离子转化为电子脉冲，并通过积分测量线路进行计数，电子脉冲计数与待测样品中分析离子的浓度相关；最后通过与已知标准或参考物质进行比较，可以对未知样品的痕量元素进行定量分析。ICP-MS 技术的应用在科学研究和分析实验中具有重要意义。

4.2 ICP-MS 仪器的基本组成

ICP-MS 仪器主要由进样系统、ICP 离子源、接口部分、离子聚焦系统、质量分析器、检测系统、真空系统、供电系统，以及用于仪器控制和数据计算的计算机系统组成。典型的 ICP-MS 仪器的基本结构如图 4-1 所示。

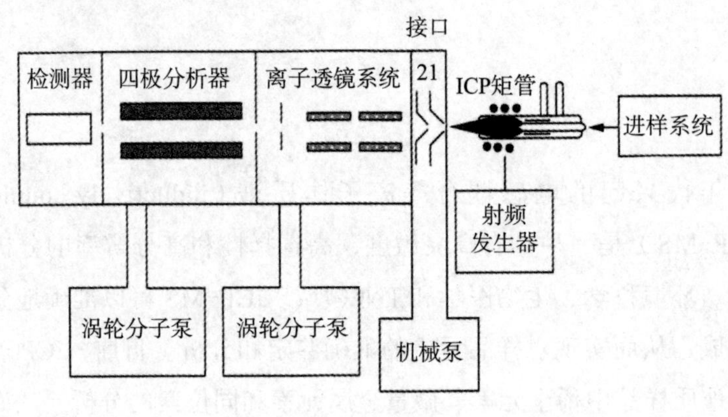

1—采样锥；2—截取锥。

图 4-1　典型的 ICP-MS 仪器基本结构示意图

在 ICP 的分析过程中，中心通道温度可达 7 000 K，这样高的温度可以确保样品完全解离并提高单电荷分析物离子的产率，同时降低双电荷离子、氧化物和其他分子复合离子的产率。质谱与 ICP 之间的接口由采样锥和截取锥组成，两者之间存在第一级真空。离子束在超声速下穿过采样锥孔并迅速膨胀，形成超声射流，然后通过截取锥。在这个过程中，中性粒子和光子被分离，只有离子进入第二级真空的离子透镜系统。经过聚焦后，离子束传输至第三级真空质谱分析器。第三级真空度必须足够高，以防止四极杆分析器和倍增器在施加高压的情况下产生电弧，并避免离子束与真空中的气体分子碰撞，导致散射现象过于严重。

ICP 要求样品以一定形式引入等离子体，包括气体、蒸气、细雾滴的气溶胶或固体小颗粒形式。样品引入方式主要分为三类：一是溶液气溶胶进样系统，如气动雾化或超声雾化法、激光蒸发法、电感加热蒸发法；二是气化进样系统，如氢化物发生法、电热气化、激光剥蚀和气相色谱等；三是固态粉末进样系统，如粉末或固体直接插入或吹入等离子体、激光剥蚀进样、火花烧灼进样、悬浮液进样等。无论采用哪种方法，目的都是在质谱仪入口处形成离子。我们通过上述样品引入过程，可以实现载流中细小固体颗粒的蒸发、原子化和电离。当前，溶液气动雾化进样系统是应用最广泛和基础的方法。对于雾化系统，我们期望其具有高的雾化效率和不易堵塞的特点，同时要尽量减少溶剂导入以减少氧化物和其他干扰。我们通常采用半导体制冷的双层雾室系统，进样可使管路的长度尽可能短，减少记忆效应。进样系统应外置，便于操作、更换或清洗。

4.3　测量的基本过程和测量条件的选择

4.3.1　测量的基本过程

ICP-MS 仪器和其他原子光谱仪器一样，首先要检查并开启冷却系统，一般操作步骤如下。

第一，打开冷却系统和通风系统，检查钢瓶的压力。

第二，打开计算机，打开操作软件或工作站，调整载气压力和流量。

第三，点燃等离子体，预热稳定一定时间。

第四，调谐。为了优化仪器的工作条件，研究人员常常会进行调谐。对于多元素分析而言，我们通常需要在各个条件之间进行取舍。调谐的主要指标有灵敏度、稳定性及氧化物干扰水平。为了进行最佳化调谐试验，我们常采用含有轻、中、重质量范围元素的混合溶液，如 Li、Be、Co、In、Rh、Ce、Th、Bi、U，浓度一般为 1.0 ～ 10.0 ng · mL^{-1}。调谐涉及多个仪器参数的调整，包括透镜组电压、等离子体采样位置、等离子体发生器的入射功率和反射功率、载气流速，以及必要时的检测器电压调整。性能较高的仪器都有自动调谐功能。

第五，建立保存方法文件。

第六，数据采集。由于四极杆 ICP-MS 是顺序测量，因此数据采集方式非常关键。我们通常采用两种数据采集方式，一种是扫描，另一种是跳峰。

第七，测量空白溶液（2%HNO_3）。仪器正常后，检测空白、标准溶液系列和样品溶液。

第八，用 2% HNO_3 和超纯水清洗系统。

第九，关机。熄灭等离子体火焰，关气，关通风系统。

4.3.2 测量条件的选择

在进行分析前，我们要根据分析需要选择离子透镜参数、ICP 功率、载气压力及流量、采样深度、溶液提升量、每个通道的积分时间、质谱数据采集方式（扫描还是跳峰）、仪器分辨率等仪器参数。

1. 初始化仪器操作条件

由于仪器硬件各不相同，此处不提供具体的初始化仪器操作条件。分析者有责任检验仪器配制和操作条件是否满足分析要求、仪器性能，以及分析数据是否符合质量监控规范。

2. 调谐

仪器点燃后至少稳定 30 min，在此期间我们用浓度为 1.0 ng · mL^{-1} 的 Li、Be、Mg、Co、Y、In、Ce、T1、U 元素的调谐溶液进行仪器参数最佳化调试，观测调谐元素的灵敏度、稳定性及氧化物水平（CeO/Ce ≤ 3%）等分析指标，以确定仪器的最佳工作条件。

3. 校准

以校准空白为零点，以一个或多个浓度水平的校准标准建立校准曲线。校准数据至少采集 3 次。

4. ICP-MS 的样品测定过程须严格遵循质量控制措施

每次测定都应与单元素干扰溶液同时分析以获得干扰系数并进行干扰校正。为消除上一个样品的记忆效应，我们需要在连续的样品测定之间使用 2% 的 HNO_3 作为清洗空白，确保清洗时间足够。在进行数据采集之前，我们需给予样品至少 30 s 的样品提升时间。若检测到的样品浓度超过了设定的线性动态范围，则应将其稀释到浓度范围内重新测定。虽然可以通过选择丰度较低的同位素来调整动态范围，但我们必须确保所选择的同位素位于已经确定的质量控制范围之内，并且不能轻易改变仪器的设置条件来调整动态范围。

5. 器皿要求及注意事项

在进行痕量元素测定时，污染和样品损失是需要关注的首要问题，不正确清洗实验室器皿及实验室环境中的灰尘污染都可能导致产生潜在的污染源。为了确保实验室操作环境的清洁，对微量元素样品的处理需要进行严格控制。为满足分析要求，所有可重复使用的实验室器皿（如玻璃、石英、聚乙烯、PTFE 和 FEP 等材料）都需要经过充分的清洗。以下是常用的清洗步骤：首先进行过夜浸泡，然后使用洗涤剂和水进行彻底清洗；接下来用自来水冲洗，然后在 20% 硝酸中浸泡 4 h 或更长时间，也可以使用稀硝酸和盐酸的混合酸进行清洗；最后用试剂水清洗，并将器皿存放在干净的地方。需要注意的是，绝对不能使用铬酸清洗玻璃器皿，因为它可能对痕量和超痕量铬的测定造成污染问题。

4.3.3 Agilent 7850ce 电感耦合等离子体质谱仪操作规程

1. 开机步骤

（1）打开 PC 显示器及主机，进入工作站，点击“Instrument”菜单下的“ICP-MS Instrument control”图标进入仪器控制界面。

（2）开气：按照所需模式打开所需气体，这里选择 Ar（标准模式），压强为 500 kPa ± 3.5%。

（3）开排风、水箱。

（4）夹紧蠕动泵泵管。从仪器控制界面打开蠕动泵，观察液体提升状态。

（5）吹扫进样系统。从仪器控制界面打开载气、冷却气吹扫进样系统 10 min 左右。

（6）点火。从仪器控制界面中点击“点火”图标，则仪器自动点火（点火时，样品台放液体，一般为超纯水或 5% 硝酸）。点火预热 30 min 后开始调谐。

2. 调谐及 ICP-MS 仪器参数

（1）检查仪器硬件情况。①检查真空、气体压力和流量及蠕动泵管线和接头等连接方向是否正确且无变形、无粘连；倒掉废液瓶中的液体。②用放大镜检查锥的状态。

（2）检查等离子体参数。向系统引入调谐溶液，等待 2 ～ 3 min 以便提升调谐并稳定其流量，然后微调载气流量、锥体和矩管位置、精密度等参数，使各个性能指标达到实验要求。

（3）检查离子透镜参数。调节离子透镜参数，提高信号响应，降低噪声和 RSD。

（4）优化四极杆参数。

（5）优化检测器参数。

3. 建立方法

（1）半定量方法。要编辑一个半定量分析方法，需要完成以下步骤。

①点击“ICP-MS Top”窗口中“Method”→“Load”→“Default.M”，单击“OK”，随即出现“Default.C”，单击“OK”退出对话框。

②点击“ICP-MS Top”窗口中“Method”→“Edit Entire Method”，然后在弹出的“Edit Method”窗口中选择所有的项目（除干扰方程“Interference Equation”外），然后点击“OK”退出对话框。

③随后即可出现“Method Information”窗口，参数设置结束后，单击“OK”退出对话框，进入“Selected sample Types”窗口，点击“OK”退出对话框。

④之后系统弹出“采集模式”窗口，即“Acquisition Mode”窗口，选择“Spectrum”模式，然后单击“OK”退出。

⑤在弹出的“Spectrum Acquisition Parameters”窗口中点击“Mass scale”→“clean all”，鼠标放在每个轴上双击，单击“OK”退出。然后回到“Spectrum Acquisition Parameters”窗口，选中所有元素，设置每个元素的积分时间为 0.1 s，选择“Repetition：1”和“SemiQuant（6）”，接着检查参数，如果没有错误，点击“OK”退出。

⑥设置蠕动泵转动参数，样品提升速率为 0.3 $r \cdot s^{-1}$，样品提升时间为 30 s，稳定时间为 30 s，然后单击“OK”退出此窗口，进入“Chromatographic Analysis Settings”，点击“OK”退出。

⑦进入其他参数采集模式，不选择“扣除背景”和“Interference correction”，单击“OK”退出。

⑧进入报告参数设置模式，选择“半定量报告”，单击“OK”退出，然后进入“Edit Analysis Parameters”，选择“SemiQuant”，单击“OK”退出。

⑨规定半定量的报告的输出为“Screen”或者“Printer”，并选择半定量报告的类型为“Detailed Text Only”，然后单击“OK”键。

⑩在半定量数据分析窗口直接单击“OK”，待所有样品数据采集结束后再进行参数设置和优化。

在“SemiQuant Parameters”窗口中直接单击“OK”。

⑫在“Method Save Options”窗口中选择所有的四个选项，单击“OK”。

⑬输入半定量校正文件名称，如“SemiQ 1”，单击“OK”，并再次单击“OK”完成整个半定量方法的编辑。

（2）全定量方法。要编辑一个全定量分析方法，需要完成以下步骤。

①点击“ICP-MS Top”窗口中“Method”→“Load”→“Default.M”，单击“OK”，随即出现“Default.C”，单击“OK”退出对话框。

②点击“ICP-MS Top”窗口中“Method”→“Edit Entire Method”，然后在弹出的“Edit Method”窗口中选择所有的项目，然后点击“OK”退出对话框。

③随后即可出现“Method Information”窗口，参数设置结束后，单击“OK”退出对话框，进入“Selected sample Types”窗口，点击“OK”退出对话框。

④之后可自动进入“Interference Equation”窗口，点击“OK”退出对话框。

⑤之后系统弹出“采集模式”窗口，即“Acquisition Mode”窗口，选择“Spectrum”模式，然后单击“OK”退出。

⑥在弹出的“Spectrum Acquisition Parameters”窗口中点击“Periodic Table”，从中选择感兴趣的待测元素，每个元素的积分时间为 0.3 s，重复 3 次，然后检查参数，如果没有错误，点击“OK”退出。

⑦进入“Chromatographic Analysis Settings”窗口，点击“OK”退出。

⑧设置蠕动泵转动参数，样品提升速率为 0.3 r · s^{-1}，样品提升时间为 30 s，稳定时间为 30 s，然后单击“OK”退出此窗口。

⑨进入其他参数采集模式，选择“Interference correction”，单击“OK”退出。

⑩进入报告参数设置模式，选择“定量报告”，单击“OK”退出。进入“Edit Analysis Parameters”窗口，选择“FullQuant”，进入窗口中选“New”，选择“Load Element List from Current Method”，单击“OK”回到“Edit Analysis Parameters”窗口，点击“Configure Analyte / ISTD”窗口，选择相应的 ISTD（内标元素），点击“Add”，单击“OK”退出。

⑪规定全定量的报告的输出为“Screen”，并选择全定量报告的类型为“Detailed Text Only”，然后单击“OK”键。

⑫在全定量数据分析窗口直接单击“OK”，待所有样品数据采集结束后再进行参数设置和优化。

⑬在“Method Save Options”窗口中选择所有的五个选项，单击“OK”。

⑭输入全定量校正文件名称，如“QuantQl”，单击“OK”，并再次单击“OK”完成整个全定量方法的编辑。

4. 分析测试

（1）在 ICP-MS Top 界面选择“Acquire Date”的“Main Pane”，在采集界面里选择“Acquire Date”的“Acquire Date”，在弹出的界面中输入文件名称、操作者姓名、样品瓶号、样品名称、样品信息等内容，然后单击“Acquire”。

（2）分别采取不同浓度的环境混标绘制标准曲线。

（3）分别采集待测样品的空白数据及待测样品数据。

5. 数据处理

根据实验要求进行数据处理，计算线性回归方程、精密度、空白值，进行样品中待测组分浓度的定量分析。

6. 关机

（1）在仪器控制界面点击“仪器控制”图标，再点“灭火”图标，仪器自动灭火，关闭工作站及显示器，同时断水、断气。

（2）松开蠕动泵上的卡子及管线，用 2% HNO_3 和超纯水清洗样品管和系统。

（3）关闭总气源阀门、冷却水循环机和排风系统的电源。

4.4 实验内容

4.4.1 用 ICP-MS 测定海水养殖的水中镉含量

1. 实验目的

（1）了解用 ICP-MS 测定海水养殖的水中镉含量的方法。

（2）掌握使用 ICP-MS 的基本操作步骤。

（3）学会 ICP-MS 分析时重要操作条件的选择。

2. 实验原理

实验中样品经硝酸（1+24）稀释后，用电感耦合等离子体质谱法测定，用内标法进行定量分析。所得数据以每秒的计数形式表示，其中的计数与该质量元素的浓度呈正相关，通过与标准溶液比对就可以定量地测定样品中的元素含量。

3. 仪器及试剂

（1）仪器：Agilent 7850Ce 电感耦合等离子体质谱仪；超纯水系统。

（2）试剂：硝酸溶液（体积比为 1 ∶ 24）；氩气（体积分数 >99.99%）；镉元素标准储备溶液（1.0 g · L^{-1}，国家一级标准物质）；In 元素标准储备溶液（10.0 mg · L^{-1}）；^{7}Li、^{89}Y、^{205}Tl 标准储备溶液（10.0 mg · L^{-1}）；镉标准溶液（由镉元素标准储备溶液逐级稀释制成，浓度为 10.0 μg · L^{-1}，此溶液现用现配）；In 内标溶液（由 In 元素标准储备溶液以硝酸溶液逐级稀释制成，浓度为 500.0 μg · L^{-1}）；^{7}Li、^{89}Y、^{205}Tl 调谐溶液（由 ^{7}Li、^{89}Y、^{205}Tl 标准储备溶液以硝酸溶液逐级稀释至适宜浓度）。

4. 实验步骤

（1）标准溶液的配制。移取 0 mL、0.10 mL、0.20 mL、0.80 mL、2.00 mL、5.00 mL 镉标准溶液至 6 个 10 mL 容量瓶，分别准确加入 1.0 mL In 内标溶液，以硝酸溶液稀释至刻度，混匀。

（2）样品的处理。海水以 0.45 μm 纤维滤膜过滤后，加硝酸溶液酸化至 pH 小于 2，储存于聚乙烯塑料瓶或硬质玻璃瓶。准确量取样品 1.0 mL，准确加入 1.0 mL In 内标溶液，以硝酸溶液定容至 10.00 mL，振摇均匀，进样检测。

（3）分析测试。①分析测试条件的优化：对射频功率、冷却气流量、辅助气流量、载气流量、采样深度等参数进行优化。②测试标准溶液：将配制好的标准溶液导入 ICP-MS，测定其响应信号（CPS）；以浓度为横坐标、CPS 为纵坐标，仪器自动绘制工作曲线

（浓度单位为 $ng \cdot mL^{-1}$）。③实际样品的测定：分别测定上述制备样品和空白溶液的信号强度，同一溶液应重复测定两到三次，取平均值，随同样品做空白试验，从标准曲线上查出和计算样品溶液中各元素的含量（单位为 $ng \cdot mL^{-1}$）。

5. 数据记录与处理

（1）根据实验数据，讨论测量的最佳参数。

（2）绘制工作曲线，给出回归方程和线性相关系数。

（3）计算测量水样的金属元素平均含量，比较不同水样品中微量元素的异同，归纳不同水中不同元素的含量的差别。

6. 注意事项

（1）每次开机点火前需检查水箱、蠕动泵管有没有压好，废液管有无磨损。如果蠕动泵管没有压好，很容易造成雾室积液，进而导致炬管被烧。

（2）ICP-MS 样品测试一定要控制好样品的盐分，否则锥口很容易积盐，导致灵敏度下降。

7. 思考题

（1）ICP-MS 仪器的基本原理是什么？

（2）ICP-MS 半定量测定微量元素的基本方法是什么？

（3）测定不同水质样品时应注意哪些问题？

4.4.2　用 ICP-MS 测定海产品中重金属元素的含量

1. 实验目的

（1）了解 ICP-MS 的基本原理和基本结构。

（2）掌握 ICP-MS 分析时的重要操作条件的选择。

（3）学会样品前处理的方法。

2. 实验原理

海产品的质量关系到人体的健康，也关系到我国海产品在国际市场的销售。由于海洋生物的吸收作用，重金属元素有可能被富集到海产品中。海产品中富含多种人体必需的微量元素，但也含有砷、铅、镉、铬等毒性较大的重金属元素。虽然有些元素（如铜等）是人体不可缺少的微量元素，但大部分重金属元素并非人体生命活动所必需，摄入量过多会对人体造成伤害。

本实验试样经微波消解后，由电感耦合等离子体质谱仪测定，以元素质荷比定性，采用外标法，以待测元素质谱信号与内标元素质谱信号的强度比和待测元素的浓度成正比进行定量。

3. 仪器及试剂

（1）仪器：Agilent 7850Ce 电感耦合等离子体质谱仪；微波消解仪；密封消解罐（由聚四氟乙烯材料特制，规格为 25 mL）；赶酸装置（150 ℃）；天平（分度值分别为 0.001 mg、0.1 mg 和 1 mg）；玛瑙研钵；冷冻干燥器；超纯水系统。

（2）试剂：硝酸（质量浓度为 70%）；硝酸溶液（体积比为 2 ∶ 98，即将 20 mL 硝酸慢慢加入 980 mL 超纯水中）；Li、Y、Tl、Ge、In、Sc、Bi 内标储备溶液（浓度为 10.0 $mg \cdot L^{-1}$，采用经国家认证并授予标准物质证书的单元素或多元素内标标准储备液）；Li、Y、Tl、Ge、In、Sc、Bi 内标使用溶液（分别取内标储备溶液 5 mL 于 50 mL 容量瓶中，用硝酸溶液稀释至刻度，此溶液浓度为 1.0 $mg \cdot L^{-1}$）；砷、铅、镉、铬元素标准储备溶液（浓度均为 100.0 $\mu g \cdot mL^{-1}$）；砷、铅、镉、铬元素混合标准工作溶液（分别取元素标准储备溶液 1 mL 于 100 mL 容量瓶中，用硝酸溶液稀释至刻度，此溶液浓度为 1.0 $\mu g \cdot mL^{-1}$）；液氩或高纯氩气（纯度≥ 99.999%）；高纯氦气（纯度≥ 99.999%）；Ba、Be、Ce、Co、In、Mg、Pb、Ph、U 调谐溶液（可直接购买有证标准溶液，用硝酸溶液稀释至 10 $\mu g \cdot L^{-1}$）。

4. 实验步骤

（1）标准溶液的配制。取砷、铅、镉、铬元素混合标准工作溶液 0 mL、0.10 mL、0.25 mL、0.50 mL、1.00 mL、2.50 mL 分别置于 100 mL 容量瓶中，用硝酸溶液稀释至刻度，此标准溶液中各元素浓度见表 4-1。

表 4-1　标准溶液中各元素的浓度

编号	1	2	3	4	5	6
As、Pb、Cd、Cr 的浓度 /（$ng \cdot mL^{-1}$）	0	1.00	2.50	5.00	10.00	25.00

（2）样品的制备。①在采样和制备过程中应注意不使试样受到污染。所有玻璃器皿及消化罐均需要以硝酸溶液（体积比为 1 ∶ 5）浸泡 24 h，用水反复冲洗，最后用去离子水冲洗干净。鱼、虾、蟹、贝等样品需进行肌肉解剖，放置在玻璃培养皿中进行冷冻干燥。样品冷冻干燥后，采用玛瑙研钵进行磨细，并换算脱水率。②称取试样 0.500 ～ 1.000 g，将试样置于聚四氟乙烯消化罐中，加入 10 mL 硝酸，浸泡过夜，盖上密封盖，放入微波消解仪中；消解结束后，将聚四氟乙烯消化罐放入赶酸装置，调节温度至 150 ℃，赶酸至 0.5 ～ 1.0 mL，冷却，将消化液转移至 25 mL 容量瓶中，用水稀释至刻度，混匀，过滤，待测。可根据样品中元素的实际含量适当稀释样液，确定稀释因子。③取与消化试样相同量的硝酸，按同一试样消解方法做试剂空白试验。

（3）分析测试。①分析测试条件的优化：对射频功率、冷却气流量、辅助气流量、载气流量、采样深度等参数进行优化。②测试标准溶液：将配制好的标准系列溶液导入 ICP-MS，测定其 CPS；以浓度为横坐标、CPS 为纵坐标，仪器自动绘制工作曲线，得到线性方程和相关系数。③实际样品的测定：分别测定上述制备样品和空白溶液的信号强度，同一溶液应重复测定两到三次，取平均值。从标准曲线上查出和计算样品溶液中各元素的含量（单位为 $ng \cdot mL^{-1}$）。④精密度检测：取浓度为 20.0 $ng \cdot mL^{-1}$ 的标准溶液，连续测定 20 次吸收值（n=20），计算相对标准偏差（RSD）。⑤检出限：以取样量为 0.5 g、定容为 25 mL 计算，本方法各元素的检出限见表 4-2。⑥加标回收率：取样品 6 份，于 3 份样品中加入本底值约等倍的标准溶液，另 3 份样品中加入本底值两倍的标准溶液，按照样品的制备方法，上机测试，计算含量，按照加标回收率 =（加标试样测定值 – 试样测定值）÷ 加标量 ×100%，计算该样品的加标回收率。

表 4-2　电感耦合等离子体质谱法检出限

序号	元素名称	元素符号	检出限 / ($mg \cdot kg^{-1}$)
1	砷	As	0.002
2	铅	Pb	0.020
3	镉	Cd	0.002
4	铬	Cr	0.050

5. 数据记录与处理

（1）绘制标准曲线，拟合线性方程，计算线性相关系数。

（2）计算样品中 Pb 和 As 的浓度，以 $mg \cdot kg^{-1}$ 表示，计算结果。

6. 注意事项

（1）进样系统包括雾化器、雾化室、进样管、炬管及石英帽，这里要注意适应材质的雾化器切勿超声，一般采用酸煮或者酸浸泡的方式。

（2）使用危险化学品时注意安全。

7. 思考题

（1）如何选择内标元素？一般常用的内标元素有哪几种？

（2）半定量和全定量分析方法有什么不同？两者有何联系？

第 5 章　气相色谱法

色谱法是一种分离、分析多组分混合物的高效的物理化学分析方法。用气体如氮气、氢气或氦气等作为流动相，利用物质的沸点、极性及吸附性质的差异实现混合物分离的柱色谱法称为气相色谱法。气相色谱法按照固定相状态的不同，可以分为气－液色谱法和气－固色谱法。气－固色谱法仅适合气体和低沸点烃类的分析。色谱柱在气相色谱法中起着重要作用，色谱柱的选择是完成分析的关键。色谱柱可以分为毛细管柱和填充柱两种。毛细管柱柱效高，分离能力好，其内径小于 1 mm，可以分为开管型和填充型。开管型毛细管柱的固定相是涂在或者键合在毛细管壁上的；填充型毛细管柱是将某些多孔性固体颗粒装入厚壁玻管中，然后加热拉制成毛细管。

气相色谱法的分离速度较快且具有高选择性，能够对同位素、空间异构体进行有效的分离。目前，气相色谱法已在环境保护、材料科学、农药残留分析等多个领域广泛应用。

5.1　基本原理

流动相所含样品进入固定相时能够与固定相发生作用，并且样品各组分的结构和性质不同，与固定相发生作用的强度也会有所不同。样品各组分在流动相和固定相之间具有分配系数的差异，在流动相的推动下，各组分在固定相中的滞留时间有长有短，从而按照不同次序在固定相中流出。因此，我们通过对固定相、色谱柱，以及其他工作条件进行筛选，可以实现被分离组分的分配系数之间的差异，达到理想的分离效果。

5.2　气相色谱仪

普通填充柱气相色谱仪和毛细管柱气相色谱仪的结构如图 5-1 所示，两者十分相似，但后者比前者多了一个分流设备，并且在柱后端加了一个尾吹气路。尾吹气路又称辅助气路。

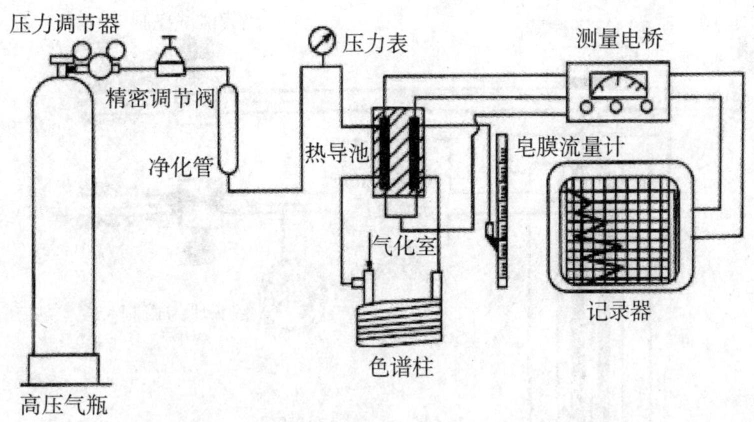

（a）普通填充柱气相色谱仪

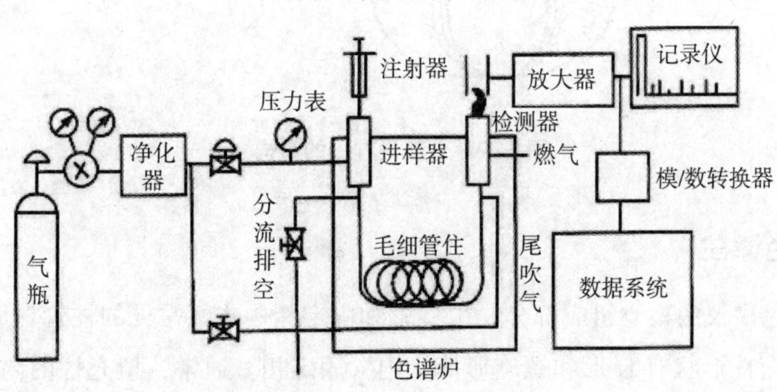

（b）毛细管柱气相色谱仪

图 5–1　气相色谱仪的结构

5.2.1　载气及进样系统

载气的流量主要通过高压钢瓶的减压阀、仪器的稳压阀来调节。载气携带样品进入色谱柱进行分离，各组分依次进入检测器从而获得响应信号。常用的载气有氩气、氦气、氮气、氢气。热导检测器常以氢气为载体，氢火焰离子检测器常以氮气为载体。

进样的作用是带入样品，并使样品在气化室瞬间气化。进样速度要快，这样有利于提高柱效，得到良好的分离效果。进样通常使用 0.5 ～ 10.0 mL 医用注射器注射气体，使用 0.5 ～ 50.0 μL 微量注射器注射液体。

由于毛细管柱的体积小，柱承载的容量小，因此要在短时间内将样品加入柱中，可以采用分流进样法，即使用分流进样器将部分载气放空，使极小部分载气进入柱中，这两部分的比例称为分流比。分流进样器的结构如图 5-2 所示，样品在分流后的组分不能发生改变。分流进样器的性能对毛细管柱色谱法的定量分析效果有很大的影响。

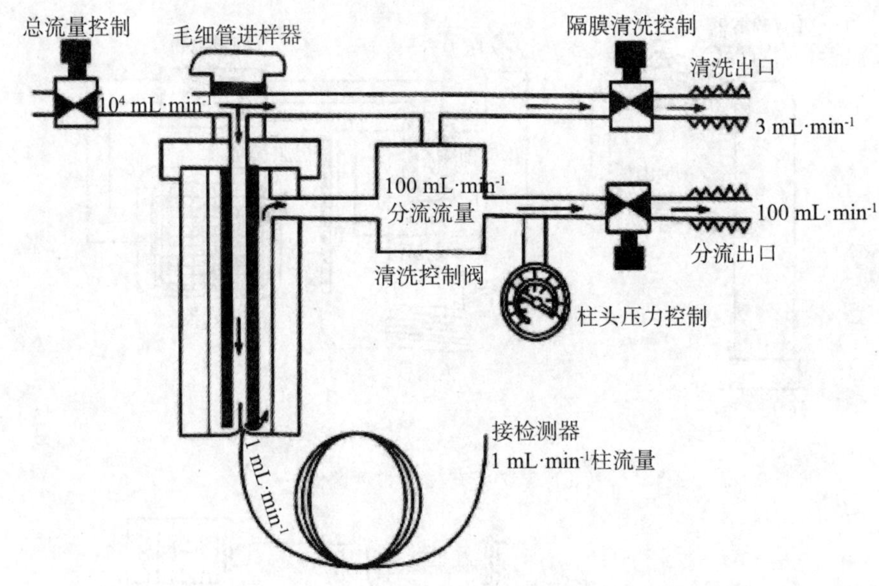

图 5-2　分流进样器的结构

5.2.2　色谱柱

色谱柱是色谱仪的核心组成部分，由柱管和固定相构成。常见的柱管材质有不锈钢和石英玻璃。填充柱形状有 U 形和螺旋形等，内含固定相。通常，填充柱的内径为几毫米，长度为 0.5 到几米不等。常用的载体有红色载体和白色载体，红色载体适用于分析极性较弱的物质，而白色载体适用于分析极性较强的物质。相对而言，毛细管填充柱的使用较少。市售的毛细管填充柱通常内径为 0.1 ～ 0.5 mm、长度为 10 ～ 30 m。毛细管固定相可以通过化学交联固定在管壁上，也可以直接涂布在管壁上。

为了实现样品中各组分良好的分离效果，选择合适的固定相是关键。气相色谱的固定相分为两类：用于气－固色谱分析的固体吸附剂和用于气－液色谱分析的固定相（包括固定液和载体）。由于样品复杂多样，因此对于固定相的选择没有严格的规律可循。一般来说，我们选择固定相时会根据经验或相关文献来进行选择，通过了解样品的性质，尽量使样品和固定相之间具有某些相似性，以增大两者之间的相互作用力，从而使分配系数具有明显不同，实现良好的分离。

5.2.3　检测器

检测器是气相色谱仪的关键部件，它将分离后的各组分的化学信息转变为方便记录的电信号，从而显示各分离组分及其浓度的变化。我们可以根据分析的目标和对象选取合适的气相色谱检测器。下面是一些常用的气相色谱检测器类型。

热导检测器（TCD）是根据不同组分具有不同热导系数、传导热的能力不同的原理制成的。热导检测器具有结构简单、稳定、不破坏样品等优点，但灵敏度有限。该检测器的流量池体积通常只有 3.5 μL，非常适用于毛细管柱的检测。

氢火焰离子化检测器（FID）是气相色谱中常用的检测器之一。它可以对几乎所有有机化合物产生响应，但对于无机气体和一些在火焰中不离解的化合物可能没有信号或信号很小。在氢火焰离子化检测器中，载气将被分离后的组分带入氢氧焰中燃烧，产生正、负离子。这些离子在电场中形成微弱电流，经过放大器放大后记录下来。当从填充柱操作转换到毛细管柱操作时，我们需要更换更细的喷嘴以减小死体积，保证检测器的灵敏度和响应速度。

电子捕获检测器（ECD）主要基于电负性物质的电子捕获能力进行工作，并通过电子流量的变化来进行物质检测。这种检测器因其高灵敏度和良好的选择性而受到青睐。ECD 特别适合对具有高电负性的有机化合物进行检测，如含有卤素、硫、氧、羰基和氨基的物质。化合物中元素的电负性越强，ECD 的检测灵敏度就越高。因此，ECD 已被广泛用于检测有机氯和有机磷的农药残留等。ECD 可以使用高纯度的氮气或氩气作为载气，其中氮气是最常用的选择。

质谱检测器（MSD）的工作原理与质谱技术一致，它是一种融合了质量分析和通用检测功能的检测器。除了能生成常见的气相色谱检测器所展现的色谱图（如总离子流或重建的离子流色谱图），它还能为每一个色谱峰呈现相应的质谱图。配合计算机，MSD 能自动检索标准谱库，为化合物提供结构信息，因此它成为气相色谱的有力定性分析工具。这种将气相色谱与质谱技术结合的分析方法，被称为色谱－质谱（GC-MS）联用，该方法充分发挥了色谱的精准分离性与质谱的结构鉴定能力。GC-MS 结合了气相色谱的高分离效能与质谱的高灵敏检测，已成为鉴定复杂混合物组分的重要手段，尤其在生物样品中对药物及其代谢产物的定性和定量分析中具有显著优势。

5.3 使用方法

气相色谱仪的工作流程如下：首先，高压钢瓶提供载气，载气经减压阀进行压力调节后流入载气的净化干燥管，并通过稳压阀、稳流阀及流量计进行流量调控；随后，样本通过进样器（含气化室和温控装置）注入，这些样本在不断移动的载气的推动下进入色谱柱进行组分分离，各组分有序地流入检测器；检测器的读数由记录系统捕获并转化为输出信号，进而生成色谱峰图，其中每个峰值代表了混合物的特定组分。

气相色谱仪的使用方法如下：开机前需先打开载气瓶阀，通入载气；打开仪器及计算机电源，运行色谱工作站；确保分析柱的载气通道流量及压力正常并已设置好，对进样口、检测器及柱箱进行温度设定；待基线稳定后，选择合适的进样方式进行进样，同时单击“启动”按钮或按色谱仪旁边的快捷按钮进行色谱数据分析；分析结束时，点击“停止”按钮，数据自动保存；关机，等柱温和检测器温度降到室温后，可关闭电源和氢气。

气相色谱仪使用时的注意事项：在使用气相色谱仪之前，需要熟悉仪器的操作手册和安全指南；不要超出柱子的推荐温度范围，否则可能会导致柱的损坏或分离性能下降；使用合适的汽化室温度以确保完全汽化；定期清洁和维护进样器和进样针。

5.4 实验内容

5.4.1 用气相色谱－质谱法测定海水中的多环芳烃

1. 实验目的

（1）学习气相色谱仪的基本结构和工作原理。

（2）掌握用气相色谱－质谱法测定海水中的多环芳烃。

2. 实验原理

多环芳烃是一类含有 2 个或 2 个以上苯环结构的碳氢化合物，其来源广泛，物理及化学性质稳定，且不易降解，易在生物体内蓄积，使生物体组织发生癌变、畸形或突变。本实验以 C18 为固相萃取柱，以二氯甲烷为洗脱溶剂，GC-MS/MS 采用多反应监测模式（MRM）及内标法定量。

3. 仪器与试剂

（1）仪器：Agilent 7890B-7000D 型气相色谱 - 三重四极杆串联质谱仪（美国 Agilent Technologies 公司）；固相萃取仪（美国 Supelco 公司）；HSC-12B 型氮吹仪（天津恒奥科技发展有限公司）；UPT-11-10T 型纯水仪（四川优普超纯科技有限公司）；Vortex 3 型涡旋混匀器（德国 IKA 公司）；C18 固相萃取柱；HLB 固相萃取柱（500 mg·（6 mL）$^{-1}$，上海安谱实验科技股份有限公司）。

（2）试剂：甲醇、二氯甲烷、丙酮、正己烷（分析纯，国药集团化学试剂有限公司）；正己烷（色谱纯，上海安谱实验科技股份有限公司）、多环芳烃混合标准品 2 000 mg·L^{-1}、内标液 2 000 mg·L^{-1}（美国 o2si 公司）。

4. 实验步骤

（1）标准溶液的配制。①多环芳烃标准储备液（20.0 mg·L^{-1}）的配置：准确量取 100.0 μL 多环芳烃标准溶液于 10 mL 容量瓶中，用正己烷稀释至刻度，混匀，在 −20 ℃冰箱中密封保存备用。②混合内标标准储备液（20.0 mg·L^{-1}）的配置：准确量取 100.0 μL 混合内标液于 10 mL 容量瓶中，用正己烷稀释至刻度，混匀，在 −20 ℃冰箱中密封保存备用。③混合内标标准应用液（1.0 mg·L^{-1}）的配置：准确量取 50.0 μL 混合内标标准储备液于 1 mL 容量瓶中，用正己烷稀释至刻度，混匀，在 −20 ℃冰箱中密封保存备用。④标准工作溶液的配置：取适量多环芳烃标准储备液，用正己烷逐级稀释定容，加入 100.0 μL 混合内标标准应用液，配制成 1.0 μg·L^{-1}、10.0 μg·L^{-1}、20.0 μg·L^{-1}、50.0 μg·L^{-1}、100.0 μg·L^{-1}、200.0 μg·L^{-1} 的混合标准系列工作溶液。

（2）操作步骤。海水样品用抽滤装置经 0.45 μm 玻璃纤维滤膜过滤后，准确量取 500.0 mL，加入 5.0 mL 甲醇平衡；然后加入 20.0 μL 混合内标标准应用液，混匀。依次用 10 mL 二氯甲烷、10 mL 甲醇和 10 mL 纯水以每秒 1 滴的速度活化 C18 固相萃取柱，当活化溶剂液面接近柱填充物时，以 5 mL·min^{-1} 的速率开始上样，待上样即将完成，即液面接近柱填充物时加入 10 mL 纯水淋洗，抽干小柱 30 min；最后用 15 mL 二氯甲烷洗脱，初始洗脱时浸泡柱子 5 min，洗脱速度为每秒 1 滴。收集洗脱液，采用氮吹仪室温吹至近干，以 200 μL 正己烷复溶，过 0.22 μm 有机相滤膜后，上机检测。

（3）仪器条件。①色谱条件：采用 DB-5MS 型毛细管色谱柱（30 m × 0.25 mm × 0.25 μm），不分流模式进样，进样体积为 1.0 μL，载气为高纯 He（纯度 >99.999%），流速为 1.0 mL·min^{-1}，进样口温度为 280 ℃。②程序升温条件：初始温度为 70 ℃，保持 2 min，以每分钟升温 20 ℃的速度升温至 220 ℃，再以每分钟升温 5 ℃的速度升温至 300 ℃，保持 5 min。③质谱条件：电子轰击离子（EI）源的能量为 70 eV，离子源温度为 280 ℃，传输线温度为 280 ℃，四极杆温度为 150 ℃，溶剂延迟时间为 4 min，采用多反应监测模式，碰撞气体为高纯氮气，多环芳烃化合物的保留时间、定性离子对、定量离子对及碰撞能见表 5-1。

表 5-1　多环芳烃的 GC-MS/MS 参数

多环芳烃	保留时间 /min	定量		定性	
		离子对	碰撞能 /eV	离子对	碰撞能 /eV
芴 FLU	9.641	166.1	15	165.1	20
菲 PHE	11.007	178.1	20	178.1	40
蒽 ANT	11.093	178.1	30	178.1	35
荧蒽 FLT	13.377	202.0	40	202.0	45
芘 PYR	13.937	202.0	40	202.0	45
苯并 [a] 蒽 BaA	17.674	228.1	30	113.0	10
䓛 CHR	17.795	228.1	30	113.0	10
苯并 [b] 荧 BbF	21.574	252.1	40	250.1	35
苯并 [k] 荧 BkF	21.676	252.1	40	250.1	35
苯并 [a] 芘 BaP	22.714	252.1	40	250.1	35

5. 数据记录与处理

（1）建立标准曲线。

（2）计算实验结果。

6. 注意事项

（1）实验涉及有机毒害试剂，所有前处理过程应在通风橱进行。

（2）需要对实验结果（如回收率、平行检测结果等）进行分析。

7. 思考题

GC-MS 技术在海水中多环芳烃的分析中有哪些优点和局限性？与其他分析方法相比，它的优点是什么？

5.4.2　用 QuEChERS- 气相色谱串联质谱法测定海水中鱼体的有机磷阻燃剂（OPFRs）

1. 实验目的

（1）熟悉气相色谱仪的基本结构和工作原理。

（2）学习 QuEChERS- 气相色谱串联质谱法的测定。

2. 实验原理

有机磷阻燃剂（OPFRs）具有良好的阻燃性能和增塑作用。大多数 OPFRs 以物理方式添加到各种产品中，极易在使用过程中通过挥发、溶解、磨损等方式进入环境中，从而导致环境污染。本实验以 0.5 % 甲酸 – 乙腈溶液作为提取溶液，采用 N- 丙基乙二胺（PSA）和十八烷基硅烷（C18）作为吸附材料，采用气相色谱串联质谱 - 多反应监测模式进行定量分析。

3. 仪器与试剂

（1）仪器：Agilent 7890B/7000D 气相色谱 - 串联质谱联用仪（美国安捷伦公司）；HSC-12B 氮吹仪（天津市恒奥科技发展公司）；L420 低速离心机（湖南湘仪实验室仪器开发公司）；SBL-4200DT 恒温超声波清洗机（宁波新艺超声设备公司）；优普 UPT-II-10T 超纯水系统（四川优普超纯科技公司）。

（2）试剂：9 种 OPFRs，购自 Dr.Ehrenstorfer（Augsburg，Germany）；磷酸三丁酯 -d_{27}（TBP-d_{27}）、磷酸三（2- 氯异丙基）酯 -d_{18}（TCPP-d18）和磷酸三（1,3- 二氯异丙基）酯 -d_{15}（TDCPP-d_{15}）为氘代内标，购自 Toronto Research Chemicals（Toronto，Canada）；乙酸乙酯（色谱纯，美国 TEDIA 公司）；乙腈、甲酸（分析纯）；N- 丙基乙二胺（PSA）、十八烷基硅烷（上海安谱实验科技股份公司）。

4. 实验步骤

（1）标准溶液的配制。①标准储备液的配制：称取 10.0 mg OPFRs 于 10 mL 容量瓶中，用乙酸乙酯溶解，配制成 1 000.0 mg · L^{-1} 的标准储备液，储存在 −20 ℃冰箱中。②混合标准工作液的制备：用乙酸乙酯将标准储备液稀释为 1.0 mg · L^{-1}，储存于 −20 ℃冰箱中。

（2）标准曲线的绘制。将 1.0 mg · L^{-1} OPFRs 混合标准工作液用乙酸乙酯逐级稀释成浓度分别为 2.0 μg · L^{-1}，5.0 μg · L^{-1}，10.0 μg · L^{-1}，20.0 μg · L^{-1}，50.0 μg · L^{-1}，100.0 μg · L^{-1} 和 200.0 μg · L^{-1} 的溶液，氘代内标浓度为 100.0 μg · L^{-1}，绘制标准曲线并计算回归方程。

（3）样品测定。称取 1.0 g 样品于 10 mL 聚四氟乙烯离心管中，以 8.0×10^3 r · min^{-1} 的速度匀浆，加入 6 mL 0.5 % 甲酸 – 乙腈溶液，超声提取 15 min。然后加入 400 mg NaCl 和 400 mg 无水 $MgSO_4$，涡旋混匀，4.0×10^3 g 离心 5 min。量取 4 mL 上清液于 dSPE 管中（含 50 mg PSA、30 mg C18 和 400 mg 无水 $MgSO_4$），涡旋混匀，4.0×10^3 g 离心 5 min；量取 3 mL 上清液，氮吹近干；加入 10 ng TnBP-d_{27}、TCPP-d_{18} 和 TDCPP-d_{15} 内标，用乙酸乙酯定容至 250 μL，经 0. 22 μm 聚四氟乙烯膜过滤，待 GC-MS /MS 检测。

（4）仪器条件。①色谱条件：Agilent DB-5MS 毛细管色谱柱（30 m × 0.25 mm × 0.2 μm），载气为高纯 He（纯度 ≥ 99.999%），流速为 1.0 mL · min^{-1}，进样口温度为

280 ℃。②程序升温：初始温度为 60 ℃，保持 1 min，以 20 ℃ · min^{-1} 升温至 180 ℃，以 10 ℃ · min^{-1} 升温至 260 ℃，保持 3 min，以 5 ℃ · min^{-1} 升温至 280 ℃，以 25 ℃ · min^{-1} 升温至 320 ℃，保持 5 min；进样量 1.0 μL；不分流进样。③质谱条件：离子源温度为 280 ℃，传输线温度为 280 ℃，四极杆温度为 150 ℃；电子轰击（EI）源能量为 –70 eV；多反应监测模式（MRM）；碰撞气为高纯氮气（纯度≥ 99.999%），流速为 1.5 mL · min^{-1}；溶剂延迟 5 min。

5. 数据记录与处理

（1）建立标准曲线。

（2）计算实验结果。

6. 注意事项

对实验结果（如回收率、平行检测结果等）进行分析。

7. 思考题

请解释 QuEChERS 方法的原理及其在样品前处理中的作用。它是如何提高海水中鱼体样品中有机磷阻燃剂的分析准确性和灵敏度的？

5.4.3 用气相色谱－串联质谱联用法测定沉积物和生物样品中的邻苯二甲酸酯（PAEs）

1. 实验目的

（1）学习气相色谱－串联质谱联用法的相关知识。

（2）掌握气相色谱－串联质谱联用法的测定方法。

2. 实验原理

邻苯二甲酸酯易通过大气沉降、地表径流等多种途径进入海洋系统，进一步通过食物链在海洋生物和人体中富集，危害人体健康。本实验中的沉积物样品以二氯甲烷为提取溶剂，经 PSA-Silica 固相萃取柱净化；生物样品以乙腈为提取溶剂，经 150.0 mg N- 丙基乙二胺（PSA）、150.0 mg C18 和 150.0 mg 石墨化炭黑（GCB）净化，在多反应监测模式（MRM）下进行定量分析。

3. 仪器与试剂

（1）仪器：PSA-silica 固相萃取柱（500 mg，6 mL，广州菲罗门公司）；Agilent 7890B-7000D 型气相色谱－三重四极杆串联质谱仪（美国安捷伦公司）；Visiprep7M-DL 固相萃取仪（美国 Supelco 公司）；3K-18 高速冷冻离心机（美国 SIGMA 公司）；HSC-12B 氮吹仪（天津市恒奥公司）。实验中所有聚四氟乙烯离心管和玻璃器皿使用前经 25% HCl 浸泡 48 h，超纯水冲洗后，采用正己烷（HEX）润洗 2 次，烘干备用，其中玻璃器皿烘干后，需置于马弗炉中 400 ℃烘干 6 h，冷却后备用。

（2）试剂：16 种 PAEs 以及内标物苯甲酸苄酯（BBZ ≥ 99.0%）（美国 Sigma-Aldrich 公司）；N- 丙基乙二胺（PSA）、十八烷基硅烷（C18）、石墨化炭黑（GCB）（上海安谱公司）；二氯甲烷（DCM）、乙腈（ACN）和正己烷（色谱级，默克公司）。

4. 实验步骤

（1）标准溶液的制备。精确量取 1.0 mL 1 000.0 mg · L^{-1} 的 PAEs 混合标准液至 10 mL 容量瓶中，用 HEX 配制成质量浓度为 100.0 mg · L^{-1} 的混合标准溶液。量取适量混合标准溶液，用 HEX 逐级稀释成 0.5 μg · L^{-1}，1.0 μg · L^{-1}，10.0 μg · L^{-1}，50.0 μg · L^{-1}，100.0 μg · L^{-1}，200.0 μg · L^{-1}，300.0 μg · L^{-1} 的梯度混合标准系列，于 4 ℃下储存备用。

（2）样品测定。①沉积物样品：精确称取 2.50 g 冷冻干燥后的样品于 50 mL 聚四氟乙烯管中，加入 15.0 mL DCM，涡旋 2 min 后超声提取 20 min，6 000 r · min^{-1} 离心 15 min 后收集上清液，重复上述步骤 2 次，合并上清液，35 ℃水浴中氮吹至近干，以 3.0 mL ACN 复溶，待净化；PSA-Silica 固相萃取柱用 5.0 mL DCM 和 5.0 mL ACN 溶液进行活化，上样完成后收集流出液，用 5.0 mL ACN 溶液洗脱，再次收集流出液，合并 2 次流出液，35 ℃水浴中以 N_2 吹至近干，1.0 mL HEX 复溶，采用 0.22 μm 滤膜过滤，GC-MS/MS 检测。②生物样品：精确称取 1.00 g 冷冻干燥后的样品于 10 mL 聚四氟乙烯管中，依次加入 200.0 mg 无水 $MgSO_4$ 和 5.0 mL ACN，涡旋振荡 10 min 后超声提取 20 min，3 000 r · min^{-1} 离心 10 min 后收集上清液，重复上述步骤 2 次，合并上清液；然后向上清液中加入 150 mg PSA、150 mg C18、150 mg GCB 并振荡 5 min，3 000 r · min^{-1} 离心 5 min，收集上清液，35 ℃氮吹至近干，以 1.0 mL HEX 复溶，0.22 μm 滤膜过滤，GC-MS/MS 检测。

（3）仪器条件。①气相色谱条件：色谱柱为 DB-5MS 型毛细管色谱柱（30 m × 0.25 mm × 0.25 m）；载气为高纯氦（>99. 999%），流速为 1.1 mL · min^{-1}；进样口温度为 280 ℃；进样体积为 1 μL；进样方式为不分流进样；初始温度为 70 ℃，保持 2 min，20 ℃ · min^{-1} 速率升温至 220 ℃，保持 2 min，5 ℃ · min^{-1} 速率升温至 250 ℃，保持 2 min，3 ℃ · min^{-1} 速率升温至 280 ℃，保持 2 min。②质谱条件：电子轰击离子（EI）源的能量为 70 eV；离子源温度为 280 ℃；传输线温度为 280 ℃；溶剂延迟时间为 7.5 min；扫描范围为 50 ～ 500 amu；扫描模式为质谱多反应监测（MRM）；碰撞气流速为 1.5 mL · min^{-1}。MRM 模式下 16 种 PAEs 的 GC-MS/MS 参数如表 5-2 所示。

表 5-2　PAEs 的 GC-MS/ MS 参数

化合物	保留时间 /min	*m*/*z*		碰撞能量 1/V	碰撞能量 2/V
		定量离子	定性离子		
DMP	7.946	163	163	20	10

续 表

化合物	保留时间 /min	m/z		碰撞能量 1/V	碰撞能量 2/V
		定量离子	定性离子		
DEP	8.819	149	149	20	15
DiBP	10.436	149	149	25	15
DnBP	11.088	149	149	25	15
DMEP	11.344	104	104	15	15
BMPP	11.946	167	149	15	15
DEEP	12.260	149	149	15	15
DPP	12.631	149	149	15	15
DHxP	14.543	149	149	15	15
BBP	14.666	149	91	15	15
DBEP	15.984	149	149	15	15
DCHP	16.667	167	149	15	15
DEHP	16.865	167	149	15	15
DPhP	17.028	225	225	15	15
DnOP	20.076	149	149	15	15
DnNP	23.688	149	149	15	15

5. 数据记录与处理

（1）建立标准曲线。

（2）计算实验结果。

6. 注意事项

（1）实验涉及有机毒害试剂，所有前处理过程均需在通风橱中进行。

（2）与 QuECHERs 方法对比，分析它们的异同点及优缺点。

7. 思考题

与 QuECHERs 方法对比，气相色谱－串联质谱联用法有何异同点及优缺点？

第 6 章　高效液相色谱法

高效液相色谱法（high performance liquid chromatography, HPLC）是色谱法的一个重要分支，应用十分广泛，对样品的适用性广，不受分析对象挥发性和热稳定性的限制，几乎可用于所有化合物（包括高沸点、极性、离子型化合物和大分子物质）的分析测定，较好地弥补了 GC 分析方法的不足。在目前已知的有机化合物中，可用气相色谱分析的约占 20%，80% 左右需用 HPLC 法来分析。HPLC 方法具有分离效能高、分析速度快、检测灵敏度好、能分析和分离高沸点且不能气化的热不稳定生理活性物质的特点，已成为化学、医学、工业、农学、商检和法检等学科领域中重要的分离分析技术。

6.1　基本原理

高效液相色谱法是一种在经典液相色谱法基础上对色谱柱、输液泵等进行改良，以实现高柱效、高选择性、高灵敏度的定量分析工具。HPLC 采用高效固定相，流动相由高压输液泵输送，混合物在瞬间拥有较强的分离能力。此技术使用液体作为流动相，其基本原理和实验理论基础与气相色谱法研究结果基本一致，均利用待分离物质在两相中分配系数、吸附能力、亲和力的不同实现各物质的分离。HPLC 与气相色谱法之间的区别主要体现在以下几点。

第一，流动相不同。高效液相色谱法的流动相为离子型、极性、弱极性、非极性溶液，气相色谱法的流动相为惰性气体。

第二，进样方式不同。高效液相色谱法的进样样品为液态，而气相色谱法的进样样品需通过汽化或裂解变为气态。

第三，扩散系数不同。气体间的黏度远小于液体，因此样品在液体流动相中的扩散程度远小于在气体流动相中的扩散程度。

第四，由于流动相的化学成分选择范围广，二元或多元体系均可用于满足梯度洗脱的要求，因此高效液相色谱法分辨率较高。

第五，高效液相色谱法固定相粒度小，为 3 ～ 10 μm 的细颗粒，故流动相在色谱柱上的渗透性减小，流动阻力增大，流动相需要借助高压泵输送。

第六，高效液相色谱法与气相色谱法所使用的检测器不同，高效液相色谱法的检测器为紫外吸收检测器、荧光检测器、二极管阵列检测器等；气相色谱法使用的检测器为热导池检测器、氢火焰离子化检测器、火焰光度检测器等。

高效液相色谱法具有快速分析、高分辨率、高灵敏度和高效能等多项优点，适用于低分子量、低沸点的有机物分析。该方法还广泛应用于高分子量、高沸点和热稳定性差的有机物，如生物化学制剂和金属有机配合物等均需要使用高效液相色谱法来进行分析测定。目前，高效液相色谱法的应用涉及石油化工产品、食品、合成药物、生化产品和环境污染物等领域，约占全部有机化合物的 80%。根据固定相类型和分离机制的差异，高效液相色谱法可分为液 - 固吸附色谱法、液 - 液相色谱法、离子交换色谱法、亲和色谱法和尺寸排阻色谱法等类型。

高效液相色谱法与气相色谱法在定性、定量实验中的原理基本相同：定性分析实验通过保留时间定性或与其他定性能力强的仪器分析法（如质谱、红外吸收光谱等）联用，其中液相色谱 - 质谱联用技术对复杂样品中的多种组分的分析尤为有效；定量分析实验一般采用内标法、外标法或测量峰面积的归一化法等定量方法，其中外标法的使用频率更高。

6.2 仪器结构

高效液相色谱仪由五个部分组成：高压输液系统、进样系统、分离系统、检测系统、数据处理系统。高效液相色谱仪的结构简图如图 6-1 所示。

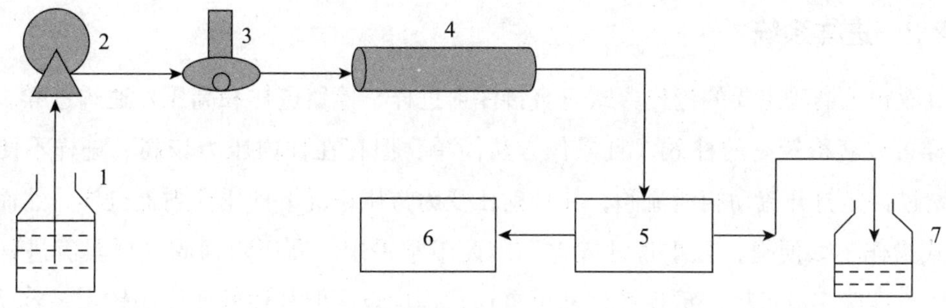

1—流动相容器；2—高压输液泵；3—进样器；4—色谱柱；
5—检测器；6—工作站；7—废液瓶。

图 6-1　高效液相色谱仪的结构简图

6.2.1　高压输液系统

高压输液系统主要包括储液器、高压输液泵、梯度洗脱装置和脱气装置。

储液器的材质需要使用耐腐蚀材料（如玻璃、不锈钢、氟材料和特种塑料等），其作用是储存流动相，使流动相通过高压泵输送，流经进样器、色谱柱、检测器，最终流进废液瓶回收。

液相色谱固定相的粒度为 3 ～ 10 μm，柱前压强可高达 1.0×10^4 ～ 4.0×10^4 kPa，因此需要用高压泵克服阻力，以恒定的流速输送载液。常用的高压输液泵分为两种：恒压泵和恒流泵，其中恒流泵更加常用。高压输液泵需要满足以下要求：流量稳定，输出压力高，流量范围广，耐酸、碱缓冲液腐蚀，压力变动小，更换溶剂方便，体积小，易于清洗。

梯度分为高压梯度和低压梯度，梯度洗脱装置在一个分析周期内通过控制流动相的组成（如溶剂的极性、离子强度和 pH 等）来对组分数目多、差异性较大的复杂样品进行分析。梯度洗脱具有缩短分析时间、提高分离度、改善峰形、提高检测灵敏度等优势，但常常存在引起基线漂移和降低重现性的弊端。

流动相使用前首先需要完成脱气，除去其中的溶解气体，防止由于洗脱过程中压力骤降产生的气泡对结果造成影响。脱气装置的作用是使色谱泵输液均匀准确，减小振动，提高保留时间和色谱峰面积的重现性，防止气泡引起尖峰，使基线稳定，并提高信噪比。常用的脱气方法有吹氦脱气法、加热回流法、抽真空脱气法、超声波脱气法和在线真空脱气法。

6.2.2 进样系统

高效液相色谱法主要的进样方式有直接注射进样、停留进样和高压六通阀进样。直接注射进样可以获得较高的柱效，且操作方法简单，但存在柱内压力较高、进样不便的缺陷。停留进样是打开流动相泄流阀，在柱前压变为常压情况下使用注射器进样，然而这种进样方式操作不太便捷，且重现性较差，因此不常采用。高压六通阀进样具有进样量可调、高压下准确完成进样、重现性好和可自动化等优点，但其柱外死体积较大，容易导致谱峰的展宽。因此，我们在选择进样方式时需要综合考虑各种因素。

6.2.3 分离系统

分离系统是通过色谱柱来达到分离的目的。色谱柱分为柱管和固定相两部分。好的色谱柱具有分离度明显、柱容量大、分析速率高的优点。色谱柱常见的材质为玻璃、不锈钢、铝和内衬光滑的其他金属，通常为直行金属管内部充满高效微粒固定相。固定相是色谱分离的关键部分，其选择决定了试样中各组分的分离程度。

液相色谱柱的填充方法根据固定相填料粒子的大小分为干法装填和湿法装填两种。干法装填用于直径大于 20 μm 的填料，湿法装填用于直径在 20 μm 以下的微粒。为了获得均匀的机密填充床，我们一般采用匀浆法。匀浆法需满足匀浆浓度合适、内无残留空气、装填压力合适等条件，好匀浆的标准是填料微粒在介质中高度分散以及被分散的粒子要悬浮在介质中。

6.2.4 检测系统

根据检测原理不同，液相色谱检测器分为紫外 - 可见光吸收检测器（UVD）、示差折光检测器（RID）、荧光检测器（FD）和电化学检测器（ED）等。

紫外 - 可见光吸收检测器是通过测定溶质对紫外光的吸收作用来进行检测，应用范围广泛，在各种检测器中的使用率达 70%。

示差折光检测器是通过样品组分和流动相溶剂之间的折射率差异，测定其折射率，分析得出样品数据。但由于测定灵敏度低，易受流量和温度的影响，不适合痕量分析。

荧光检测器利用组分吸收一定波长紫外光后发射荧光物质且荧光强度与浓度成正比的原理来进行测定，具有选择性好、适用于痕量分析和应用范围广等优点。

电化学检测器包括电导检测器、库仑检测器、极谱检测器、安培检测器等检测器，应用于工作电极的工作电压范围能被还原或氧化的物质，但存在电极表面易中毒的缺陷。

6.2.5　数据处理系统

数据处理系统最基本的功能是记录、分析从检测器输出的模拟信号并生成对应的色谱图，即对测定数据进行采集和处理。数据处理系统通常包括多种功能与算法，以便更好地分析不同物质。如今，随着科学技术的发展和 AI 智能技术的成熟，数据处理系统可直接进行标准曲线的导入和部分数据处理。

6.3　使用方法与注意事项

高效液相色谱仪有多种型号，其性能不尽相同，但使用方法和步骤基本一致，大致如下。

第一，准备工作。主要是流动相的准备。流动相经过脱气，用高压泵输送。

第二，开机。打开色谱仪的电源开关，电压稳定后，依次打开高压泵、柱温箱、系统控制仪、检测器的电源。

第三，进入色谱工作站。打开电脑，进入色谱工作站界面，打开色谱工作站的数据采集系统并监测色谱基线，待基线稳定即可开始进样。

第四，进样。待基线稳定后，选择合适的进样方式进行进样。

第五，数据采集。待出峰完全后，进行数据采集，即完成一次进样，此时色谱数据已记录在数据文件中。

第六，关机。分析结束后，先用 90% 的水和 10% 的甲醇冲洗系统 30 min，再用 100% 甲醇冲洗 30min。依次关闭色谱工作站、检测器、高压泵等电源开关。

在操作高效液相色谱仪时，不当操作会导致仪器的损坏，注意事项如下。

第一，分析完成后，使用适当的清洗程序清洁系统，尤其是液相色谱柱。

第二，定期检查系统的所有部件，确保其正常运行，并进行必要的维护。

第三，确保流动相与色谱柱相容，避免在高温、高压或不合适的 pH 等条件下使用。

6.4　实验内容

6.4.1　用超高效液相色谱质谱法测定动物饲料中吉他霉素的含量

1. 实验目的

（1）了解用超高效液相色谱法测定动物饲料中的吉他霉素含量的方法。

（2）掌握用超高效液相色谱法做定性和定量分析的基本方法。

2. 实验原理

吉他霉素发现于1953年，它是由链霉菌产生的多组分16元环大环内酯类抗生素，是抗感染治疗的常用药物，同时作为饲料添加剂广泛应用于育种行业，对家畜、家禽和水生动物具有促生长的作用。然而，近年来，由饲料引起的食品安全事件经常发生。高浓度抗生素进入动物体内，不能完全被排泄和降解，它们直接或间接地通过食物链积累，对人类健康构成潜在威胁，可能导致胃肠道系统疾病、神经损伤、器官毒性和其他不良反应。

由于大环内酯类药物吸收紫外光的能力强，且难以蒸发，因此LC-MS/MS在动物源性饲料中更为常用。与LC-MS/MS相比，超高效液相色谱串联质谱（UHPLC- MS/MS）具有更高的分离效率和更短的分析时间。本实验采用增强型基质去除滤筒，在清洗过程中直接加入乙腈，无须进行溶剂转化。乙腈是去除极性和中极性杂质的最佳漂洗剂，使用时需用一定量的甲醇进行洗脱。

3. 仪器与试剂

（1）仪器：超高液相系统（ACQUITY UPLC）和三重四极杆串联质谱仪（XEVO-TQ-S，Waters，Bedford，MA USA）；色谱柱；微量进样器（10 μL）；超声波清洗器（SK250H，上海科导超声仪器有限公司）；容量瓶（10 mL、100 mL）；移液管（1 mL、2 mL）；50 mL烧杯；0.22 μm滤膜。

（2）试剂：吉他霉素A_1（纯度>99%）、吉他霉素A_4（纯度>99%）、吉他霉素A_5（纯度>98%）和吉他霉素A_{13}（纯度>99%）的商业大环内酯标准品；色谱级乙腈（ACN）；色谱级甲醇（MeOH）；色谱级甲酸铵；去离子水。

4. 实验步骤

（1）标准溶液的配制。准确称量吉他霉素各组分（A_1、A_4、A_5和A_{13}）的原液，并以1 000 mg·L^{-1}的浓度溶于甲醇中。用乙腈稀释贮存液，进一步得到工作溶液。用空白饲料稀释相应的混合工作溶液，制备矩阵匹配的校准标准样品。吉他霉素组分的最终浓度分别为 0.02 μg·L^{-1}，0.05 μg·L^{-1}，0.10 μg·L^{-1}，1.00 μg·L^{-1}，10.0 μg·L^{-1}和 50.0 μg·L^{-1}。所有原液在 −20 ℃条件下保存 6 个月，使用前配制混合工作液和校准标准品。

（2）样品制备。称量 2.00 g 饲料样品置于 50 mL 离心管中，用 10.0 mL 乙腈彻底提取，然后人工混合并搅拌 15 min。随后，样品在 8.0×10^3 g 下离心 5 min。将 1.0 mL 的上清液装在 EMR 滤筒上。当液体通过重力作用时，用 1.0 mL 乙腈洗涤。洗涤结束后，用 1.0 mL 甲醇洗脱目标化合物。最后用去离子水将 100.0μL 洗脱液稀释至 1.0 mL，用 0.22 μm 膜过滤。

（3）测定条件。色谱柱采用 Welch 极限 UHPLC 极性 rp 柱（100 mm × 2.1 mm，1.8 μm）；流动相为 10 mmol·L^{-1} 甲酸铵（A）和乙腈（B）；流速为 0.3 mL·min^{-1}；梯度程序为 0 ～ 4 min、10% ～ 90% B，4 ～ 4.5 min、90% B，4.5 ～ 4.6 min、10% ～ 90% B，4.6 ～ 6.0 min、10% B；柱箱温度为 35℃；进样量为 10.0 μL；监测模式为 MRN；离子源采用电喷雾离子源，离子源温度为 150℃，离子源电压为 3.0 kV；去溶剂气温度为 600 ℃；气体流速为 1000 L·h^{-1}；锥孔气流速为 150 L·h^{-1}；碰撞气流速为 0.15 mL·min^{-1}；吉他霉素组分的质谱优化参数如表 6-1 所示。

表 6-1 吉他霉素各组分的质谱优化参数

化合物	前身离子 /（*m/z*）	产品离子 /（*m/z*）	锥能源 /V	碰撞能源 /eV
吉他霉素 A_1	786.5	109.1	22	36
		174.2*		30
吉他霉素 A_2	814.5	109.1	66	42
		174.2*		30
吉他霉素 A_5	772.5	109.1	86	36
		174.2*		30
吉他霉素 A_{13}	800.5	109.1	10	40
		174.2*		32

注：* 代表定量离子。

（4）测试。①将配制好的流动相置于超声波清洗器上脱气 15 min。②根据实验条件，将仪器按照操作步骤调节至进样状态，待仪器液路和电路系统达到平衡，且色谱工作站或记录仪上的基线平直时，即可进样。③在基线平稳后，依次分别吸取 10 μL 的六个不同浓度标准溶液进样，并使用色谱工作站记录色谱数据，每个标准溶液进样 3 次，记录峰面积和保留时间。④取脱气 15 min 后的待测试样 10 μL 进样，记录峰面积和保留时间，重复进样 2 ～ 3 次，要求谱峰面积基本保持一致。⑤实验结束后，清洗色谱系统，按照操作规程关好仪器。

5. 数据记录与处理

绘制峰面积 - 质量浓度的标准曲线，并计算回归方程和相关系数。

6. 注意事项

（1）液体样品需要预处理后再进样。虽然预处理方法简单，但若不进行预处理会大大缩短色谱柱的使用寿命。

（2）为确保测试结果准确，样品和标准溶液的进样量必须严格一致。

7. 思考题

（1）超高效液相色谱串联质谱与高效液相色谱法相比具有什么优势？

（2）简述不同色谱柱的区别及其选择要求。

6.4.2 用固相萃取 - 超高效液相色谱 - 串联质谱法同时测定贝类产品中的脂溶性贝类毒素

1. 实验目的

（1）了解超高效液相色谱的组成与分离原理。

（2）学习固相萃取技术以及超高效液相色谱仪的使用方法与操作流程。

（3）掌握高效液相色谱法的定性和定量分析方法。

2. 实验原理

近年来，海水富营养化和气候变化导致了有害藻华（赤潮）的发生，许多海洋赤潮藻类可产生毒素，这些毒素在贝类体内累积，通过食物链在人体中富集，造成腹泻、胃肠道不适等反应，其残留严重威胁水产品安全及消费者健康，对贝类养殖者造成巨大的经济损失。

本实验根据固相萃取原理，采取基于氧化石墨烯的离心式（Spin-mini）固相萃取小柱样品处理方法，提高了样品前处理的效率和检测的准确度，进而结合 LC-MS/MS 测定贝类样品中 6 种脂溶性贝类毒素。

3. 仪器与试剂

（1）仪器：超高效液相色谱仪（ACQUITY UPLC）和三重四极杆串联质谱仪（XEVO-TQ-S），含电喷雾离子源；色谱柱 Waters XBridge C18 Column（5.0 μm，100.0 mm × 2.1 mm i.d.）；均质机（PT2000，Switzerland）；冷冻离心机（Type 3K-18，Sigma，Germany）；涡旋振荡器（SCILOGXE MX-S，Scilogex，USA）；氮吹仪（N-EVAP-24，Oragnic Association，USA）；超声波清洗仪（SK250H，上海科导超声仪器有限公司）。

（2）试剂：6 种标准毒素（PTX2、GYM、AZA1、AZA2、AZA3、SPX1）；乙腈（HPLC

级，纯度＞99.9%）；甲醇、异丙醇、丙酮（HPLC 级，纯度＞99.9%）；正己烷（HPLC 级，纯度＞99.5%）；乙醇（分析纯，纯度＞99.7%）；氨水（分析纯，纯度在 25%～28% 之间）；超纯水（ELGA 纯水仪制得，电导率≥ 18.2 MΩ）；氧化石墨烯。

4. 实验步骤

（1）标准溶液的制备。准确称取适量的 PTX2、GYM、SPX1、AZA1、AZA2、AZA3 贝类毒素标准品溶液，采用甲醇作为溶剂，配制 PTX2、GYM、SPX1 标准工作液的质量浓度为 200.0 μg · L^{-1}；AZA1、AZA2、AZA3 标准工作液的质量浓度为 100.0 μg · L^{-1}，−20 ℃冷冻保存。

（2）样品前处理。将采集的贝类样品用清水洗净，取出完整新鲜的软组织，放入均质机中，以 8 000 r · min^{-1} 的速度均质 2 min，将得到的样品放于 −80 ℃条件下保存。准确称取（2.00 ± 0.01）g 均质好的贝类样品于 15.0 mL 离心管中，加入 2.0 mL V（甲醇）：V（乙醇）：V（异丙醇）=7 ：2 ：1 的提取液，涡旋振荡 30 s，2 300 r · min^{-1} 离心 5 min，转移上清液于另一支 15.0 mL 离心管中。按照上述步骤重复提取 1 次。合并上清液，置于 −20 ℃冰箱，放置 2 h，取出上清液后迅速过脱脂棉，将得到的滤液于 40 ℃下氮吹至近干，用 1.0 mL 30% 甲醇水溶液溶解，待进样分析。

（3）Spin-mini 固相萃取小柱。取 Spin-mini 空柱，在底部铺上筛板，装 30.0 mg 氧化石墨烯，轻轻敲打使填料填充均匀，上面加入筛板压平，即得到自制的 Spin-mini 固相萃取小柱（图 6-2）。首先用 1.0 mL 甲醇活化，清洗 Spin-mini 固相萃取小柱；然后用 30.0% 甲醇水溶液平衡萃取柱，上样 1.0 mL 后，用 1.0 mL 30.0% 甲醇水溶液淋洗，3 000 r · min^{-1} 离心 10 min；最后加入 0.5 mL V（甲醇）：V（乙醇）：V（异丙醇）= 7 ：2 ：1 的混合溶液，3 000 r · min^{-1} 离心 10 min，并收集洗脱液，待进样分析。

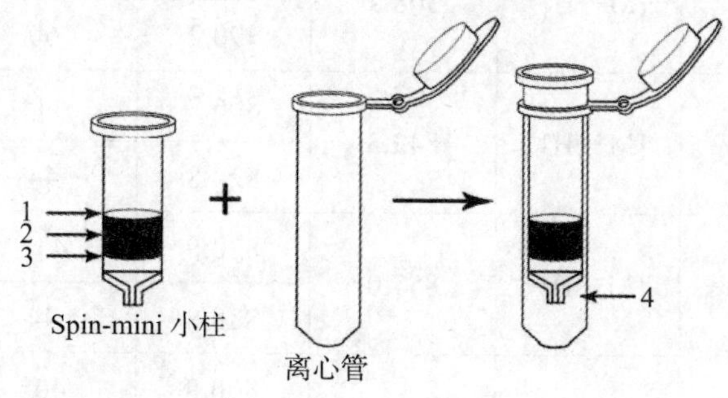

1—上筛板；2—氧化石墨烯；3—下筛板；4—流出口。

图 6-2　Spin-mini 固相萃取小柱

（4）测定条件。液相色谱为 Waters XBridge C18 色谱柱（5.0 μm，100.0 mm ×

2.1 mm i.d.）；流动相为 0.15% 氨水（流动相 A）和甲醇（流动相 B）；柱温为 40 ℃；进样量为 10.0 μL；流速为 0.3 mL · min^{-1}；洗脱方式为梯度洗脱，梯度洗脱程序如表 6-2 所示；质谱条件离子源为电喷雾离子源，正离子扫描；检测方式为多反应监测；离子源温度为 145 ℃；脱溶剂温度为 450 ℃；脱溶剂气流量为 750 L · h^{-1}；锥孔气流量为 50 L · h^{-1}；喷雾电压为 4 000 V；毛细管电压 ESI^+ 为 3.5 kV，ESI^- 为 3.0 kV；多反应监测各贝类毒素锥孔电压、碰撞能量及离子对等质谱条件如表 6-3 所示。

表 6-2　贝类毒素梯度洗脱程序

时间 /min	流速 /（mL · min^{-1}）	A/%	B/%
初始	0.3	95.0	5.0
0.1	0.3	95.0	5.0
6.0	0.3	0.0	100.0
10.0	0.3	0.0	100.0
10.1	0.3	95.0	5.0
12.0	0.3	95.0	5.0

表 6-3　六种脂溶性贝类毒素的质谱多反应监测模式的采集参数

毒素	扫描模式	电离源模式	母粒子 /（*m/z*）	子粒子 /（*m/z*）	锥孔电压 /V	碰撞能 /eV
GYM	正离子	[M—H]$^+$	508.2	162.2	60*	45
				490.2	60	55
AZA1	正离子	[M—H]$^+$	842.5	806.7	44*	58
				824.8	44	46
AZA2	正离子	[M—H]$^+$	857.0	820.0	44*	56
				838.8	44	46
AZA3	正离子	[M—H]$^+$	828.5	810.8	40*	48
				792.9	40	66
SPX1	正离子	[M—H]$^+$	692.6	164.2	74*	44
				674.5	74	28

续　表

毒素	扫描模式	电离源模式	母粒子 /（m/z）	子粒子 /（m/z）	锥孔电压 /V	碰撞能 /eV
PTX2	正离子	$[M—H]^+$	876.5	213.1	40*	30
				823.5	40	30

注：* 表示定量离子。

5. 数据记录与处理

（1）六种毒素标准溶液中的每一个标准溶液分别进行 3 次分离，记录每次分离各自的峰面积并求平均值。

（2）绘制六种脂溶性贝类毒素峰面积 - 质量浓度的标准曲线，并计算回归方程和相关系数。

（3）对待测试样标准溶液分别进行 3 次分离，记录每次分离各自的峰面积并求平均值；计算待测试样中各毒素含量。

6. 注意事项

（1）分离必须在基线稳定条件下进行，否则可能会影响峰面积计算的准确性。

（2）测试结束后，应使用纯甲醇清洗色谱柱至少 1 h。

（3）使用有毒物质时注意实验安全。

7. 思考题

（1）质谱条件离子源的选择有什么要求？

（2）简述固相萃取时的注意事项。

第 7 章　离子色谱分析

离子色谱（ion chromatography, IC）是一种液相色谱方法，用于分离和检测离子化合物。它与传统的离子交换色谱（IEC）有所不同，因为它使用的是高效离子色谱（HPIC）技术，HPIC 对传统离子色谱进行了改进，可以提供更高的效率和分离能力。离子色谱还具有低交换容量的特点，这意味着树脂对分离的离子有较低的吸附容量，有助于减少非特异性吸附，提高分离效率。离子色谱的工作原理涉及溶液中的离子交换过程，它利用具有阴、阳离子交换基团的树脂来分离带电离子，这些树脂可以选择性地吸附和释放被测离子，根据离子的相互作用、大小和化学性质将其分离。离子色谱通常配备柱塞泵来输送溶液，通过色谱柱实现对被测物质的分离。在分离后，经过的淋洗液会被连接到在线连续电导检测器，用于检测分离出的离子化合物。这种检测器可测量电导率的变化，因为不同的离子具有不同的电导率，这种在线检测可以实时监测和记录被分离离子的含量。离子色谱在环境分析、生物化学、食品科学和药物分析等领域具有广泛的应用。

7.1　基本原理

离子色谱通常使用电导检测器来检测被测物质的含量，这是因为大多数电离物质在水溶液中会发生电离，从而生成离子，这些离子具有导电能力。在稀溶液中，大部分离子化合物都会完全电离，导致溶液的电导率增加。离子色谱的电导检测器是一种通用检测器，它可用于检测各种离子，包括阴离子和阳离子。这种检测器在分析离子交换色谱和离子色谱应用中特别有用，因为它不需要事先进行特殊的样品处理或化学反应。相比其他检测器（如紫外 - 可见检测器或荧光检测器），电导检测器更适用于分析不具有紫外或荧光活性的离子。电导检测器利用溶液中离子的电导能力来检测样品中的离子化合物含量，其工作原理基于被测离子溶液中的电导率变化，因为溶液中的离子浓度与电导率呈正相关关系，测得的电导率变化会被转换成相应的信号，用于定量分析离子化合物的含量。电导检测器具有许多优点（如稳定性高、灵敏度较好、不需要特殊的样品预处理等），这使它在许多应用领域中都得到了广泛应用。例如，在环境监测中，电导检测器可以用于监测水体中的离子污染物；在食品分析中，它可用于检测食品中的添加剂或污染物；在药物研究中，它可用于分析药物的离子含量。这些特点使电导检测器成为离子色谱分析中的关键组成部分。

离子色谱是一种分离和分析离子化合物的重要技术，它基于离子交换树脂的原理，通过可逆的离子交换过程来实现样品中离子的分离。离子色谱柱通常包含离子交换树脂，这些树脂可以与样品中的离子发生交换反应，过程如下：首先，亚硝酸根离子与分析柱上的离子进行离子交换，因为树脂对其具有一定的亲和力；然后，通过使用淋洗液中的氢氧根离子（OH^-）来置换亚硝酸根离子，将亚硝酸根离子从分析柱上洗脱下来。这个过程允许根据分析物与离子交换树脂之间的亲和力差异，有选择性地分离不同的离子。

离子色谱分离可以用于分析各种离子化合物，包括阴离子和阳离子，因此在许多领域中都是一种重要的分析技术。

在离子色谱分析中，不仅被测离子具有导电性，淋洗液本身也是一种可电离的物质，具有较高的电离度。抑制柱（或抑制器）是离子色谱分析中的一个关键组件，它在分离柱和检测器之间起到重要的作用。抑制柱可以降低背景电导值，增加检测器的灵敏度，同时将样品中的离子转化为相应的酸或碱形式，以提高电导率，这有助于准确测定样品中的离子化合物。抑制柱通常包含离子交换树脂填料，这些填料可以与淋洗液中的离子发生反应，将其转化为低电导的形式，这可以降低来自淋洗液的背景电导，从而使检测器更容易检测样品中的目标离子。抑制柱的使用有助于提高离子色谱分析的精确度和灵敏度，特别是在需要检测低浓度离子的应用中。抑制柱可以使分析人员更准确地测定样品中的离子含量，而不受背景电导的影响，这在环境监测和食品分析等领域中非常重要，因为这些领域需要准确测量微量的离子污染物。

7.2 仪器组成与结构

离子色谱仪主要由淋洗液系统、色谱泵系统、进样系统、流路系统、分离系统、化学抑制系统、检测系统和数据处理系统等组成。

淋洗液系统负责供应淋洗液。淋洗液是用于淋洗分离柱的溶液，有时也包括抑制柱。淋洗液的性质对分离和检测过程非常重要。

色谱泵用于以精确的流率将样品和淋洗液引入分离柱，它必须能够提供稳定的流动条件，以确保分离的准确性。

进样系统用于引入样品到色谱柱中，包括自动进样器或手动进样装置，可以确保准确的样品引入。

流路系统包括管道、阀门和连接件，用于将样品、淋洗液和其他溶液引导至正确的位置，以进行分离和分析。

分离系统通常由离子交换柱构成，可使样品中的离子分离，是离子色谱仪的核心组件。

化学抑制系统的主要作用是降低背景电导并提高检测灵敏度。

检测系统用于监测分离柱中流出的溶液中的离子，并产生相应的信号。常用的检测方法包括电导率检测、光学检测和电化学检测。

数据处理系统用于记录、分析和解释检测到的数据，以便分析结果。

7.3 实验内容

7.3.1 降水中阳离子（Na^+、NH_4^+、K^+、Mg^{2+}、Ca^{2+}）的离子色谱法测定

1. 实验目的

（1）掌握离子交换色谱的基本原理。

（2）掌握离子色谱仪的组成及基本操作技术。

（3）利用离子色谱分析测定水溶液中常见的阳离子。

（4）掌握离子色谱的定性和定量分析方法。

2. 实验原理

通过对降水中的离子和化学物质进行分析，科研人员可以了解大气中的污染物在何种程度会进入地面水体，这有助于监测和评估大气污染的程度及其对环境和人类健康的影响。

离子色谱是一种常用的分析方法，可用于测定降水中的各种离子成分，如氯离子、硫酸根、硝酸根等。通过分离和检测这些离子，我们可以确定降水中的离子浓度，进而评估大气中的污染物来源和浓度。电导检测器是一种常用于离子色谱分析的检测器，对于离子成分的测定具有高灵敏度和准确性，可用于制定环境政策和控制措施，以减少大气污染物的排放，改善空气质量。了解降水中的化学成分还可以帮助我们监测酸雨等大气降水酸化现象及其对自然环境和水资源的影响。因此，大气降水化学成分的研究在环境科学领域具有重要的意义。

3. 仪器与试剂

（1）仪器：ICS-1100 型离子色谱仪；色谱柱；阳离子电解再生抑制器（选配）；聚乙烯等塑料材质的样品瓶；孔径为 0.45 μm 的水系微孔滤膜。

（2）试剂：硝酸，ρ（A.R.）=1.42 g·mL^{-1}；氯化钠（G.R.）；氯化铵（G.R.）；氯化钾（G.R.）；氯化钙（A.R.）；氯化镁（G.R.）；甲磺酸，ω（A.R.）≥ 98%；硝酸溶液，c（A.R.）=l mol·L^{-1}；钠离子标准储备液（ρ（Na^+）=1 000 mg·mL^{-1}）；铵离子标准储备液（ρ（NH_4^+）=1000 mg·mL^{-1}）；钾离子标准储备液（ρ（K^+）=1 000 mg·mL^{-1}）；钙离子标准储备液（ρ（Ca^{2+}）=1 000 mg·mL^{-1}）；镁离子标准储备液（ρ（Mg^{2+}）=1 000 mg·mL^{-1}）；混合标准使用液（ρ=100 mg·L^{-1}）；淋洗液（甲磺酸淋洗储备液，c（CH_3SO_3H）=1 mol·L^{-1}；甲磺酸淋洗使用液，c（CH_3SO_3H）=0.02 mol·L^{-1}；硝酸淋洗使用液，c（HNO_3）=4.5 mmol·L^{-1}）。

4. 实验步骤

（1）样品采集。根据 GB/T 13580.2—1992 和 HJ/T 165—2004 的相关规定，进行样品采集时，若没有自动采样器，可以采用手动采样工具。手动采样工具包括聚乙烯塑料漏斗、样品瓶（聚乙烯瓶）和无色聚乙烯塑料桶。聚乙烯塑料漏斗是用于接雨（雪）的漏斗，其口径需要与样品容器体积相匹配，通常搭配一个漏斗支架以确保稳定采集。样品瓶可用于收集采样的雨水（雪水）样品，这些瓶子应该符合相应规格，使其能够容纳所需的样品量。无色聚乙烯塑料桶也可以作为采样容器使用，桶的口径和体积需要满足自动采样器的规格要求，确保采样的准确性，一般情况下，口径不应小于 20 cm。

（2）样品保存。采集后的样品应当置于 4 ℃以下冷藏，并确保密封保存以防止样品受到外部污染。样品的保存时间应控制在 10 天左右，原则上不应超过 15 天。具体的保存时间应根据样品的性质和测定要求来确定。雪水等同态降水样品在取样时，不得在其完全融化前进行采集，应等待其自然融化后再过滤并取样进行测定。遵守这些保存和测定的时间要求非常重要，可以确保样品的质量和数据的可靠性。保持适当的温度和密封条件可以防止样品的污染或降解，对于确保分析结果的准确性至关重要。

（3）样品预处理。过滤杂质。

（4）仪器参考条件。①阳离子色谱柱Ⅰ：柱温为 35 ℃；流速为 1.0 mL · min^{-1}；采用阳离子电解再生抑制器，电导检测器；进样体积为 25 μL。此参考条件下测定目标离子标准溶液得到的离子色谱图如图 7-1 所示。②阳离子色谱柱Ⅱ：柱温为 35 ℃；硝酸淋洗使用液；流速为 0.9 mL · min^{-1}；采用电导检测器；进样体积为 25 μL。此参考条件下测定目标离子标准溶液得到的离子色谱图如图 7-2 所示。

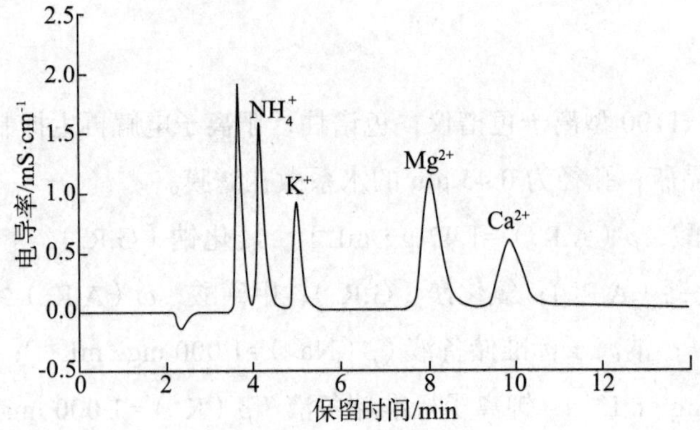

图 7-1　阳离子标准溶液色谱图（抑制电导法，ρ=1.00 mg · L^{-1}）

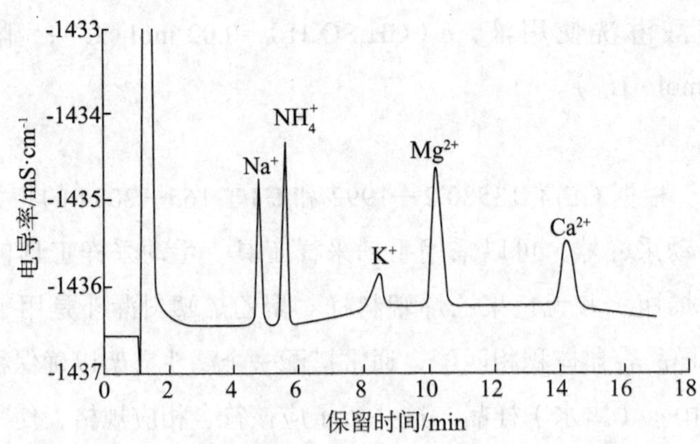

图 7-2　阳离子标准溶液色谱图（非抑制电导法，ρ=1.00 mg · L^{-1}）

（5）标准曲线的建立。依次量取 0 mL、0.20 mL、1.00 mL、5.00 mL、10.00 mL、20.00 mL 的混合标准使用液，分别加入 100 mL 容量瓶中，然后用水稀释定容至标线，以制备具有不同质量浓度的混合标准系列，质量浓度分别为 0 mg · L^{-1}、0.20 mg · L^{-1}、1.00 mg · L^{-1}、5.00 mg · L^{-1}、10.0 mg · L^{-1}、20.0 mg · L^{-1}。按照仪器参考条件，对标准使用液依次从低浓度到高浓度进行测定，同时以目标化合物的质量浓度（单位：mg · L^{-1}）为横坐标，以峰面积或峰高为纵坐标，建立标准曲线。

（6）样品测定。按照与建立标准曲线相同的实验步骤和仪器测定条件对样品进行测定。如果样品浓度出现高于所建立的标准曲线最高浓度的情况，可将样品按照一定比例稀释后再进行测定，同时记录稀释倍数 D。

（7）空白实验。以纯水代替样品，按照与样品测定相同的条件和步骤，完成空白样品的测定。

5. 数据记录及处理

（1）定性分析。根据样品中目标离子的保留时间进行定性分析。

（2）将测量结果填入表 7-1。

表 7-1　各物质测量结果

编号	1	2	3	4	5	6	7（空白）
保留时间							
峰高或峰面积							

（3）结果计算。样品中目标离子（Na^{+}、NH_4^{+}、K^{+}、Mg^{2+}、Ca^{2+}）的质量浓度（单位：mg · L^{-1}）可按照式（7-1）进行计算：

$$\rho_i = \rho_{is} \times D \qquad (7\text{-}1)$$

式中：ρ_i 代表样品中第 i 种阳离子的质量浓度，单位为 mg · L^{-1}；ρ_{is} 表示由标准曲线得到的第 i 种阳离子的质量浓度，单位为 mg · L^{-1}；D 表示样品的稀释倍数。

测定结果小数点后位数的保留与方法检出限一致，最多保留三位有效数字。

6. 注意事项

（1）进入系统的淋洗液应预先经脱气处理，以避免气泡进入离子色谱管路系统中影响测定结果。

（2）实验中产生的废液应集中收集，作好标识，分类管理和处置。

7. 思考题

（1）论述电导检测器作为离子色谱检测器的优点。

（2）为什么离子色谱柱不需要再生而抑制器需要再生？

7.3.2 降水中有机酸（乙酸、甲酸和草酸）的测定

1. 实验目的

（1）掌握离子色谱法分析的基本原理。

（2）掌握离子色谱仪的组成及基本操作技术。

（3）掌握常见阴离子的测定方法。

（4）掌握离子色谱的定性和定量分析方法。

2. 实验原理

酸雨问题是一个严重的环境问题，对自然生态和人类健康都具有负面影响。酸雨的成因主要包括硫酸和硝酸的排放，有机酸也对酸雨的形成和影响起到了不可忽视的作用。有机酸的存在增加了酸性物质的来源和复杂性。采集雨水样品并使用离子色谱分析来测定酸雨中的离子是一种有效的方法，可以定性和定量分析各种离子成分。这种分析方法可以帮助科研人员了解酸雨中不同离子的浓度和来源，有助于进一步研究酸雨的成因和影响。通过监测和分析酸雨的组成，政府和环保机构可以制定更有效的控制措施，减少酸雨的形成，减轻其对环境和人类健康的影响。

3. 仪器与试剂

（1）仪器：ICS-1100 型离子色谱仪；阴离子色谱柱；样品瓶；一般实验室常用仪器和设备。

（2）试剂：优级纯试剂（在分析过程中，使用符合国家标准的优级纯试剂）；氢氧化钠（G.R.）；碳酸钠（G.R.）；碳酸氢钠（G.R.）；乙酸；甲酸；无水草酸钠；氢氧化钠溶液（$\rho(NaOH)=40\ g\cdot L^{-1}$）；甲酸标准储备液（$\rho(CH_2O_2)=1\,000\ mg\cdot L^{-1}$）；草酸标准储备液（$\rho(H_2C_2O_4)=1\,000\ mg\cdot L^{-1}$）；混合标准使用液（$\rho(C_2H_4O_2)=10.0\ mg\cdot L^{-1}$，$\rho(CH_2O_2)=5.0\ mg\cdot L^{-1}$，$\rho(H_2C_2O_4)=10.0\ mg\cdot L^{-1}$）；碳酸盐淋洗液（$c(Na_2CO_3)=4.0\ mmol\cdot L^{-1}$，$c(NaHCO_3)=1.2\ mmol\cdot L^{-1}$）；微孔滤膜（孔径为 0.45 μm，材质为聚醚砜或亲水聚四氟乙烯）。

4. 实验步骤

（1）样品采集。样品采集方法同 7.3.1。

（2）样品保存。样品采集后，建议将样品置于 4 ℃以下的冷藏环境中进行保存，在 2 天内完成测定可以保证样品的稳定性和准确性。如果需要在更长的时间内完成测定，可以使用氢氧化钠溶液调节样品的 pH 至 8 ～ 10，这样可以延长样品的稳定性，并在 7 天内完成测定。

（3）样品预处理。过滤杂质。

（4）仪器参考条件。阴离子色谱柱的柱温为 30 ℃。采用碳酸盐淋洗液，流速为 1.0 mL·min^{-1}，进样体积为 200 μL，电导池温度为 30 ℃。

（5）标准曲线的建立。分别用移液管准确移取一系列混合标准使用液（0 mL、0.50 mL、1.00 mL、5.00 mL、10.00 mL、20.00 mL）于一组 100 mL 容量瓶中，随后使用适量的水定容至标线，完全混匀。所用的标准系列参考质量浓度如表 7-2 所示。按照仪器参考条件，对标准使用液依次从低浓度到高浓度进行测定，同时以目标化合物的质量浓度（单位：mg·L^{-1}）为横坐标，以峰面积或峰高为纵坐标，建立标准曲线。

表 7-2　标准系列参考质量浓度

单位：mg·L^{-1}

目标化合物名称	1	2	3	4	5	6
乙酸	0	0.050	0.100	0.500	1.000	2.000
甲酸	0	0.025	0.050	0.250	0.500	1.000
草酸	0	0.050	0.100	0.500	1.000	2.000

（6）样品测定。准备一系列的稀释溶液，可以根据样品的浓度情况，选择适当的稀释倍数。例如，如果样品浓度是标准曲线最高浓度的 2 倍，可以选择将样品稀释为浓度比为 1 ∶ 2 的稀释溶液。将样品取出一定量，加入适量的稀释溶液，充分混合。将稀释后的样品按照与建立标准曲线相同的实验步骤和仪器测定条件进行测定。记录样品的稀释倍数 D。

（7）空白实验。按照与样品测定相同的条件和步骤，完成空白样品的测定是一个常用的方法。通常是使用纯水代替样品进行测定，以评估实验系统的背景信号或仪器的基线。

5. 数据记录及处理

（1）定性分析。根据样品中目标化合物（甲酸、乙酸和草酸）的保留时间进行定性分析。三种目标化合物（甲酸、乙酸和草酸）混合标准溶液的离子色谱图如图 7-3 所示。

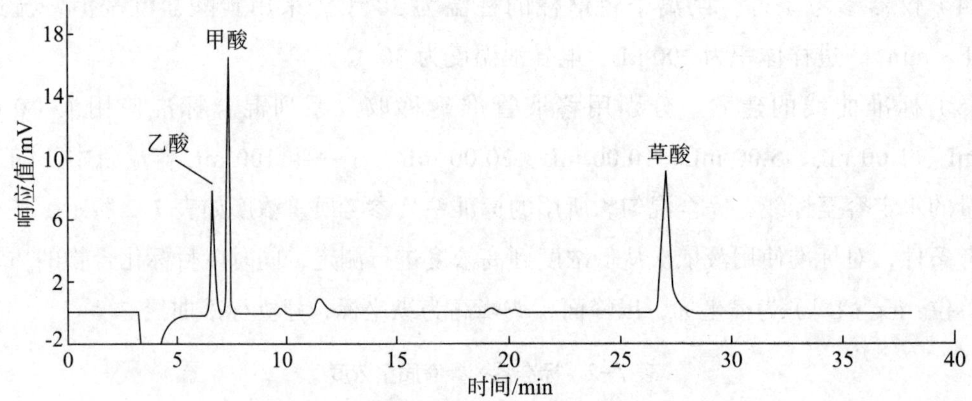

图 7–3　三种有机酸的离子色谱图（ρ=0.500 mg · L^{-1}）

（2）测量结果。将测量结果填入表 7–3。

表 7–3　数据结果记录表

编号	1	2	3	4	5	6	7（空白）
保留时间							
峰高或峰面积							

（3）结果计算。样品中甲酸、乙酸和草酸等目标化合物的质量浓度（单位：mg · L^{-1}）可按照式（7–2）进行计算：

$$\rho_i = \rho_{is} \times D \tag{7-2}$$

式中：ρ_i 表示样品中第 i 种目标化合物的质量浓度，单位为 mg · L^{-1}；ρ_{is} 表示由标准曲线得到的第 i 种目标化合物的质量浓度，单位为 mg · L^{-1}；D 代表样品的稀释倍数。测定结果最多可保留三位有效数字。

6. 注意事项

（1）如果使用具备梯度淋洗条件的离子色谱仪，选用碱性淋洗液体系可以有效清洗离子色谱柱，防止样品残留和杂质的积累，维持仪器的稳定性。

（2）样品中金属离子浓度较高会直接损害色谱柱的性能并降低其使用寿命，因此可以在使用可用离子净化柱（Ag/Na 柱）前进行预处理，从而减少实验过程中高浓度金属离子对色谱柱的影响。此外，必须严格按照 Ag/Na 柱使用说明书对其先进行活化后使用。

7. 思考题

（1）简述抑制器的作用。

（2）测定阴离子的方法有哪些？试比较它们各自的特点。

（3）比较离子色谱法和键合相色谱法的异同点。

第 8 章　紫外 – 可见分光光度法

每种物质的分子都具有本身独特的紫外吸收峰，而物质的吸收光谱本质上就是物质中的分子、原子等吸收了入射光中某些特定波长的光的能量，并相应地发生跃迁吸收的结果。紫外 - 可见吸收光谱就是物质中的分子或基团吸收了入射的紫外 - 可见光能量，从而产生的具有特征性的带状光谱。特征性的紫外 - 可见光谱可用于确定化合物的结构，表征化合物的性质。目前，紫外 - 可见吸收光谱在化学、材料、生物、医学、食品、环境等领域都有广泛的应用。

8.1　基本原理

8.1.1　吸收光谱的产生

紫外 - 可见吸收光谱是通过分子的外层电子跃迁吸收紫外辐射或可见光，产生特定吸收特征的光谱。它与原子光谱不同，原子光谱通常具有较窄的吸收带；分子光谱由于涉及分子内部的振动和转动能级的跃迁，因此通常表现为宽带吸收，相较于原子光谱要更复杂。

分子在吸收紫外 - 可见光范围内的辐射时，通常涉及单键、双键，以及未成键的形成，在形成此类化学键的过程中还会出现 σ 、π 和 n 电子的跃迁。

上述电子跃迁能级图如图 8-1 所示。

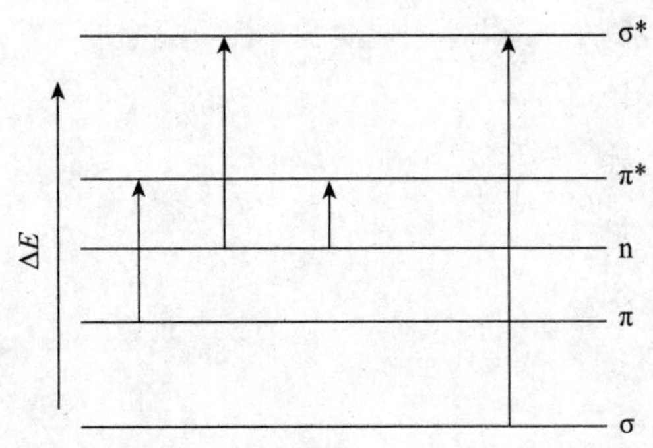

图 8-1 电子跃迁能级示意图

图 8-1 显示，电子有 $n\rightarrow\pi^*$、$n\rightarrow\sigma^*$、$\sigma\rightarrow\sigma^*$ 和 $\pi\rightarrow\pi^*$ 四类跃迁形式。四类跃迁的耗能均不相同，其大小顺序为

$$E(\sigma\rightarrow\sigma^*)>E(n\rightarrow\sigma^*)>E(\pi\rightarrow\pi^*)>E(n\rightarrow\pi^*)$$

一般来说，孤对电子容易受到激发，而对于反键电子，成键电子的 π 电子能量更高。在简单分子中，$n\rightarrow\pi^*$ 跃迁需要的能量最低，因此对应的吸收带出现在长波段；$n\rightarrow\sigma^*$ 和 $\pi\rightarrow\pi^*$ 跃迁需要的能量较高，因此对应的吸收带出现在较短波段；而 $\sigma\rightarrow\sigma^*$ 跃迁需要的能量最高，因此其吸收带通常出现在远紫外区。电子跃迁所处的波长范围及强度如图 8-2 所示。

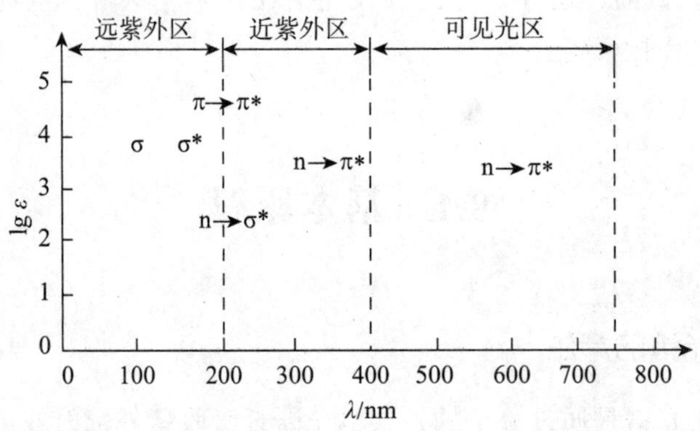

图 8-2 常见电子跃迁所处的波长范围及强度

8.1.2 紫外吸收光谱与分子结构的关系

有机化合物的紫外吸收光谱通常用于结构分析，因为它与化合物的结构密切相关。

1. 饱和有机化合物

饱和有机化合物（如甲烷、乙烷）只包含 σ 电子，其吸收发生在远紫外区。当氢原子被具有较大电负性的元素（如氧、氮、硫、卤素等）取代时，由于 σ 电子的相对激发，吸收峰向长波移动，因此分子含有如—OH、$—NH_2$、$—NR_2$、—OR、—SR、—Cl、—Br 等基团时，会产生红移现象。

2. 不饱和脂肪族有机化合物

当这些化合物中存在诸如$—CH_3$、$—NR_2$、—SR、—Cl 等基团时，由于 π 电子具有较强的跃迁能力，其在 175 nm 至 200 nm 波长范围内可吸收紫外光，使吸收峰向长波方向移动，并伴随着吸收强度的增加。此外，含有共轭双键或多烯键结构的分子会出现更明显的红移效应。

3. 芳香化合物

芳香烃有 $\pi \rightarrow \pi^*$ 跃迁和振动跃迁，表现为四个强吸收峰，波长约 250 nm。当芳香化合物中有取代基时，最大吸收波长会发生红移。此外，芳香烃还表现出 180 nm 和 200 nm 处的 E 带吸收。

4. 不饱和杂环化合物

不饱和杂环化合物同样会显示紫外吸收。

5. 溶剂的影响

对于 $\pi \rightarrow \pi^*$ 跃迁，随着溶剂极性的增加，吸收峰会向短波方向移动。对于 $n \rightarrow \pi$ 跃迁，吸收波长则会随溶剂极性的增加向长波方向移动。

6. 无机化合物

无机化合物通常不直接吸收紫外光或可见光，为了提高灵敏度，我们经常采用三元配位的方法，通过使用多齿配体，可以实现增加灵敏度和红移吸收的效果。

紫外 - 可见分光光度法是一种常用于定性和定量分析的方法，它可用于直接分析吸收紫外光或可见光的样品，通过化学反应，将本身不吸收紫外光或可见光的物质转化成可在相应波长范围内测定的吸收物质。因此，该方法在多个领域中广泛应用。

8.1.3　光的吸收定律

物质对光的吸收遵循比尔定律，该定律描述了当一定波长的光通过某物质的溶液时，入射光强度（I_0）与透射光强度（I_t）之比的对数与该物质的浓度（c）及液层厚度（b）成正比。比尔定律的数学表达式如下：

$$A = \lg \frac{I_0}{I_t} = \varepsilon bc \tag{8-1}$$

式中：A 代表吸光度；b 是液层的厚度（单位：cm）；c 代表被测物质的浓度（单位：$mol \cdot L^{-1}$）；ε 是摩尔吸光系数。当被测物质的浓度以克 / 升（$g \cdot L^{-1}$）为单位时，ε 通常以 a 表示，称为吸光系数，此时有

$$A = abc \tag{8-2}$$

在特定波长和溶剂条件下，摩尔吸光系数 ε 是特定吸光物质（分子或离子）的特征常数，其数值等于单位浓度物质在单位光程中测得的溶液吸光度。ε 是物质吸光能力的定量度量，常作为物质的定性分析参数。

然而，在化合物成分未知的情况下，我们无法得知相对分子质量，因此无法确定物质的浓度，此时摩尔吸光系数 ε 无法使用。通常我们使用比吸光系数（$a_{1\text{cm}}^{1\%}$）来表示，它是指某物质的 1% 溶液在 1 cm 比色皿中的吸光度，其中 1% 指将 1 g 物质溶解在 100 mL 的溶剂中。

比尔定律构成了紫外 - 可见分光光度学定量分析的基础，当比色皿和入射光强度维持恒定时，吸光度与被测物质的浓度呈线性关系，这为定量分析提供了重要工具。

8.2 紫外 - 可见分光光度计及分析技术

8.2.1 仪器结构及原理

紫外 - 可见吸收光谱常使用紫外 - 可见分光光度计测量，该仪器主要包括光源、单色器、样品吸收池、检测系统、信号处理系统等，其组成框架如图 8-3 所示。

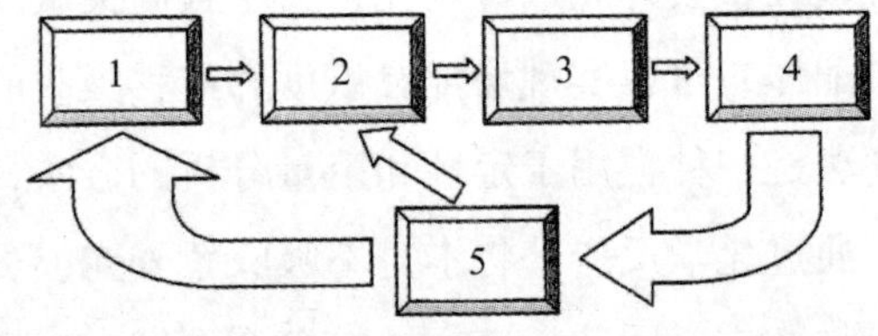

1—光源；2—单色器；3—样品吸收池；4—检测系统；5—信号处理系统。

图 8-3 紫外 - 可见分光光度计结构简图

1. 光源

紫外 - 可见分光光度计通常搭载两种主要类型的光源：热光源和气体放电灯。

热光源主要包括钨灯和卤钨灯，广泛应用于波长范围为 320 ～ 2 500 nm 的可见光区和近红外光区。这些光源的工作原理涉及电加热激发光发射。钨灯内部通过填充惰性气体，可以提高其寿命；钨灯产生的是连续光谱，其工作温度与光谱分布密切相关，通常为 2 400 ～ 2 800 K；在可见光区，钨灯的能量输出与电源电压的四次方成正比，因此为确保钨灯光源的稳定性，我们需要对其电源电压进行严格控制，这可以通过使用稳压变压器、电子电压调制器或 6 V 直流电源来实现。卤钨灯是一种特殊类型的热光源，它是在钨灯中加入了适量的卤化物或卤素，其灯泡通常由石英制成；卤钨灯具有较长的使用寿命和较高的发光效率，因此在不少分光光度计中已取代了传统的钨灯作为光源选择。

气体放电灯适用于紫外区，这些光源在接通电路时可通过气体放电来发光。波长范围为 165 ～ 375 nm 的氘灯和同位素氢灯是常见的选择，氘灯的光强度通常比同功率的氢灯高出 3 ～ 5 倍，并且具有更长的使用寿命，但具有与氢灯相似的光谱分布。低压汞灯能发射分散的线光谱，其主要能量集中在紫外区，其中波长为 253.7 nm 的光强度最高；在紫外区（200 ～ 400 nm），低压汞灯具有 24 条谱线，可用于校正分光光度计单色器的波长标尺。

2. 单色器

单色器是一种用于将光源发出的多色光变成所需的单一波长光的光学装置，包括入射狭缝、凹面镜、反射光栅、出射狭缝等主要结构，如图 8-4 所示。

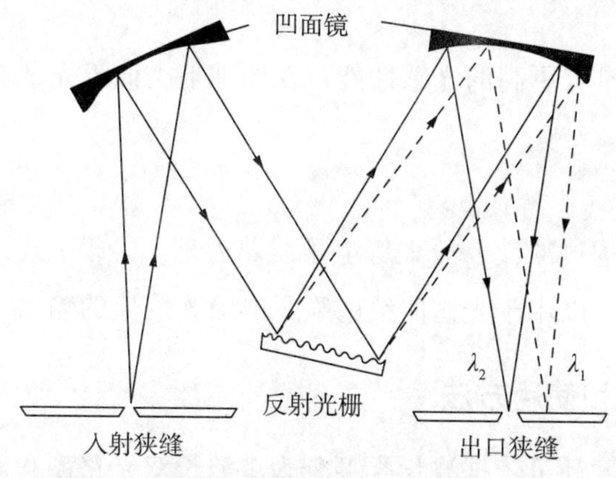

图 8-4　单色器工作原理

入射狭缝的作用是限制外部杂散光的进入，确保只有所需的光能够进入单色器。凹面镜能够转换，可以更好地与色散元件相互作用。色散元件负责将混合光分解成不同波长的单色光，然后通过物镜将这些单色光聚焦到出口狭缝。出口狭缝的作用是限制通过的光的波长范围，以便选择特定波长的单色光。

棱镜和光栅作为紫外－可见分光光度计常用的色散元件，均有各自的优势，但目前主要采用光栅作为色散元件。混合光束从光源射出后，经过凹面镜反射到光栅，在光栅作用下，生成一系列不同角度的连续单色光。通过旋转光栅，我们可以选择特定波长的单色光，然后经过另一凹面镜将其聚焦到出口狭缝。这一过程允许实验者精确地选择所需的波长范围进行测量。

3. 样品吸收池

样品吸收池用于容纳待测液体样品，以便进行光吸收测量。紫外 - 可见区域一般采用石英类型的吸收池，而可见光区域一般使用玻璃吸收池。

4. 检测系统

简易分光光度计广泛采用光电管作为检测器，其中光电倍增管是目前常见的选择，尤其在紫外 - 可见区域表现出较高的灵敏度和较快的响应速度。然而，光电倍增管存在对强光照射敏感且不可逆损伤的问题，因此在高能量检测方面需谨慎使用，并考虑避光措施。在分析精度要求较高时，我们通常会将特制的前置放大器安装在倍增管的输出端，以提高信噪比，实现更为精确的测量。

另一种常见的检测器是光敏二极管阵列，它不需要使用出口狭缝，而是由一系列光敏二极管组成的线性阵列代替。这种配置可以同时检测不同波长的单色光，具有快速的响应速度，能够在几毫秒的时间内完成一次光谱记录。但相对于光电倍增管，光敏二极管阵列的灵敏度较低。

光电耦合器件阵列具有更高的光感性能，在原理上类似于光敏二极管阵列，在实际应用中也具有良好的表现。

5. 信号处理系统

检测器输出的信号通过滤波、放大等电子线路处理，经模 / 数转化线路转换成数字信号，然后传输至计算机，以用于光谱曲线的显示或吸光度值的输出。

8.2.2 仪器类型和使用方法

紫外 - 可见分光光度计可依据波长类型分为单波长双光路型和双波长双光路型两种类型（图 8-5）。在实验测试中，单波长型具有简便、易操作等优势，可以将单色光分为同波长的双束，使其能够相互独立地通过样品池和参比池，实现光源的自校正。相对于单波长双光路型，双波长双光路型紫外 - 可见分光光度计可将单色器和斩光器生成的两种单色光依次通过样品池和参比池，在消除基质影响和混合物分析等方面具有一定优势。

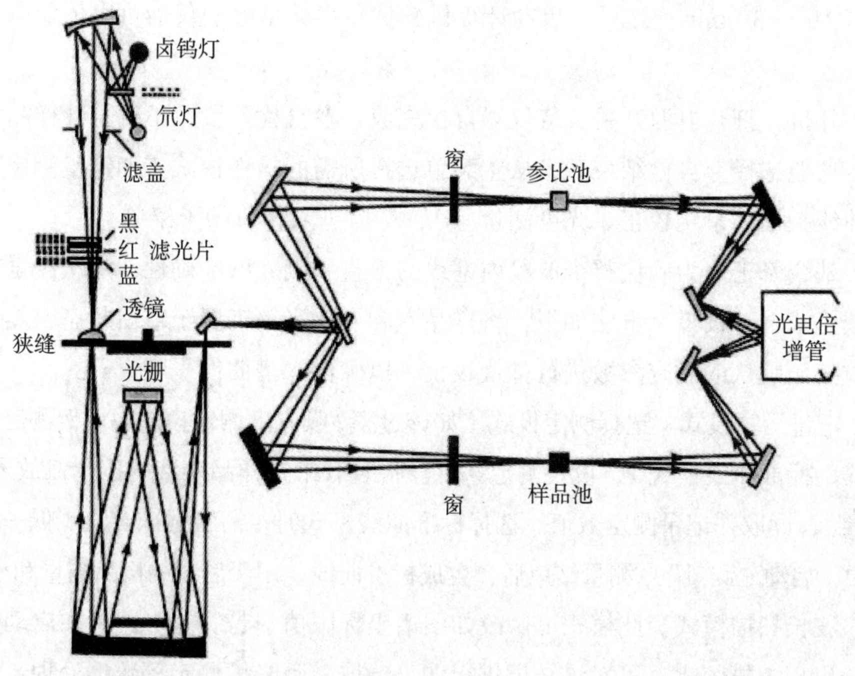

（a）单波长双光路型紫外 – 可见分光光度计

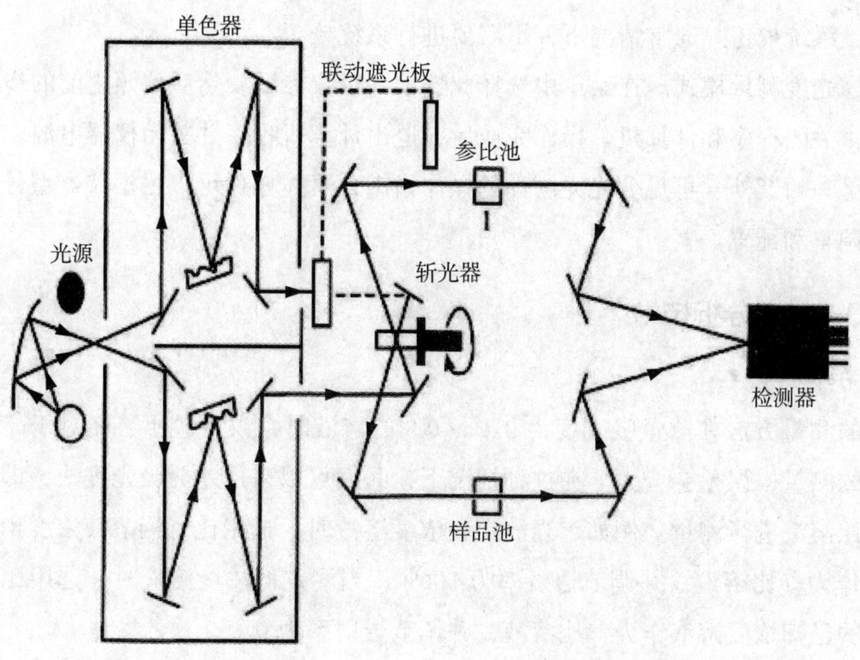

（b）双波长双光路型紫外 – 可见分光光度计

图 8–5　紫外 – 可见分光光度计常见类型及结构

紫外 – 可见分光光度计的操作流程相对简洁。首先需要对仪器主机进行通电并预热，通常需耗费 10 ～ 30 min；之后，启动计算机软件。多数型号的仪器可以依照以下步骤进行操作。

第一，开机。打开电源开关，待仪器自检完成。在自检阶段，不得打开样品室。

第二，功能选择。自检结束后，从主菜单选择所需的操作模式（如定量测定、波长扫描、时间曲线扫描、系统校正、光度测量等），然后进入相应的子菜单。

第三，基线修正。为确保整个波段内基线的平直和测光的准确性，每次测量前都需要进行基线校正或自动校零。方法如下：将样品室和参比光束都置于空白状态，然后使用波长扫描模式按照默认的测定参数进行基线校正，以确保光谱曲线平整。

第四，定量运算模式。选择测定模式（如透过率 / 吸光度测定模式、比例测定模式、浓度测定模式、标准曲线模式），设定测定条件。将装载未知样品溶液的比色皿放入样品室，点击“测量”，读取并记录测定数值。选择标准曲线模式时，需将标准溶液（低—高）依次放入光路中，启动“测量”。测量结束后，生成标准曲线，用于后续的样品测量和结果计算。

第五，波长扫描模式。此模式可修改如图谱坐标限值、带宽等参数。在启动谱图扫描后，系统会出现扫描图谱，可对该结果进行波长读取、吸光度测定等数据处理。

第六，时间曲线扫描。此操作与波长扫描类似。

第七，系统校正。通常情况下，不需要进行系统校正。

第八，光度测量模式。在菜单中选择此选项并设置参数，然后按照之前的步骤操作。

第九，关闭程序和计算机。操作完成后，退出计算机程序并关闭仪器电源。

以上是一般紫外 - 可见分光光度计的操作指南，具体操作可以根据仪器型号和需求进行适当的调整和配置。

8.2.3 常用分析技术

1. 差分吸光度法

一般的测量方法在测量吸光度为 0.2 ～ 0.8 的溶液时，误差较小，而对于高浓度或低浓度溶液的测量，误差会增大。在这种情况下，我们可以采用差分吸光度法，即使用已知浓度的参比溶液进行测量。例如，当测定高浓度溶液时，选用比待测溶液浓度稍低的已知浓度溶液作为参比溶液，并调节透射率为 100%；当测定低浓度溶液时，选用比待测溶液浓度稍高的已知浓度溶液作为参比溶液，并调节透射率为 0。

2. 双波长和三波长分光光度法

这两种方法是利用两个或三个不同波长的光束经过样品后测量吸光度差。吸光度差与待测组分浓度成正比，可以采用等吸光法或系数倍率法。三波长分光光度法特别适用于多组分混合物，因为三个波长可在干扰物质的吸收光谱上形成一条直线，有效消除干扰。

3. 胶束增溶分光光度法

这种方法利用表面活性剂胶束的特性，提高了显色反应的灵敏度、对比度、选择性，改善了反应条件，并在水相中进行光度测量。表面活性剂的存在提高了光度测定的灵敏度。

4. 导数分光光度法

通过对吸光度关于波长的一阶或高阶导数进行计算，我们可以获得导数光谱。对比尔定律求导得

$$\frac{d^n A}{d\lambda^n}=\frac{d^n \varepsilon}{d\lambda^n}bc \tag{8-3}$$

导数光谱的导数值与浓度成正比。增加导数阶数可以提高分辨率和灵敏度，适用于处理多组分混合物的谱带重叠问题，可以增强次要光谱的清晰度，同时减小混浊样品散射对光谱的影响。

8.3　实验内容

8.3.1　用分光光度法测定水中的总铁

1. 实验目的

（1）熟悉分光光度计的使用与操作。

（2）了解总铁测定原理和方法。

2. 实验原理

邻菲罗啉（1,10- 菲罗啉）在测定总铁的过程中可以充当优异的指示剂，在 pH= 5 ～ 6 时，邻菲罗啉可以和 Fe^{2+} 螯合，生成易分辨的红色物质：

$$Fe^{2+}+3\,\text{phen} \longrightarrow [Fe(\text{phen})_3]^{2+}$$

邻菲罗啉螯合法具有优异的选择性，其余重金属离子几乎不会干扰总铁的测定结果。

为了确保测定结果的高灵敏度和准确性，我们必须确定合适的检测条件，如邻菲罗啉的浓度、溶液稳定性和 pH 等。下面是一些基本的检测条件的确定方法。

（1）入射光波长。通常选择待测样本的最大吸收作为入射光，这不仅可以提高测定的

灵敏度，还可以提高其准确性。若存在干扰物质，则需要选择其他方式确定波长，如“吸收最大，干扰最小”原则。

（2）显色剂用量。适量的显色剂可以确保显色反应的充分进行，但过多的显色剂可能导致副反应的发生，如增加空白溶液的颜色或改变溶液组成等。我们可以通过试验确定显色剂的适当用量，如通过测量浓度相同但显色剂用量不同的溶液吸光度来建立吸光度与显色剂用量的关系曲线，在曲线上找到平坦的区段，此区段通常对应最佳的显色剂用量，可用于后续定量分析。

（3）有色配合物的稳定性。有色配合物应在测定过程中保持吸收度或颜色不变，以确保测定结果的准确性。

（4）溶液酸度。大多数有色物质的颜色受其所处环境 pH 的影响，如酚酞、甲基红等指示剂的颜色会随着酸碱度的变化而变化。此外，个别金属离子在弱酸环境中会发生水解，影响测定结果的准确性。因此，选择适当的酸度条件是极其重要的。我们可通过向梯度 pH 溶液中依次加入被测离子和显色剂，测定并获取吸光度与 pH 的关系曲线，找到适当的溶液 pH。

（5）排除干扰。我们可以采用合适的参比溶液消除其余干扰物质的影响（如加入屏蔽剂、螯合剂等），也可以通过调控波长降低基质效应。

3. 仪器与试剂

（1）仪器：分光光度计；烧杯；量筒；容量瓶（50 mL）；吸管（25 mL，10 mL，5 mL）；吸量管（10 mL）。

（2）试剂：1 mol · L^{-1} CHCOONa 溶液；邻菲罗啉（0.15%）；三价铁离子溶液（100.0 μg · mL^{-1}；10.00 μg · mL^{-1}）；铁标准溶液（质量浓度为 20.00 μg · mL^{-1}）；10% 盐酸羟胺溶液；乙酸铵缓冲液。

4. 实验步骤

（1）吸收曲线的建立（找出最大吸收波长）。取 5.00 mL 铁的质量浓度为 20.00 μg · mL^{-1} 的标准溶液于 1 个 50 mL 容量瓶中，向容量瓶中加入 10% 盐酸羟胺 1.00 mL 和乙酸铵缓冲溶液 5.00 mL，混合后加入 0.15% 邻菲罗啉溶液 2.00 mL，用水稀释至刻度，摇匀。放置 15 min，用分光光度计于波长为 420 ～ 550 nm 处，以纯试剂作参比溶液，测量吸光度。记录读数，作出波长与吸光度的关系曲线，确定最大吸收波长。

（2）最佳 pH 的确定。各取 5.00 mL 铁标准溶液于 5 个 50 mL 容量瓶中，向各容量瓶中加入 10% 盐酸羟胺 1.00 mL 和乙酸铵缓冲溶液（加入量分别为 0.00 mL、2.00 mL、4.00 mL、6.00 mL、8.00 mL），混合后加入 0.15% 邻菲罗啉溶液 2.00 mL，用水稀释至刻度，摇匀。放置 15 min，用分光光度计于波长为 510 nm 处，以纯试剂作参比溶液，测量吸光度。记录读数，作出乙酸铵缓冲溶液与吸光度的关系曲线，确定缓冲溶液的用量。

（3）显色剂用量的确定（用移液管移取）。各取 5.00 mL 铁标准溶液于 5 个 50 mL 容量瓶中，向各容量瓶中加入 10% 盐酸羟胺 1.00 mL 和乙酸铵缓冲溶液 5.00 mL，混合后加入 0.15% 邻菲罗啉溶液（加入量分别为 0.50 mL、1.00 mL、1.50 mL、2.00 mL、2.50 mL），用水稀释至刻度，摇匀。放置 15 min，用分光光度计于波长为 510 nm 处，以纯试剂作参比溶液，测量吸光度。记录读数，作出显色剂与吸光度的关系曲线，确定显色剂的用量。

（4）显色时间的确定。取 5.00 mL 铁标准溶液于 1 个 50 mL 容量瓶中，向容量瓶中加入 10% 盐酸羟胺 1.00 mL 和乙酸铵缓冲溶液 5.00 mL，混合后加入 0.15% 邻菲罗啉溶液 2.00 mL，用水稀释至刻度，摇匀。分别放置 0 min、5 min、10 min、15 min、20 min、25 min，用分光光度计于波长为 510 nm 处，以纯试剂作参比溶液，测量吸光度。记录读数，作出显色时间与吸光度的关系曲线，确定显色时间。

（5）工作曲线的绘制。分别取 0 mL（空白）、0.25 mL、0.50 mL、1.00 mL、2.00 mL、3.00 mL、4.00 mL、5.00 mL 铁标准溶液于 8 个 50 mL 容量瓶中，向各容量瓶中加入 10% 盐酸羟胺 1.00 mL 和乙酸钠缓冲溶液 5.00 mL，混合后加入 0.15% 邻菲罗啉溶液 2.00 mL，用水稀释至刻度，摇匀。放置 15 min，用分光光度计于波长为 510 nm 处，以试剂空白作参比溶液，测量吸光度，记录读数。

（6）总铁的测定。分别取 25.00 mL 水样于 50 mL 容量瓶中（加入盐酸 4 mL），再加入 10% 盐酸羟胺 1.00 mL 和乙酸铵缓冲溶液 5.00 mL，混合后加入 0.15% 邻菲罗啉溶液 2.00 mL，用水稀释至刻度，摇匀，再按工作曲线的绘制操作步骤，在相同条件下测量水样的吸光度，记录读数。

5. 数据记录与处理

以测得的标准系列的吸光度为纵坐标、相对应的 50 mL 溶液的含铁量（单位：μg）为横坐标绘制工作曲线。从工作曲线上查出所测水样吸光度对应的含铁量。

6. 注意事项

（1）在绘制标准曲线后，应立即进行样品的测定。

（2）所有试剂应该现配现用。

7. 思考题

（1）分光光度计的主要配件和作用是什么？

（2）为什么要在适宜的条件下测试？

（3）如果试样中存在干扰离子影响实验结果，应如何处理？

8.3.2 用分光光度法定量高锰酸钾溶液的浓度

1.实验目的

（1）掌握分光光度计的使用和维护，了解高锰酸钾溶液的定量分析。

（2）掌握实验设计及分析方法。

2.实验原理

紫外－可见分光光度计可用于获得物质的吸收光谱，研究由物质价电子在电子能级间的跃迁产生的紫外－可见光区的分子吸收光谱。当不同波长的单色光通过被分析的物质时，我们可以测得不同波长下的吸光度或透光率，以吸光度为纵坐标，波长 λ 为横坐标作图，可获得物质的吸收光谱曲线。一般紫外区的波长范围为 200 ～ 400 nm，可见光区的波长范围为 380 ～ 780 nm。可以根据朗伯－比尔定律，获取已知物质的吸光度和其浓度的线性关系，进行未知物质的定量分析。

采用外标法定量时，首先配制一系列已知浓度的高锰酸钾溶液，分别测量它们的吸光度，以高锰酸钾溶液的浓度为横坐标、各浓度对应的吸光度为纵坐标作图，即可得到高锰酸钾在该实验条件下的工作曲线。取未知浓度高锰酸钾样品在同样的实验条件下测量吸光度，就可以在工作曲线中找到它对应的浓度。

3.仪器与试剂

（1）仪器：UV-9600 型分光光度计；1 mL 和 10 mL 移液管各 1 支；10 mL 比色皿 4 个；100 mL 容量瓶 4 个；1 mL、5 mL 和 10 mL 移液管各 1 个；1 000 mL 容量瓶 1 个；500 mL 烧杯 1 个。

（2）试剂：0.01 $mol \cdot L^{-1}$ $KMnO_4$ 溶液（称取 1.58 g 高锰酸钾固体，置于烧杯中溶解，定容至 1 000 mL，混匀）。

4.实验步骤

（1）$KMnO_4$ 溶液吸收曲线的建立。用吸量管移取标准高锰酸钾溶液 1.0 mL、2.0 mL、4.0 mL、8.0 mL，分别放入 4 个 100 mL 容量瓶中，加水稀释至刻度，充分摇匀，各溶液 $KMnO_4$ 浓度分别为 0.000 1 $mol \cdot L^{-1}$、0.000 2 $mol \cdot L^{-1}$、0.000 4 $mol \cdot L^{-1}$、0.000 8 $mol \cdot L^{-1}$。在 525 nm 波长处测定吸光度，以高锰酸钾溶液浓度为横坐标吸光度为纵坐标绘制标准曲线。

（2）样品测试。配制待测高锰酸钾溶液 1 mL，加入蒸馏水 3 mL，摇匀，测定吸光度，从标准曲线中查出高锰酸钾溶液的浓度。

5.数据记录与处理

（1）按实验数据，分别用作图法绘出各类变化曲线，并得出实验的最佳条件。

（2）绘制标准曲线。

（3）由试样测定结果分别求出未知高锰酸钾溶液的浓度（单位：μg · mL^{-1}）。

6. 注意事项

（1）比色皿透光面不要沾污，不能有指印；禁止用粗糙的纸张擦拭；溶液不要倒得太满（约 $\frac{3}{4}$ ），以免溅出。

（2）比色皿座位置应统一为靠近单色光孔的一面。仪器在使用时，应经常关闭光路闸门来核对检流计的“0”点的位置是否改变。

（3）测定时应尽量使吸光度在 0.1 ～ 0.8 的范围内进行，以获得较高的准确度。比色皿使用完毕，应用蒸馏水洗净，用细软而易吸水的擦镜纸擦干，存放于比色皿盒中，使用时保护好比色皿的透光面。

7. 思考题

（1）实验中哪些试剂要准确配制？哪些不需要配制？它们是否均应准确加入？为什么？

（2）实验中为什么要保证比色皿的干净透明？

8.3.3　用分光光度法测定铬和钴的混合物

1. 实验目的

学习用分光光度法测定有色混合物组分的原理和方法。

2. 实验原理

若混合物的两组分 M 和 N 的吸收光谱在波长 λ_1 和 λ_2 处没有发生重叠，我们只需分别测量试样溶液在这两个波长处的 M 和 N 的吸光度，即可确定它们的含量。若 M 及 N 的吸收光谱互相重叠，如图 8-6 所示，我们可以根据吸光度的加和性质，在 M 和 N 的最大吸收波长 λ_1 和 λ_2 处测量总吸光度 $A(\mathrm{M+N})_{\lambda_1}$ 及 $A(\mathrm{M+N})_{\lambda_2}$ 。

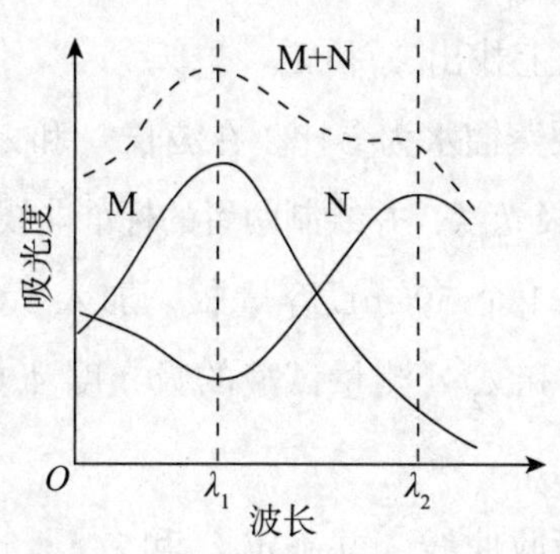

图 8-6　两组分混合物的吸收光谱

若采用 1 cm 比色皿，则可由下列方程式求出 M 及 N 组分的含量：

$$A(\mathrm{M+N})_{\lambda_1}=A(\mathrm{M})_{\lambda_1}+A(\mathrm{N})_{\lambda_1}=\varepsilon(\mathrm{M})_{\lambda_1}c(\mathrm{M})+\varepsilon(\mathrm{N})_{\lambda_1}c(\mathrm{N}) \quad (8\text{-}4)$$

$$A(\mathrm{M+N})_{\lambda_2}=A(\mathrm{M})_{\lambda_2}+A(\mathrm{N})_{\lambda_2}=\varepsilon(\mathrm{M})_{\lambda_2}c(\mathrm{M})+\varepsilon(\mathrm{N})_{\lambda_2}c(\mathrm{N}) \quad (8\text{-}5)$$

联立上述方程式，解得

$$c(\mathrm{M})=\frac{A(\mathrm{M+N})_{\lambda_1}\varepsilon(\mathrm{N})_{\lambda_2}-A(\mathrm{M+N})_{\lambda_2}\varepsilon(\mathrm{N})_{\lambda_1}}{\varepsilon(\mathrm{M})_{\lambda_1}\varepsilon(\mathrm{N})_{\lambda_2}-\varepsilon(\mathrm{M})_{\lambda_2}\varepsilon(\mathrm{N})_{\lambda_1}} \quad (8\text{-}6)$$

$$c(\mathrm{N})=\frac{A(\mathrm{M+N})_{\lambda_1}-\varepsilon(\mathrm{M})_{\lambda_1}c(\mathrm{M})}{\varepsilon(\mathrm{N})_{\lambda_1}} \quad (8\text{-}7)$$

式中：$\varepsilon(\mathrm{N})_{\lambda_1}$、$\varepsilon(\mathrm{N})_{\lambda_2}$、$\varepsilon(\mathrm{M})_{\lambda_1}$、$\varepsilon(\mathrm{M})_{\lambda_2}$ 分别为组分 N 及 M 在 λ_1 与 λ_2 处的摩尔吸光系数。

本实验在测定 Cr 和 Co 的混合物时，应先分别配制 Cr 和 Co 的一系列标准溶液；然后在波长 λ_1 和 λ_2 处测量这些标准溶液的吸光度，利用这些吸光度数据绘制 Cr 和 Co 的标准曲线，标准曲线的斜率对应着 Cr 和 Co 在 λ_1 和 λ_2 处的摩尔吸光系数；最后将这些摩尔吸光系数代入式（8-6）和式（8-7），即可计算出混合物中 Cr 和 Co 的浓度。

3. 仪器与试剂

（1）仪器：分光光度计；50 mL 容量瓶 9 个；10 mL 吸量管 2 支；5 mL 吸管 1 支。

（2）试剂：0.700 mol · L^{-1} Co（NO_3）$_2$ 溶液；0.200 mol · L^{-1} Cr（NO_3）$_3$ 溶液。

4. 实验步骤

（1）溶液的配制。取 4 个 50 mL 容量瓶，分别加入 2.50 mL、5.00 mL、7.50 mL、10.00 mL 的 0.700 mol · L^{-1} 的 Co（NO_3）$_2$ 溶液。另取 4 个 50 mL 容量瓶，分别加入 2.50 mL、5.00 mL、7.50 mL、10.00 mL 的 0.200 mol · L^{-1} 的 Cr（NO_3）$_3$ 溶液。以上溶液均用蒸馏水稀释至刻度，摇匀。

（2）测量 Co（NO_3）$_2$ 和 Cr（NO_3）$_3$ 溶液的吸收光谱。取步骤（1）配制的 Cr（NO_3）$_3$ 和 Co（NO_3）$_2$ 溶液各一份，以蒸馏水为参比，在波长为 420 ～ 700 nm 处分别测定 Cr^{3+} 和 Co^{2+} 的吸收曲线，并在曲线上找出 λ_1 和 λ_2。

（3）标准曲线的绘制。使用蒸馏水为参比，在波长 λ_1 和 λ_2 处分别测定配制的 Cr（NO_3）$_3$ 和 Co（NO_3）$_2$ 系列标准溶液的吸光度，并绘制两者的标准曲线。

（4）未知试液的测定。取 1 个 50 mL 容量瓶，加入 5.00 mL 未知试液，用蒸馏水稀释至刻度，摇匀。在波长为 λ_1 和 λ_2 处测量试液的吸光度 $A(\mathrm{Cr+Co})_{\lambda_1}$ 和 $A(\mathrm{Cr+Co})_{\lambda_2}$。

5. 数据记录与处理

（1）绘制 Cr^{3+} 和 Co^{2+} 的吸收曲线，并确定 λ_1 和 λ_2。

（2）分别绘制 Cr^{3+} 和 Co^{2+} 在 λ_1 和 λ_2 下的 4 条标准曲线，并求出 $\varepsilon(Co)_{\lambda_1}$、$\varepsilon(Co)_{\lambda_2}$、$\varepsilon(Cr)_{\lambda_1}$、$\varepsilon(Cr)_{\lambda_2}$。

（3）由测得的未知试液 $A(Cr+Co)_{\lambda_1}$ 和 $A(Cr+Co)_{\lambda_2}$，用式（8-6）和式（8-7）求未知试样中 Cr 和 Co 的浓度。

6. 思考题

（1）如何确定分光光度法同时测定两组分混合液时的吸收波长？

（2）分光光度法如何同时测定三组分混合液？

8.3.4　用分光光度计测定重铬酸钾和高锰酸钾混合物

1. 实验目的

（1）熟悉测绘吸收光谱的一般方法。

（2）学习标准曲线定量方法并利用吸收曲线测定样品中两组分的含量。

2. 实验原理

在建立一个新的吸收光谱时，我们必须绘制物质的吸收光谱曲线来选择合适的测定波长测定化合物。改变光的波长，测定物质在不同光的波长下的吸光度，利用吸光度的加和性，根据式（8-6）和式（8-7）可以同时测定二组分 a 和 b 混合溶液中各组分的含量。

3. 仪器与试剂

（1）仪器：722 型分光光度计；1 mL 和 10 mL 移液管各一支；10 mL 比色皿。

（2）试剂：高锰酸钾；H_2SO_4；重铬酸钾。

4. 实验步骤

（1）溶液的配制。精确称取 A.R. 高锰酸钾 0.575 4 g 溶于少量 H_2SO_4 溶液中，待全部溶解后，移入 1 000 mL 容量瓶中，用 H_2SO_4 稀释至刻度，摇匀，Mn 的浓度为 0.2 $mg \cdot mL^{-1}$。精确称取 105 ℃干燥至恒重的重铬酸钾基准试剂 2.829 g，溶于 H_2SO_4 溶液中，待全部溶解后，移入 1 000 mL 容量瓶中，用 H_2SO_4 稀释至刻度，摇匀，Cr 的浓度为 1.0 $mg \cdot mL^{-1}$。

（2）吸取锰储备液 1.00 mL 于 10 mL 比色皿中，加入 9.00 mL H_2SO_4 摇匀。吸取铬储备液 1.00 mL 于 10 mL 比色皿中，加入 9.00 mL H_2SO_4 摇匀。分别将上述溶液置于 1 cm 吸收池，以 H_2SO_4 溶液作参比，在 420 ～ 600 nm 范围内每隔 5 nm 测一次吸光度，测得的吸光度与相应波长作图得 $K_2Cr_2O_7$ 和 $KMnO_4$ 吸收曲线，找出最大吸收峰，求出吸光系数。

5. 数据记录与处理

分别在 $K_2Cr_2O_7$ 和 $KMnO_4$ 最大吸收波长下测定混合物的吸光度，并分别求出铬、锰的浓度。

6. 注意事项

（1）比色皿透光面不要沾污，不能有指印；禁止用粗糙的纸张擦拭；溶液不要倒得太满（约 $\frac{3}{4}$），以免溅出。

（2）比色皿座位置应统一为靠近单色光孔的一面。

（3）仪器在使用时，应经常关闭光路闸门来核对检流计的“0”点的位置是否改变。

（4）测定时应尽量使吸光度在 0.1 ～ 0.8 的范围内进行，以获得较高的准确度。

（5）比色皿使用完毕，应用蒸馏水洗净，用细软而易吸水的擦镜纸擦干，存放于比色皿盒中，使用时保护好比色皿的透光面。

7. 思考题

（1）作吸收曲线时每换一个波长是否需要用参比液调透光率为 100%？为什么？

（2）为什么要在最大吸收波长处测定混合物的吸光度？

（3）在这个实验中，我们选用了哪一种参比溶液？

8.3.5 用分光光度法测定酸碱指示剂 HIn 的 pK_a

1. 实验目的

掌握分光光度法测定酸碱指示剂 pK_a 的方法。

2. 实验原理

酸碱指示剂 HIn 中，H 代表该物质可以解离出氢离子，In 是指示剂（indicator）的缩写。HIn 是弱酸，电离平衡如下：

$$HIn \rightleftharpoons H^+ + In^- \tag{8-8}$$

其 pK_a 与 pH 的关系为

$$pH = pK_a - \lg\frac{[HIn]}{[In^-]} \tag{8-9}$$

或写成

$$\lg\frac{[In^-]}{[HIn]} = pH - pK_a \tag{8-10}$$

pH 与 $\lg\frac{[In^-]}{[HIn]}$ 的函数关系的图像是一条直线，其截距（当 $[In^-]=[HIn]$ 时）等于 pK_a。实验中，$\frac{[In^-]}{[HIn]}$ 可由分光光度法求得。在低 pH 下，制备指示剂溶液以使其主要以 HIn 形式存在，并绘制吸收光谱。在高 pH 下，制备指示剂溶液以使其主要以 In^- 形式存在，并绘制吸收光谱。比较这两组光谱，确定其最大吸收波长（λ_{max}）。接下来，制备一系列不同 pH 的指示剂溶液，并测量它们在这两个 λ_{max} 处的吸光度。$A(HIn)$ 为强酸介质中的吸光度，$A(In^-)$ 为强碱介质中的吸光度，A 为中间 pH 介质中的吸光度，它们均可由实验测得，且与 $\frac{[In^-]}{[HIn]}$ 的关系为

$$\frac{[In^-]}{[HIn]}=\frac{A-A(HIn)}{A(In^-)-A} \tag{8-11}$$

因此，pK_a 可以根据式（8-10）和式（8-11）计算求得。

以溴麝香草酚蓝举例说明：以 pH 为横坐标、吸光度为纵坐标作图，可以得到 S 形曲线，该曲线中点所对应的 pH 即为 pK_a，如图 8-7 所示。

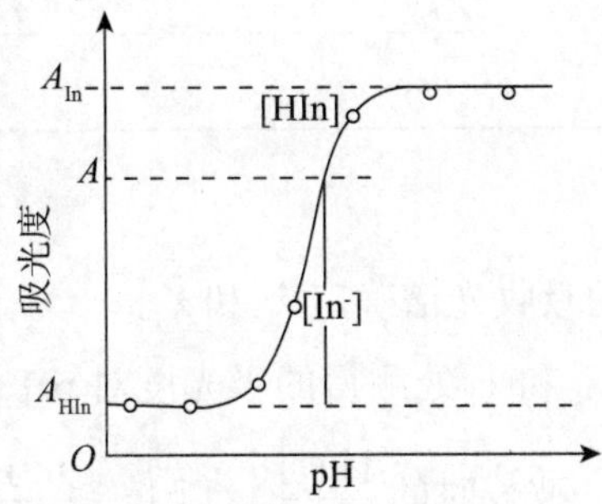

图 8-7　溴麝香草酚蓝的吸光度 -pH 曲线

3. 仪器与试剂

（1）仪器：分光光度计；pH 计；50 mL 容量瓶 9 个；2 mL 吸管 1 支；10 mL 量筒 1 个。

（2）试剂：0.20 $mol \cdot L^{-1}$ 的 NaH_2PO_4 溶液（2.4 g NaH_2PO_4 溶于 100 mL 蒸馏水中）；0.20 $mol \cdot L^{-1}$ K_2HPO_4 的溶液（3.4 g K_2HPO_4 溶于 100 mL 蒸馏水中）；浓 HCl；4.00 $mol \cdot L^{-1}$ NaOH 溶液；0.1% 溴麝香草酚蓝溶液：在 20% 乙醇中。

4. 实验步骤

（1）在 9 个 50 mL 容量瓶中，首先加入 2.00 mL 的 HIn 溶液，然后分别加入不同体积的磷酸盐溶液。在第 1 瓶中加入 4 滴浓 HCl，而在第 9 瓶中加入 10 滴 NaOH 溶液。接着，将每个瓶中的溶液用蒸馏水稀释至刻度，并充分摇匀。最后，使用 pH 计分别测定每个瓶中的 pH。

（2）建立吸收曲线。以水为参比，在波长 400 ～ 650 nm 处分别测定溶液 1 和溶液 9 的吸收曲线，并确定两者的最大吸收波长。

（3）在两个最大吸收波长下分别测定 9 个溶液的吸光度，将结果列于表 8-1 中。

表 8-1 吸光度记录表

瓶号	指示剂 /mL	NaH_2PO_4/mL	K_2HPO_4/mL	pH	A
1	2.00	0	0		
2	2.00	5	0		
3	2.00	5	1		
4	2.00	10	5		
5	2.00	5	10		
6	2.00	1	5		
7	2.00	1	10		
8	2.00	0	5		
9	2.00	0	0		

5. 数据记录与处理

（1）通过绘制 HIn 和 In^- 的吸收光谱确定 λ_a 和 λ_b。

（2）将所配溶液分别以在 λ_a 和 λ_b 处测得的吸光度对 pH 作图，求出两个 pK_a。

（3）由式（8-11）计算某一波长时的 $\frac{[In^-]}{[HIn]}$，以 $\lg\frac{[In^-]}{[HIn]}$ 对 pH 作图，由图求得 pK_a。

（4）将所求 pK_a 与标准值作比较。

6. 注意事项

酸性条件下，溴麝香草酚蓝不稳定，因此溶液应现配现用。

7. 思考题

（1）为什么溶液 1 和溶液 9 可用来选择两个最大的吸收波长？

（2）若吸光度大于 0.8 应如何处理？

8.3.6 用分光光度法测定磺基水杨酸合铁的组成和稳定常数

1. 实验目的

（1）掌握用比色法测定配合物的组成和配离子的稳定常数的原理和方法。

（2）进一步学习分光光度计的使用及有关实验数据的处理方法。

2. 实验原理

磺基水杨酸的一级电离常数 $K_1^\theta=3\times10^{-3}$，与 Fe^{3+} 可以形成稳定的配合物。因溶液的pH 不同，配合物的组成也不同。磺基水杨酸溶液是无色的，Fe^{3+} 的浓度很低时也可以认为溶液是无色的，它们在 pH 为 2 ～ 3 时可以生成紫红色的螯合物（有一个配位体）。当溶液中配合物的浓度最大时，配位数 n 为

$$n=\frac{c(\mathrm{L})}{c(\mathrm{M})}=\frac{1-f}{f} \tag{8-12}$$

式中：$c(\mathrm{M})$ 和 $c(\mathrm{L})$ 分别为金属离子和配体的浓度；f 为金属离子在总浓度中所占的分数。

$$c(\mathrm{M})+c(\mathrm{L})=c= \text{常数}$$
$$f=\frac{c(\mathrm{M})}{c} \tag{8-13}$$

等摩尔系列法即用一定波长的单色光测定一系列变化组分的溶液的吸光度（中心离子 M 和配体 R 的总物质的量保持不变，而 M 和 R 的摩尔分数连续变化）。显然，在这一系列的溶液中，有一些溶液中金属离子是过量的，而另一些溶液中配体是过量的，在这两部分溶液中，配离子的浓度都不可能达到最大值，只有当溶液离子与配体的物质的量之比与配离子的组成一致时，配离子的浓度才能最大。由于中心离子和配体基本无色，只有配离子有色，因此配离子的浓度越大，溶液颜色越深，其吸光度也就越大。若以吸光度为纵轴、配体的摩尔分数为横轴作图，则从图上最大吸收峰处可以求得配合物的组成 n 值，如图 8-8 所示。由图可知，当 c（配合物）=0 时，f=0 或 1。在图 8-8 中，吸光度最大的 f 值即为配合物浓度达到最大的条件。对于 1 ∶ 1 型的配合物，吸光度最大的 f 值为 0.5；对于 1 ∶ 2 型的配合物，吸光度最大的 f 值为 0.34。

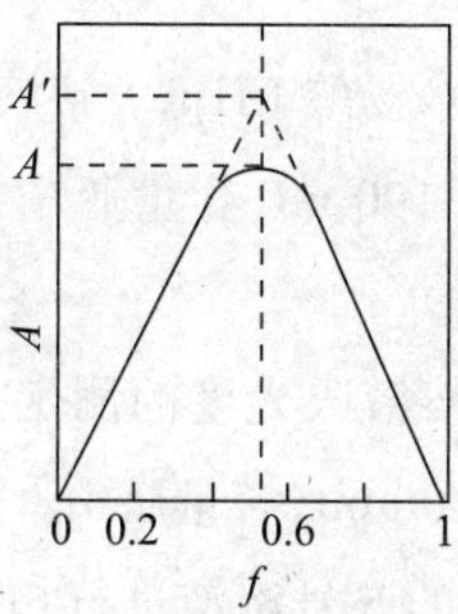

图 8-8　等摩尔系列法测定配合物的组成和不稳定常数

由图 8-8 可知，待测配合物（ML）的最大吸光度为 A，它略低于延长线交点的吸光度 A'，这是因为配合物有一定程度的离解。A' 为配合物完全不离解时的吸光度值，A' 与 A 之间差别越小，说明配合物越稳定。由此可计算出配合物的稳定常数：

$$K=\frac{[\mathrm{ML}]}{[\mathrm{M}][\mathrm{L}]} \tag{8-14}$$

配合物溶液的吸光度与配合物的浓度成正比，故

$$\frac{A}{A'}=\frac{[\mathrm{ML}]}{c'} \tag{8-15}$$

式中：c' 为配合物完全不离解时的浓度，其值为

$$c'=c(\mathrm{M})=c(\mathrm{L})$$

而

$$[\mathrm{M}]=[\mathrm{L}]=c'-[\mathrm{ML}]=c'-c'\frac{A}{A'}=c'\left(1-\frac{A}{A'}\right) \tag{8-16}$$

将式（8-15）和式（8-16）代入式（8-14），整理后得

$$K=\frac{A/A'}{(1-A/A')^2c'} \tag{8-17}$$

3. 仪器与试剂

（1）仪器：UV2600 型紫外 - 可见分光光度计；烧杯（100 mL，3 只）；容量瓶（100 mL，7 只）；移液管（10 mL，2 只）；洗耳球；玻璃棒；擦镜纸。

（2）试剂：0.01 mol · L^{-1} $HClO_4$（将 4.4 mL70% $HClO_4$ 溶液加入 50 mL 水中，稀释到 5 000 mL）；0.010 0 mol · L^{-1} 磺基水杨酸（根据磺基水杨酸的结晶水情况计算其用量，将准确称量的分析纯磺基水杨酸溶于 0.01 mol · L^{-1} $HClO_4$ 溶液中配制成 1 000 mL 溶液）。

4. 实验步骤

（1）配制 0.001 0 mol · L^{-1} 的 Fe^{3+} 溶液。用移液管吸取 10.00 mL $NH_4Fe(SO_4)_2$（0.010 0 mol · L^{-1}）溶液，注入 100 mL 容量瓶中，用 $HClO_4$（浓度为 0.01 mol · L^{-1}）溶液稀释至刻度，摇匀，备用。

（2）配制 0.001 0 mol · L^{-1} 磺基水杨酸（H_3R）溶液。用移液管量取 10.00 mL H_3R（浓度为 0.010 0 mol · L^{-1}）溶液，注入 100 mL 容量瓶中，用 $HClO_4$（浓度为 0.01mol · L^{-1}）溶液稀释至刻度，摇匀，备用。

（3）系列配离子（或配合物）溶液吸光度的测定。①用移液管按表 8-2 所述的体积数量取各溶液，分别注入已编号的 100 mL 容量瓶中，用 0.01 mol · L^{-1} $HClO_4$ 溶液定容到 100 mL。②用波长扫描方式对其中的 5 号溶液进行扫描，得到吸收曲线，确定最大吸收波长。③选取步骤②所确定的扫描波长，在该波长下，分别测定各待测溶液的吸光度，并记录已稳定的读数。

表 8-2 系列溶液配制

瓶号	0.010 0 mol · L^{-1} 磺基水杨酸 /mL	0.010 0 mol · L^{-1} 铁溶液 /mL
1	1.00	9.00
2	3.00	7.00

续表

瓶号	0.010 0 mol · L^{-1} 磺基水杨酸 /mL	0.010 0 mol · L^{-1} 铁溶液 /mL
3	5.00	5.00
4	7.00	3.00
5	9.00	1.00

5. 数据记录与处理

（1）绘制配合物的吸收光谱，并确定其 λ_{max}。

（2）用等摩尔变化法确定配合物的组成：根据所得数据，作吸光度 A 与物质的量比的关系图，将两侧的直线部分延长，交于一点，由交点确定配位数 n，计算配合物的稳定常数。

6. 注意事项

（1）测定之前，孵育时间不低于 30 min。

（2）溶液 pH 对检测结果有较大影响，需不断调节最合适 pH。

7. 思考题

（1）本实验测定配合物的组成及稳定常数的原理是什么？

（2）用等摩尔系列法测定配合物组成时，为什么说溶液中金属离子的物质的量与配位体的物质的量之比正好与配离子组成相同时，配离子的浓度为最大？

（3）在测定吸光度时，如果温度变化较大，对测得的稳定常数有何影响？

（4）本实验为什么用 $HClO_4$ 溶液作空白溶液？为什么选用 500 nm 波长的光源来测定溶液的吸光度？

（5）使用分光光度计要注意哪些操作？

8.3.7　用双光束紫外分光光度计测定苯酚的含量

1. 实验目的

（1）掌握用紫外分光光度计对物质进行定量分析的基本原理。

（2）通过对废水中苯酚含量的测定熟悉用工作曲线测定的方法。

2. 实验原理

双光束紫外分光光度计测定待测液某物质的含量是根据光的吸收定律而确定的，当溶液液层厚度和入射光通量一定时，光吸收的程度与溶液的浓度成正比。

紫外分光光度法是通过测定分子对紫外光的吸收，从而对无机物和有机物进行定性和定量测定的方法。

测定废水中苯酚的含量是在 270 nm 处测定不同浓度苯酚的标准样品的吸光度，并绘制标准曲线，再在相同条件下测定未知样品的吸光度，根据标准曲线可得出未知样品中苯酚的含量。

3. 仪器与试剂

（1）仪器：紫外分光光度计；多种规格的容量瓶各 9 个；100 mL 烧杯 1 个；洗耳球 1 个；吸管 5 支；石英比色皿 2 个。

（2）试剂：苯酚标准溶液（200 μg · mL^{-1}）；苯酚待测液。

4. 实验步骤

（1）苯酚标准溶液的配制。称取 0.400 0 g 分析纯苯酚，用去离子水溶解后转移到 100 mL 容量瓶中；移取 5.00 mL 于另一个 100 mL 容量瓶中，用去离子水定容，置于冰箱中保存，此溶液中苯酚的浓度为 200 μg · mL^{-1}。

（2）标准系列溶液的配制。分别取 1.00 mL，2.00 mL，4.00 mL，6.00 mL，8.00 mL，10.00 mL 的苯酚（200 μg · mL^{-1}）标准溶液，用去离子水稀释到刻度，摇匀。

（3）未知样品的配制。从所选取的监测断面利用采水器采集废水试样，尽快送入实验室进行预处理，处理好后装入试剂瓶，保存备用。吸取处理后的样品溶液 10 mL 于 50 mL 容量瓶中，用去离子水稀释到刻度，摇匀，然后贴上标签并注明名称、浓度、时间和配制人员。

（4）绘制吸收光谱曲线，确定最大吸收波长。移取苯酚标准溶液 2.00 mL 于 50 mL 容量瓶中，定容，摇匀，取适量溶液倒入石英比色皿中，以去离子水为参比溶液，在波长为 200 ～ 330 nm 范围内进行扫描，得到吸收曲线，由吸收曲线确定最大波长为 270 nm。

（5）样品的测定。在 270 nm 处测定不同浓度苯酚的标准样品的吸光度，并绘制标准曲线，再在相同的条件下测定未知样品的吸光度。

（6）用 1 cm 石英比色皿，用去离子水作参比，在测得的最大波长为 270 nm 条件下分别测定标准系列溶液和未知液的吸光度，作出工作曲线，根据标准曲线可得出未知样品中苯酚的含量。

5. 数据记录与处理

在相同情况下，直接测定未知样品的吸光度，根据图算法计算出浓度。

6. 注意事项

（1）紫外分光光度计为精密电子仪器，切忌带电插拔电源线及连接电缆，误操作有可能损坏仪器及计算机。

（2）仪器电压与实验室电压相匹配，最好配置交流稳压器，功率不小于 500 W，电源盒应该有地线并保证仪器良好接地。

（3）所用比色皿必须清洗干净，否则会给测量带来较大误差。

（4）在使用吸收池的时候要注意不可接触光学面，不可将光学面与硬物或脏物接触，不能在吸收池中长时间存放含有腐蚀玻璃的物质，吸收池使用之后应立即清洗干净，不得在火焰或者电炉上面加热或烘烤吸收池。

（5）称取苯酚的烧杯应洗净且用吹风机吹干，称取时要迅速，以防止苯酚凝结在烧杯内。

（6）使用吸量管吸取溶液后，读数要精确。

（7）实验完毕后，切记要清理现场。

（8）本实验所用试剂均应为光谱纯或经提纯处理。

（9）石英比色皿每换一种溶液或溶剂必须清洗干净，并用被测溶液或参比液荡洗三次。

7. 思考题

（1）样本溶液浓度过大或过小对测量结果有什么影响？该如何调整？

（2）分光光度计容易受到波长狭缝宽度等参数的影响，产生这种影响的原因是什么？

第 9 章　分子荧光分析法

物质在紫外光照射下会从基态跃迁至激发态，然后通过去激发过程（通常是碰撞或能量发射）回到基态，并在这一过程中释放荧光，该荧光可用于定性和定量分析。目前，荧光分析法已广泛应用于生物化学、分子生物学、免疫学、环境科学，以及农牧产品检测、卫生检验、工农业生产和科学研究等各个领域。

9.1　基本原理

9.1.1　荧光光谱的产生

荧光的产生需要三个主要条件：激发波长、荧光物质、荧光检测器。某些荧光物质在受到外来能量激发后，其分子结构中的电子吸收能量，由基态转变成激发态，其电子也会显示出不同的自旋状态。通常，电子在跃迁至激发态后会产生多种状态，我们一般采用电子的自旋状态描述不同的激发态，如单重态（S）是指所有电子均完成配对；而三重态（T）是分子轨道中电子排布不完全，存在轨道单电子且自旋方向相同的现象。上述激发态的定义对于理解分子的光谱特性和化学反应机制具有重要意义。

电子自旋状态的多重性可以用 $2S+1$ 表示，其中 S 代表分子中电子自旋量子数的代数和，其数值可以为 0 或 1。当分子中所有电子自旋都是成对配对时，即 $S=0$，多重性 $2S+1=1$，状态也处于单重态，以“S_0”表示。当原子吸收能量后，原子状态在转移运动中并没有产生自旋方面的变化，即原子状态仍然处于激活单重态；但如果电子在跃迁过程中伴随着自旋方式的改变，分子之间则处在相互激活三重态。因此，分子的电子激发态一般用符号“S_0”“S_1”“S_2”（单重态）和“T_1”“T_2”（三重态）来表示。

激发态分子是不稳定的，它们可以通过不同的过程释放能量并回到基态。分子跃迁方式包括辐射跃迁和非辐射跃迁。

辐射跃迁会产生光子，通常伴随着荧光或磷光的出现。荧光发射是指电子处于第一激发单重态的最低振动能级时，会通过发射光子的方式从高能级跃迁到低能级。这个过程通常会产生可见光或紫外光，通常在 10^{-9} ～ 10^{-6} s 内完成。荧光的波长通常比激发波长长，一般表示为 λ_3，电子无论被激发到何种高能级，最终只会发射出波长为 λ_3 的荧光。

非辐射跃迁是以热能的形式释放多余的能量，包括振动弛豫、内部转移、系间窜跃和外部转移等过程，不同跃迁方式的发生取决于荧光物质的分子结构和环境等因素。振动弛豫是一种分子中能量耗散的过程，当分子的电子处于高振动能级时，它们会逐渐跃迁到更低的振动能级，释放多余的能量（通常以热的形式散失），这个过程通常发生在 10^{-12} s 的时间尺度内。内部转移是分子中的电子能级非常接近甚至发生重叠时的一个重要过程，在高度激发的单重态情况下，内部转移和振动弛豫都会使电子从高振动能级跃迁回到第一激发单重态的最低振动能级。系间窜跃指的是电子在不同多重态之间的非辐射跃迁，包括电子从激发单重态的低振动能级跃迁到激发三重态的高振动能级；有时通过热激发，也可能出现其他跃迁，然后由激发单重态产生荧光，这个过程被称为延迟荧光。外部转移是指激发态分子与溶剂分子或其他溶质分子之间发生相互作用和能量转移的过程，从而导致荧光或磷光的强度减弱或消失，这个过程常被称为荧光猝灭。

9.1.2　激发光谱曲线和荧光光谱曲线

荧光化合物通常表现出两种光谱特征，分别是激发光谱和发射光谱。

荧光激发光谱是用于测量荧光物质发光强度随激发光波长变化的光谱。通过扫描激发单色器引发不同波长的激发光。我们可以将产生的荧光通过发射单色器照射到检测器上，并记录荧光强度与激发光波长的关系，从而获得激发光谱。理论上，相同物质的最大激发波长应与最大吸收波长相匹配，然而由于荧光测量仪器的特性会随波长变化，实际测量的荧光激发光谱与吸收光谱并不完全相同，只有经过仪器校正得到的激发光谱（通常称为“校正的激发光谱”或“真实的激发光谱”）才能与吸收光谱非常接近。

荧光发射光谱可以表示荧光的各个波长组分的相对强度，它是指通过维持激发光的波长和相对强度恒定，使荧光在经过发射单色器后再照射到探测器上，并扫描发射单色器以测定在不同波段下的荧光强度所得到的谱图。荧光发射光谱可用于鉴别荧光物质，并作为选择波长或滤光片的依据，特别适用于荧光测定。

9.1.3 荧光强度与荧光物质浓度的关系

在分子或原子吸收光被激发后，再以光的形式辐射能量的过程中，如果发光最初的状态与发光结束时的状态的电子多重度相同，则称为荧光。因此溶液中的荧光强度（I_f）与溶液吸收光的强度（I_a）以及物质的荧光效率有关。在溶液浓度非常低且入射光的光强保持不变的情况下，荧光强度与物质浓度之间呈线性关系（I_f 与 c 成正比，其中 c 为溶液浓度）。

溶液浓度增加时，会产生自熄灭和自吸收等复杂的现象，使荧光强度和分子浓度之间的线性关系消失。此外，随着样品池（液槽）厚度的增加，非线性关系可能在更低的浓度范围内出现，使两者的关系曲线更加弯曲。

9.2 仪器组成与结构

荧光光谱仪主要由激发光源、单色器、样品池、检测器和读出装置组成，其结构示意图如图 9-1 所示。

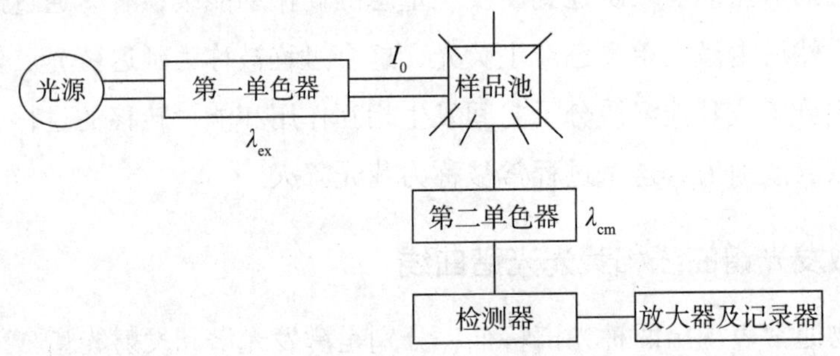

图 9-1 荧光光谱仪结构示意图

9.2.1 激发光源

理想的激发光源应具备以下特点。

第一，优异的光强度，激发光源需要提供足够的光强度，以确保充分激发荧光物质。

第二，连续的光谱范围，激发光源应在所需的光谱范围内提供连续的光谱，以覆盖样品的激发光谱需求。

第三，不受波长影响的强度，光源的输出应是连续、平滑、等强度的辐射，不应因波长变化而产生剧烈波动。

第四，光强的稳定性，光源的光强应是稳定的，以确保测量结果的可重复性。

然而，现实中没有一种光源能完全符合上述要求。常见的激发光源包括氙灯、汞灯、氙 - 汞弧灯、激光器，以及闪光灯等。

其中，高压氙灯是最常用的荧光光谱仪的激发光源。这种光源是一种短弧气体放电灯，内部充有氙气，并在高压条件下工作，能够提供 250 ～ 800 nm 范围的连续光谱。工作时，高压氙灯中形成一个强电子流（电弧），氙原子与电子流相互作用，发生解离和电子复合过程，从而产生连续光谱。尽管高压氙灯是广泛使用的光源，但它的光强非常强，因此必须避免直接曝露于光源下，以免对视觉和眼睛造成伤害。有些氙灯被设计成无臭氧灯，不会产生臭氧，但其输出信号会随波长变化而下降。

9.2.2　单色器

1. 光栅单色器

光栅单色器是一种常见的光学仪器，用于将白光分解成不同波长的光，实现光谱分析。它的原理基于光的色散现象和干涉原理。光栅单色器的核心部件是光栅。光栅是利用多缝衍射原理使光学发生色散的光学元件。光线通过光栅时，会被光栅上的光栅线所衍射。不同波长的光在衍射过程中会发生不同程度的偏折，从而形成不同的衍射角。光栅的光栅线间距非常小，通常在几微米到几十微米之间，因此光栅单色器可以分辨出非常细微的波长差异。光栅的光栅线数量越多，分辨率越高，但同时会导致光强的损失，因此在实际应用中需要根据实际需求进行选择。光线在通过光栅时还会发生干涉现象，光栅单色器利用这种干涉现象可以实现更高的分辨率。光栅单色器广泛应用于光谱分析、光学成像、光学通信等领域。在光谱分析中，光栅单色器可以用于分离和测量样品中不同波长的光信号，从而得到样品的光谱信息。在光学成像中，光栅单色器可以用于调整光源的颜色，实现不同颜色的成像。在光学通信中，光栅单色器可以用于调制光信号的波长，实现光信号的传输和接收。然而，许多生物样本具有丰富的油脂及色素，使荧光透过受到较大影响。此外，部分光谱使用双光栅单色器将基质效应带来的影响降低至峰值的 10^{-12} 左右，但此操作同样可能导致灵敏度的显著下降。

2. 滤光片

在荧光检测中，杂散光和散射光都是主要误差源。为减少这种差错，滤光片被普遍用于荧光光谱仪。滤光片又可分成玻璃滤光镜、胶膜滤光片和干涉滤光镜三个类别。玻璃滤光镜内存在不同的金属氧化物，可产生各种色彩。虽然它通过的光带宽很大，但是因为受金属氧化物种类的影响，可供选择的种类较少。玻璃滤光镜具有高度安全性、可以承受长期光照和价格便宜等特性。

9.2.3 样品池

通常情况下，样品池是方形的，由透明的石英材料制成。在操作时，我们最好只触摸样品池的棱角，并按照指示放置到样品池架中，以防止在透明表面上留下指纹污染或划痕。

9.2.4 检测器

检测器在荧光光谱仪中起关键作用。目前荧光光谱仪的检测器主要包括光电倍增管（PMT）、光导摄像管（vidicon）、电子微分器和电荷耦合器件（CCD）。

传统的荧光光谱仪均搭载了光电倍增管。这是由于光电倍增管的电流输出能力较好，在光信号的作用下能够产生高倍增的电信号，增益效果可达数千倍。此外，光电倍增管的响应速度非常快，能够接收高速光脉冲信号。

光导摄像管是新发展的一种摄像管，体积比直射型摄像管小，常被用作光学多道分析器（OMA），具有检测效率高、寿命长、响应灵敏度高、线性范围广等优势。尽管光导摄像管在检测灵敏度等方面仍不及光电倍增管，但其发射光谱接收范围却远优于光电倍增管，并且具有一定的自动化能力，这对于复杂基质中荧光物质的分析具有较大优势，对于光敏性物质的检测也具有非常好的效果。

荧光光谱仪可以通过机械转速微分、电子微分及数字微分方法获取导数（或微分）光谱，也可以通过改变光路结构（如波长调制等）进行光谱的获取。荧光光谱仪通常采用电子微分或微处理机微分技术来实现这一功能。

CCD 是一种新型的光学多通道探测器，拥有宽阔的光谱区域、超高量子效率、低暗电流、低噪声、高灵敏度，以及宽线性区域等特性，还能够实现彩色成像和三维成像。CCD 是一个高灵敏的固体图像器件，一般拥有一到八平方厘米的有效图像体积。目前可用的 CCD 规格包括 256 × 256 像素、512 × 512 像素、1 024 × 1 024 像素、400 万像素、800 万像素等多种系列产品。

9.2.5 读出装置

荧光光谱仪的数据读取设备主要有两种：数字电压表和记录仪。数字电压表在荧光测定中主要用于物质的定量分析，具有便携性强、准确率高、检测成本低等优势。记录仪主要用于记录光谱（激发和发射光谱）等需要实时数据监测和长时间记录的实验。阴极示波器在需要高时间分辨率的实验中显示速度更快，但由于价格较高，通常不用于长时间数据记录。

9.3　实验内容

荧光物质分子处于基态时易获得电子，由基态转化为激发态，在此过程中，电子会吸收相应能量（对应该电子能级），经过相应的振动弛豫和内部转移到达激发态的最低能级，由于电子在激发态最低振动能级存在不稳定性，因此会释放能量到达稳定的基态。释放的能量通常以光的形式表现出来，这就是荧光。荧光物质不同，对应的能级也不同，表现出的激发和发射也不同。

在一定程度下（$\varepsilon bc \leqslant 0.05$），低浓度溶液产生的荧光与其浓度之间遵循相应公式。荧光强度可以用以下公式表示：

$$F = 2.3Y_F I_0 \varepsilon bc \tag{9-1}$$

式中：F 为荧光强度；Y_F 为荧光量子产率；I_0 为激发光强度；ε 为荧光物质的摩尔吸光系数；b 为光程；c 为荧光物质的浓度。

9.3.1　用荧光分光光度法直接测定水中的痕量可溶性铝

1. 实验目的

（1）了解荧光分光光度法的使用和基本原理，以及定量分析的操作步骤。

（2）学会选择正确的荧光激发波长和测量波长。

2. 实验原理

铝离子会在弱酸性环境下与荧光镓产生配位反应，生成 1 ∶ 1 的荧光配合物。这种配合物在受到 352 nm 或 485 nm 的紫外光或可见光照射时，会产生荧光信号，其峰值波长为 576 nm。这一特性可用于建立铝离子的荧光测定方法。

在 70 ～ 80 ℃下加热 20 min 可使荧光强度达到最大。加热后在室温下放置 0 ～ 60 min，荧光强度变化不大。

3. 仪器与试剂

（1）仪器：荧光分光光度计；电热恒温水浴；聚乙烯塑料瓶一套。

（2）试剂：荧光镓溶液（0.02%）；NaAc–HAc 缓冲溶液（$[Ac^-]=4\ mol \cdot L^{-1}$，pH=5.0）；$NH_2OH \cdot HCl$ 溶液（5%）；邻菲罗啉溶液（0.5%）；铝标准溶液（准确称取 99.9% 铝丝 0.500 0 g，用浓盐酸溶解后定容至 500 mL，控制酸度为 $0.1 mol \cdot L^{-1}$，此溶液铝的质量浓度为 $1.00\ mg \cdot mL^{-1}$，使用时稀释）。

4. 实验步骤

将 80 mL 聚乙烯塑料瓶分为 9 组，分别加入不同浓度的铝标准溶液，浓度范围从 0 mL 到 2.00 mL，然后加入适量的水，使总体积保持在 25.00 mL。此外，第 7 组和第 8 组瓶中分别加入了 25.00 mL 纯水，用以作为对照。随后，每个瓶中依次注入 0.3 mL 缓冲液和 0.2 mL 5% $NH_2OH-HCl$ 溶液，搅拌均匀后静置片刻。接下来，每个瓶中分别加入 0.50 mL 0.5% 邻菲罗啉和 0.20 mL 0.02% 荧光镓溶液，再次搅拌均匀。最后，将这些瓶置于 70 ～ 80 ℃的水浴中，加热 20 min，之后取出冷却至室温。在荧光分光光度计上，在 352 nm 处激发，分别在 576 nm 处测定各瓶溶液的荧光强度。

5. 数据记录与处理

（1）记录各瓶溶液测得的荧光强度，绘制标准（工作）曲线。

（2）通过标准曲线，求出未知试液中铝的含量。

6. 注意事项

（1）加热后室温自然冷却即可，不可冰水冷却。

（2）实验中需准确量取相应试剂。

7. 思考题

（1）哪些因素会影响荧光相对强度？为什么？

（2）荧光和紫外分别表示什么？意义相同吗？为什么？

9.3.2 用萃取荧光光度法测定铝

1. 实验目的

（1）熟悉荧光光度法的测定机理。

（2）了解萃取荧光光度法测定的基本操作步骤。

2. 实验原理

铝离子与有机试剂 8- 羟基喹啉相互作用可形成具有荧光性质的配合物，并且这一配合物可以通过氯仿的萃取来分离。在 365 nm 紫外光的照射下，该萃取液会产生波长为 530 nm 的荧光峰，因此可以建立一种光度法来测定铝的浓度，其线性范围为 0.002 ～ 0.240 μg · mL^{-1}。但铝的测定会受到镓离子（Ga^{3+}）和铟离子（In^{3+}）的干扰，因为 Ga^{3+} 和 In^{3+} 也会与 8- 羟基喹啉试剂形成荧光配合物，所以为了准确测定铝的含量，我们需要进行相应的校正。此外，如果溶液中存在大量的铁离子（Fe^{3+}）、钛离子（Ti^{4+}）和偏钒酸根离子（VO_3^-），可能会导致铝 -8- 羟基喹啉配合物的荧光强度下降，因此需要采取分离措施以避免这种干扰。

3. 仪器与试剂

（1）仪器：荧光分光光度计；25 mL 容量瓶 7 个；1 000 mL 容量瓶 7 个；2 mL、5 mL 移液管各 1 支；5 mL、100 mL 量筒各 1 个；125 mL 分液漏斗 7 个。

（2）试剂：1.000 g · L^{-1} 铝储备溶液（将 12.13 g 硫酸钾铝 [$Al_2(SO_4)_3 \cdot K_2SO_4 \cdot 24H_2O$] 溶解后，滴加等量的体积比为 1 ∶ 1 的硫酸直至溶液变得澄清，然后将其转移至 1 000 mL 容量瓶中，最后用适量水稀释至刻度，并摇匀混合）；2.00 mg · L^{-1} 铝标准溶液（准确取出 2.00 mL 铝储备溶液，将其移入 1 000 mL 容量瓶中，然后用适量水稀释至刻度，摇匀混合）；2% 8- 羟基喹啉溶液（溶解 2 g 8- 羟基喹啉于 10 mL 冰醋酸中，用水稀释至 100 mL）；缓冲溶液（每升含 CH_3COONH_4 200 g，浓氨水 70 mL）；50.0 μg · mL^{-1} 标准奎宁溶液（将 0.500 g 的奎宁硫酸盐溶解在 1 L 0.5 mol · L^{-1} 硫酸中，再取此溶液 10 mL，用 0.5 mol · L^{-1} 硫酸稀释至 100 mL，此溶液可作为荧光强度的基础）；氯仿。

4. 实验步骤

（1）系列标准溶液的配制。选取 5 个 125 mL 分液漏斗，分别加入 40 ～ 50 mL 水，然后分别加入 1.00 mL、2.00 mL、3.00 mL、4.00 mL 和 5.00 mL 的铝标准溶液。接着加入 2 mL 2% 的 8- 羟基喹啉溶液和 2 mL 缓冲溶液，随后用 20 mL 氯仿进行两次萃取。所得的溶液通过脱脂棉滤入 25 mL 容量瓶中，最后用氯仿稀释至刻度。

（2）荧光发射滤光片与激发滤光片的选择。①荧光发射滤光片的选择：首先将标准溶液系列中浓度最高的溶液装入一个液槽，并将其放置于光度计的样品槽中；选择具有较短波长的滤光片作为激发滤光片，然后按照从长波长到短波长的顺序逐一更换发射滤光片；每次更换滤光片后，测定荧光信号的强度，并仔细记录这些数据；随后以荧光发射波长作为横坐标、相应的荧光强度作为纵坐标作图，荧光发射峰值波长所对应的滤光片即为荧光发射滤光片。②荧光激发滤光片的选择：按上述方法固定选定的荧光发射滤光片，改变激发滤光片的波长，从短波长到长波长；在每个波长下测量荧光强度并记录数据；最后以激发滤光片的波长为横坐标、荧光强度为纵坐标作图，以确定最大荧光强度对应的滤光片，这将成为该方法的荧光激发滤光片。

（3）荧光的测量。在安装之前，根据仪器说明书的指导，将事先选定的荧光激发滤光片和荧光发射滤光片安装到仪器中；随后使用标准奎宁溶液来调整荧光强度，使其保持在 100；最后对一系列标准溶液进行荧光强度的测量。

（4）未知溶液的测定。将未知溶液按照上述方法进行处理，并进行荧光测定。

5. 数据记录与处理

（1）绘制浓度与荧光强度之间的标准曲线，并进行相关性和准确度分析。

（2）将未知试液的荧光强度带入公式，求得未知试液中铝的含量。

6. 注意事项

（1）滤光片的选择需遵循实际实验需求。

（2）严格按照仪器使用规范操作分光光度计。

7. 思考题

（1）实验中为什么要使用奎宁溶液？

（2）荧光实验中需要设置对照实验吗？为什么？

9.3.3 稀土元素 4f 电子跃迁光谱的应用及荧光增强效应

1. 实验目的

（1）了解稀土元素的 4f 电子跃迁光谱的特征及稀土元素的共发光效应。

（2）了解二维、三维荧光光谱的特点及区别。

（3）熟悉荧光分光光度计的正确使用及定量实验技术。

2. 实验原理

稀土元素包括镧系元素、钇和钪元素，可以与某些溶液中的有机试剂（如 β－双酮）形成稳定的配合物。当这些配合物受到特定频率和光强度的激发光照射时，组成配合物的有机配体会吸收光能，从基态跃迁至激发态。随后，激发态的有机配体通过共振耦合将其能量传递给与之配位的稀土离子，这个过程称为分子内能量转移。稀土离子获得这些能量后也会从基态跃迁至激发态，最终以光辐射的方式释放能量，返回基态。这种发射的光即为稀土离子特有的荧光。

在弱碱性环境中且存在阳离子表面活性剂时，铕与噻吩甲酰三氟丙酮（TTA）能够形成 1 ：4 的稳定配合物。这种配合物的激发峰波长为 370 nm，而发射峰波长为 612 nm。

TTA 与稀土离子 Eu^{3+} 的反应为

$$4\,(C_4H_3S){-}\overset{O}{\overset{\|}{C}}{-}CH_2{-}\overset{O}{\overset{\|}{C}}{-}CF_3+Eu^{3+}\longrightarrow Eu\left((C_4H_3S){-}\overset{O}{\overset{\|}{C}}{-}CH{=}\overset{O^-}{\overset{|}{C}}{-}CF_3\right)_4^{-}+4H^+$$

当共存离子（如 La^{3+}、Gd^{3+}、Tb^{3+}、Lu^{3+}、Y^{3+}）存在时，它们可以与配体 TTA 形成相应的配合物。当这些配合物吸收光能后，有机配体被激发至激发态。在激发态的配体中，能量会通过分子间的传递转移到 Eu-TTA 配合物中的 Eu^{3+}。这种分子间的能量转移会增加激发 Eu^{3+} 的能量来源，从而显著提高其荧光强度，被称为荧光增强效应。

3. 仪器与试剂

（1）仪器：荧光分光光度计。

（2）试剂：铕标准溶液（准确称取 99.9% 的 Eu_2O_3，用少量 6 $mol\cdot L^{-1}$ 盐酸溶解，加热蒸发至近干，用 0.1 $mol\cdot L^{-1}$ HCl 稀释，配制成 1.0×10^{-6} $mol\cdot L^{-1}$ 的铕标准溶液）；

钆标准溶液（配制方法同铕标准溶液）；噻吩甲酰三氟丙酮标准溶液（2.5×10^{-3} mol · L^{-1} 的 95% 乙醇溶液）；溴化十六烷基三甲铵（CTMAB，2.5×10^{-3} mol · L^{-1} 水溶液）；醋酸铵缓冲溶液（将 1.0 mol · L^{-1} 醋酸铵用氢氧化钠调节 pH 至 7.5）。

4. 实验步骤

（1）稀土荧光增强效应。准备两个 25 mL 的比色管，按以下步骤逐一加入试剂：首先加入 1.0 mL 1.0×10^{-6} mol · L^{-1} Eu^{3+} 标准溶液，然后加入 1.0 mL 2.5×10^{-3} mol · L^{-1} TTA 溶液，接着加入 1.0 mL 2.5×10^{-3} mol · L^{-1} CTMAB 溶液，最后加入 1.0 mL 醋酸铵缓冲液。随后，在第二个比色管中加入 1.0 mL 5.0×10^{-4} mol · L^{-1} 钆标准溶液。将溶液稀释至 25 mL，充分混匀，静置 20 min 后，使用 1.0 cm 厚的石英比色池测量其荧光激发光谱和发射光谱，以比较在添加钆标准溶液前后体系的荧光强度变化（激发峰波长为 370 nm，发射峰波长为 612 nm）。

（2）二维、三维荧光光谱的测定。取上述溶液，测定其二维、三维荧光光谱，其激发和发射波长范围分别为 200 ～ 400 nm 和 500 ～ 700 nm。

（3）标准曲线的测量和样品的测定。在 7 个比色管中，分别加入 1.0×10^{-6} mol · L^{-1} Eu^{3+} 标准溶液 0 mL、1.0 mL、2.0 mL、3.0 mL、4.0 mL、5.0 mL，以及一定体积的未知浓度样品溶液。然后按顺序加入 1.0 mL 2.5×10^{-3} mol · L^{-1} TTA 溶液、1.0 mL 2.5×10^{-3} mol/L CTMAB 溶液和 1.0 mL 醋酸铵缓冲液，将溶液稀释至 25 mL，充分混匀后，静置 20 min。随后使用 1.0 cm 厚的石英比色池，在 370 nm 处激发，测量其在 612 nm 处的荧光强度。

5. 数据记录与处理

（1）绘制标准曲线，计算样品中铕的含量。

（2）解释实验现象，比较二维、三维荧光光谱的特点及其异同。

6. 注意事项

配制标准溶液需要准确定量，采用容量瓶进行配制，确保实验的准确性。

7. 思考题

观察荧光增强效应时，你配制的溶液有什么现象发生？为什么？

9.3.4　用荧光分析法测定维生素 B_2

1. 实验目的

（1）掌握荧光分析法的原理。

（2）学习测绘维生素 B_2 的激发光谱和荧光光谱，以及用荧光分析法测定维生素 B_2 的含量。

（3）了解荧光仪的性能及操作。

2. 实验原理

维生素 B_2（又称核黄素，VitaminumB_2）的结构如下：

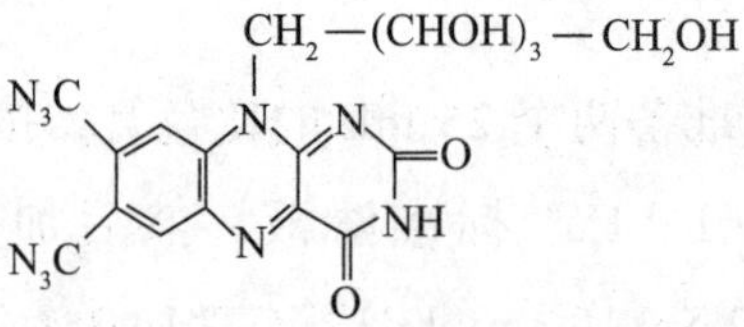

$CH_2-(CHOH)_3-CH_2OH$

N_3C N N O

NH

N_3C N

O

维生素 B_2 分子中有三个芳香环，具有平面刚性结构，因此它能够发射荧光。维生素 B_2 易溶于水而不溶于乙醇等有机溶剂，在中性或酸性溶液中稳定，光照易分解，对热稳定。

维生素 B_2 溶液在 430 ～ 440 nm 蓝光的照射下发出绿色荧光，荧光峰在 535 nm 附近。维生素 B_2 在 pH=6 ～ 7 的溶液中荧光强度最大，而且其荧光强度与维生素 B_2 溶液浓度呈线性关系，因此可以用荧光光度法测维生素 B_2 的含量。维生素 B_2 在碱性溶液中经光线照射会发生分解而转化为另一物质——光黄素，光黄素也是一个能发射荧光的物质，其荧光比维生素 B_2 的荧光强得多，故测维生素 B_2 的荧光时溶液要控制在酸性范围内，且在避光条件下进行。当实验条件一定时，荧光强度与荧光物质的浓度关系如下：

$$I_F = Kc \tag{9-2}$$

采用校准曲线法可以测定维生素 B_2 片剂中维生素 B_2 的含量。

3. 仪器和试剂

（1）仪器：荧光光度计；石英荧光池。

（2）试剂：10 μg · mL^{-1} 维生素 B_2 标准溶液（首先取 10.0 mg 核黄素放入小烧杯中，加入适量 1% 醋酸水溶液使其充分溶解，随后将溶解后的核黄素溶液转移至 1 L 容量瓶中，使用 1% 醋酸水溶液定容至刻度线，充分摇匀后，将制备好的维生素 B_2 标准溶液存放在棕色玻璃瓶中，并放置于冰箱中冷藏保存）；维生素 B_2 片剂。

4. 实验步骤

（1）确定维生素 B_2 的荧光激发和发射光谱。使用吸量管向 25 mL 容量瓶中加入 2.0 mL 维生素 B_2 标准溶液，用 1% 醋酸水溶液稀释至刻度，充分摇匀。选择适当的仪器测量条件，如狭缝宽度、扫描速度及纵坐标和横坐标等。将稀释后的溶液倒入石英荧光池中，将其放置在仪器的池架上，并确保样品室盖严密关闭。首先设定激发波长（如 400 nm），在 480 nm 到 580 nm 的范围内扫描荧光光谱。通过荧光光谱确定溶液的最大发射波长 λ_{em} 为 520 nm。然后固定 λ_{em} 为 520 nm，在 400 nm 到 500 nm 的范围内扫描荧光激发光谱，通过荧光激发光谱确定最大激发波长 λ_{ex} 为 465 nm，如图 9-2 所示。

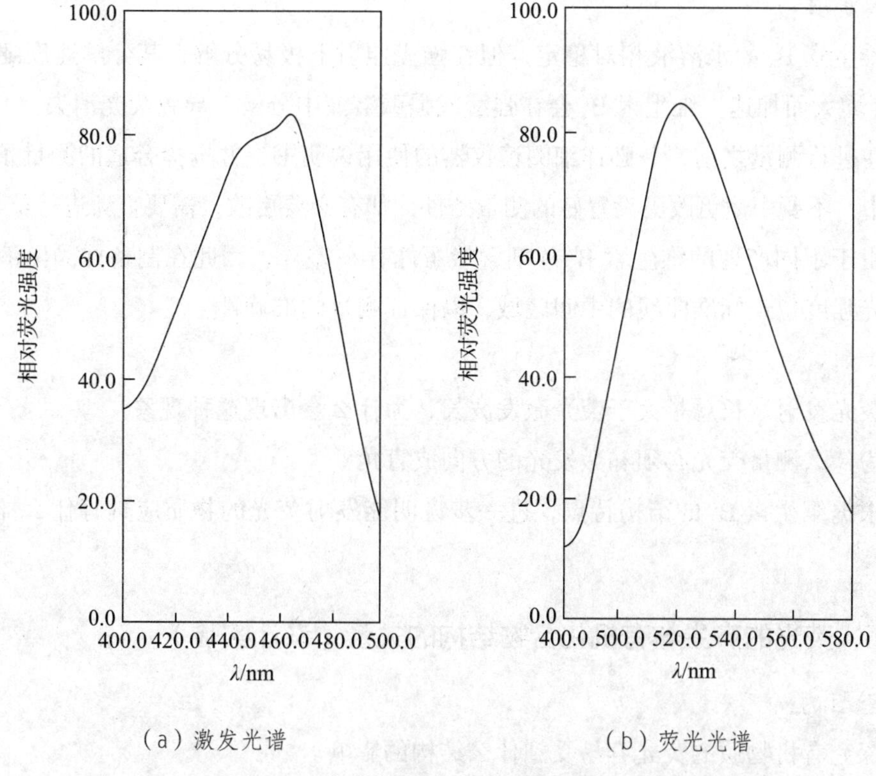

（a）激发光谱　　　（b）荧光光谱

图 9-2　维生素 B_2 的激发光谱和荧光光谱

（2）制作标准曲线。于 5 个 25 mL 容量瓶中，用 2 mL 吸量管分别加入 10.0 μg · mL^{-1} 维生素 B_2 标准溶液 0.40 mL、0.80 mL、1.20 mL、1.60 mL、2.00 mL，用 1% 醋酸水溶液稀释至刻度，摇匀。将激发波长固定在 465 nm，发射波长为 520 nm，测量系列标准溶液的荧光强度。

（3）维生素 B_2 片剂中维生素 B_2 含量的测定。取 2 片维生素 B_2 片剂放入小烧杯中，加入少量 1% 醋酸水溶液，用平头玻璃棒轻轻压碎并搅拌溶解；然后转移至 1000 mL 容量瓶中，用 1% 醋酸水溶液稀释至刻度，充分摇匀后静置片刻。从上述溶液中吸取 1.00 mL（重复 2 ～ 3 次）放入 25 mL 容量瓶中，用 1% 醋酸水溶液稀释至刻度，摇匀。在与一系列标准溶液相同的测量条件下测量荧光强度。

5. 数据记录与处理

（1）由激发和发射光谱确定最佳 λ_{ex} 和 λ_{em}。

（2）由 Origin 软件进行维生素 B_2 的标准曲线拟合，并对其线性和相关性系数进行计算，由校准曲线确定未知样品中维生素 B_2 的浓度。

6. 注意事项

（1）维生素 B_2 的水溶液相对稳定，但在强光照射下极易分解，其分解速度随着温度升高和 pH 增大而加速。维生素 B_2 会在强酸或强碱溶液中分解，导致荧光消失。

（2）在进行测量之前，务必详细阅读仪器的使用说明书，并选择合适的测量条件。在测定过程中，不要中途更改已设置好的测量条件，如有必要更改，需要重新进行整个实验。

（3）由于不同产地的维生素 B_2 片剂含量可能存在差异，因此在制备样品溶液时，应确保其荧光强度位于标准曲线的中间区域，以保证测量的准确性。

7. 思考题

（1）荧光发射波长总是大于荧光激发波长，为什么会出现这种现象？

（2）为什么测量荧光必须和激发光的方向成直角？

（3）根据维生素 B_2 的结构特点，进一步说明能发射荧光的物质应具有什么样的分子结构。

9.3.5 荧光的产生与有机化合物结构的关系（设计实验）

1. 实验目的

（1）探究有机物质的荧光容易受到什么结构的影响。

（2）探究有机物的荧光通常与什么有关。

（3）探究 pH 影响有机物荧光发射的原因有哪些。

2. 实验原理

实验证明，荧光经常会发生 π 态到 π* 态的跃迁，因此包含苯环和杂环结构的物质通常具有发出荧光的能力。增加分子体系的共轭程度有助于提高荧光物质的摩尔吸光系数，使 π 电子更易受到激发，从而产生更多的激发态分子，增加荧光强度。具有平面结构且具有一定刚性的物质通常具有较高的荧光效率。不同类型的取代基也会对荧光物质的荧光强度产生影响。溶液的 pH、溶剂种类、温度和碰撞猝灭等环境因素也会对物质的荧光效率产生影响。

3. 仪器和试剂

（1）仪器：荧光分光光度计。

（2）试剂：苯、萘、蒽、并四苯、荧光素、酚酞、芴、联苯、苯酚、苯胺、硝基苯、苯甲酸。

4. 提示

分析苯、萘、蒽、并四苯的结构，设计共轭体系对物质最大激发波长和最大发射波长及荧光强度的影响。

第 10 章　红外光谱法

红外光谱法（infrared spectroscopy, IR）在化学领域中应用广泛，可用于基础结构研究（包括测定分子的键长、键角和分子结构），以及研究化学键的强度特性。此外，红外光谱法还可用于化学组分的定量分析，在材料科学、生物化学、药学、环境科学和食品科学等领域中也都有广泛的应用。通常，我们通过测定样品的红外吸收光谱可以获得物质的化学性质、结构和组成，从而为各种领域的研究和分析提供有力支持。红外光谱技术的结构解析功能使其成为化学研究和分析中不可或缺的工具。

10.1　基本原理

红外光谱法是利用分子在吸收红外辐射后发生振动和转动能级跃迁的吸收特性来进行分析的，红外光谱的波数范围 υ 通常为 625 ～ 4000 cm^{-1}。在这个波数范围内，分子中的不同化学键和功能团对红外辐射的吸收表现出特定的吸收峰，这些吸收峰包含了有关分子结构和化学基团的信息。

红外光谱法是一种用于分析物质的分子结构和组成的方法，它通过物质与红外辐射的相互作用来测定分子的振动和转动能级跃迁。不同的分子内振动和转动过程会对应不同波数的红外辐射吸收峰，因此这些吸收峰的位置和强度可以提供关于分子中存在的化学键和功能团的信息。通过分析这些吸收峰的模式和特性，我们可以确定样品的分子结构和化学成分。

红外光谱法的工作原理基于物质对特定波长的红外光的吸收特性。当红外光的频率与分子内的振动和转动能级跃迁条件相匹配时，分子将吸收红外辐射的能量，这个吸收会使分子的偶极矩发生变化，这一变化可以通过仪器测量。根据不同化学键和功能团的吸收特性，我们可以获得样品的红外吸收光谱。这个光谱显示了吸收峰的位置和强度，这些信息有助于确定物质的结构和组成。

红外光谱法在化学领域中应用广泛，它可用于基础结构研究，包括测定分子的键长、键角和分子结构，以及研究化学键的强度特性。红外光谱法还用于化学组分的定量分析，它在材料科学、生物化学、药学、环境科学和食品科学等领域中都有广泛的应用。通过测定样品的红外吸收光谱，我们可以了解物质的化学性质、结构和组成，从而为各种领域的研究和分析提供有力支持。红外光谱技术的广泛应用使其成为化学研究和分析中不可或缺的工具。

10.2 红外光谱的特征参数

10.2.1 红外光谱的表示方法及特征

红外光谱的表示基于测定的不同波长或波数的红外光透射率（*T*%）或吸光度（*A*%）。在红外光谱图中，纵坐标通常表示透射率，而横坐标可以表示波长（λ）或波数。在红外光谱图上，吸收峰通常以“谷”形状表示，这些“谷”代表了样品的吸收带或吸收峰，它们出现在特定的波数范围内，反映了分子中不同化学键和功能团的吸收特性。吸收峰的形状和深度取决于分子对特定波长红外光的吸收强度。因此，吸收峰的位置和强度提供了有关样品中存在的化学基团的信息。吸收峰的特征通常通过强度和形状来描述，吸收峰的强度可以分为强、中、弱，这取决于吸收带的深度；吸收峰的形状可以是尖的或宽的，这反映了分子振动能级跃迁的性质。这些属性源于分子内的振动和转动过程，与样品中的分子结构有关。

10.2.2 分子的振动方式

分子的振动方式可以分为两大类：伸缩振动和弯曲振动。

1. 伸缩振动

伸缩振动是指分子中的原子沿化学键轴方向进行周期性的伸缩运动。这类振动可以进一步细分为两种类型，即对称伸缩振动和不对称伸缩振动。在对称伸缩振动中，化学键两端的原子以相同的方式运动，使键长发生周期性变化。而在不对称伸缩振动中，化学键两端的原子以不同方式运动，使键长发生非周期性变化。需要注意的是，在伸缩振动中，键角保持不变。

2. 弯曲振动

弯曲振动是指分子中的键角发生变化，而键长保持不变的振动方式。这种振动包括不同的形式，如面内振动、面外振动、扭曲式振动和摇摆式振动。在这些振动中，键角的周期性变化是引起振动的根本原因。

3. 振动方式的数量

振动方式的数量在分子结构中起着关键作用，它取决于分子中的原子数和分子的结构。对于多原子分子，振动方式的种类更加多样。根据 Schwarz 的选择定则，非线性分子的振动方式数量为（$3n-6$），其中 n 表示分子中的原子数；而线性分子的振动方式数量为（$3n-5$）。以甲烷（CH_4）为例，它包含 5 个原子，因此具有 9 种不同的振动方式。

10.2.3　红外光谱吸收与强度

1. 分子吸收红外光的条件

（1）红外活性振动。只有那些能够引起分子电偶极矩变化的振动方式才会吸收红外光，这些振动称为红外活性振动。这是因为红外光的吸收涉及电偶极矩的变化，只有当分子振动使电子云的分布发生周期性变化时，分子才能与入射的红外辐射相互作用，吸收能量。这一条件解释了为什么不是所有分子振动都能在红外光谱中被观察到，只有那些具有与红外活性振动相关的电偶极矩变化的分子振动才能被检测到。

（2）$\Delta\nu$ 的整数倍规则。分子的振动光谱中，振动跃迁必须满足 $\Delta\nu=\pm 1$，± 2，…，$\pm n$ 的整数倍的频率差。这意味着分子的振动能级之间的跃迁只能在频率差是整数倍关系的情况下发生。这是因为红外光子的能量必须与分子振动能级之间的能量差完全匹配，否则分子将不吸收红外光。这一规则限定了哪些振动能级可以在红外光谱中观察到，为分析和解释红外光谱提供了关键的信息。

2. 红外吸收带强度

吸收强度取决于跃迁概率：

$$\text{概率}=\left(\frac{4\pi^2}{h^2}\right)\left|\mu_0\right|^2 E_0^2 t \tag{10-1}$$

式中：E_0 为红外光的电场矢量；μ_0 为跃迁偶极矩，不同分子的永久偶极表明振动时偶极矩变化的大小。式（10-1）表明，谱带强度取决于振动时偶极矩变化的大小，分子振动时，偶极矩变化越大，吸收强度越大。一般极性较强的分子或基团的吸收强度比较强，极性比较弱的分子或基团的吸收强度比较弱。如果振动耦合为 0，即并不引起偶极矩变化，则不能产生红外吸收。但是，即使极性很强的基团，其红外吸收谱带强度比电子跃迁产生的紫外－可见吸收带的强度也要小 2 ～ 3 个数量级。

3. 基本频率

分子的每一种振动与机械振动一样，都有一个固有的振动频率，称为基本频率，以 v_0 表示。

$$v_0 = \frac{1}{2}\sqrt{\frac{f}{\frac{m_A m_B}{m_A + m_B}}} \tag{10-2}$$

式中：f 为连接两个原子的化学键的强度，称为键力常数；m_A、m_B 为连接两个原子的质量；$\frac{m_A m_B}{m_A + m_B}$ 为折合质量。

10.2.4 特征频率（区）

一般有机化合物基团的特征频率主要出现在 IR 谱图中波数在 680 ～ 4 000 cm^{-1} 的范围，该范围称为化学键和基团的特征频率区。在这个区域内出现的吸收带，其峰位置的计算结果和实验结果非常接近，说明该区域的吸收带一般情况下不受分子其他部分结构的影响。例如，X—H（X 为 C、O、N、S）的吸收带位置稳定，均在 2 500 ～ 4 000 cm^{-1} 的范围内，出现在特征区的最左端；1 900 ～ 2 500 cm^{-1} 为不饱和区（X≡Z、X=Z），特征频率的稳定性较好；1 200 ～ 1 900 cm^{-1} 主要为双键伸缩振动区，如—CH_2—和—OH 的变角振动频率就在此范围；X—Y（Y 为 C、N、O）的伸缩振动频率，特征频率的稳定性较差。化学键的振动频率不仅与化学键的性质有关，还受分子内部结构和外部因素的影响，各种化合物中相同基团的特征吸收并不总在一个固定频率上，其中内部因素（如电子效应、共轭效应、氢键效应、范德华力、费米共振等）和外部因素主要与制样方法以及溶剂效应相关。

10.2.5 指纹区

指纹区是红外光谱中的一个重要区域，波数范围为 650 ～ 1 400 cm^{-1}。这个区域之所以如此特殊，是因为在这一范围内，红外光谱呈现出相对复杂的吸收特性，包括多个吸收峰。这些吸收峰并不是随机分布的，而是在不同分子中表现出独特的吸收特性。指纹区的独特性可以类比人类的指纹，每个人的指纹都是独一无二的，每种化合物在指纹区的吸收特性和峰形也是独特的，这是因为不同的化学结构和分子组合会使吸收峰的位置和形状产生显著差异。因此，指纹区中的吸收带可以被看作每种分子的独特标志，这一独特性为红外光谱提供了强大的辨识和确认工具。指纹区的吸收特性可以用于区分不同的化合物，确定它们的结构及身份，这对于化学分析、质谱学、药物研究、环境科学，以及食品和药品检测等领域至关重要。

10.2.6　影响基团频率的因素

1. 内部因素

（1）诱导效应（键力常数）。诱导效应指由分子中电子的运动而产生的瞬时偶极矩，这些瞬时偶极矩可以在相邻原子之间引起一些相互作用，从而影响键的硬度。这一效应在分子之间的相互作用中尤为重要，尤其是在极性分子之间。示例如下：

$CH_3 \rightarrow C(=O)—Cl$　　$CH_3 \rightarrow C(=O)—H$　　$CH_3 \rightarrow C(=O)—CH_3$

1807 cm^{-1}　　1731 cm^{-1}　　1715 cm^{-1}

（2）共轭效应。共轭系统或取代基团的存在可能会改变分子的振动频率，共轭效应通常会使振动频率降低。示例如下：

$C_6H_5—C(=O) \leftarrow CH_3$　　$C_6H_5—C(=O)—C_6H_4(NH_2)$

1680 cm^{-1}　　1630 cm^{-1}

（3）环张力效应。环张力增加会使环外双键的伸缩振动频率升高，环内双键的伸缩振动频率降低。示例如下：

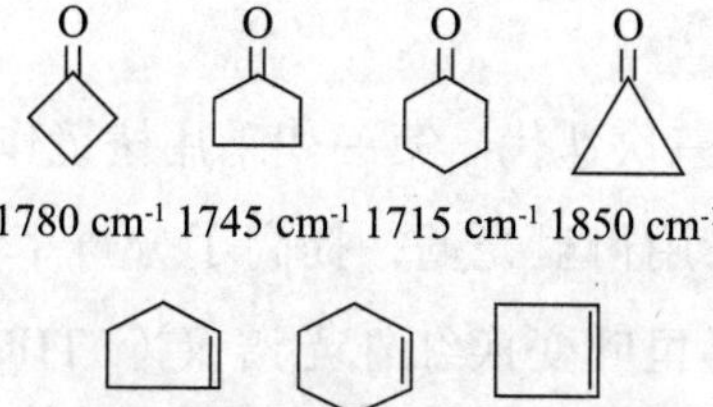

1623 cm^{-1}　1639 cm^{-1}　1566 cm^{-1}

（4）空间位阻效应。当共轭体系的共平面性被偏离或被破坏时，共轭体系会受到影响或破坏，吸收频率移向高波数。示例如下：

1663 cm^{-1}　　1683 cm^{-1}

（5）偶极场效应。外部电场的存在会对分子的电子云产生力的作用，使电子云发生位移。由于分子内部的电子分布和原子核位置的关系，这个位移可能会使分子整体的电偶极矩发生变化，电偶极矩的变化与外部电场的方向和强度有关。示例如下：

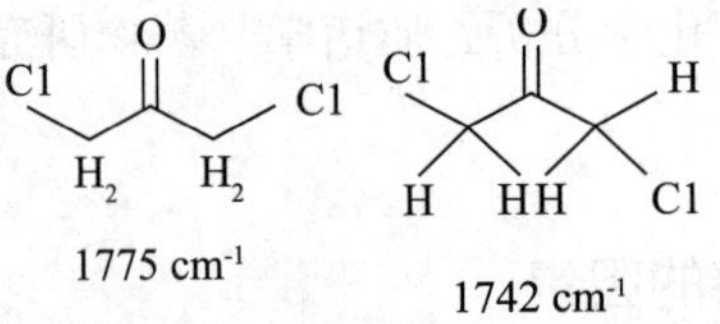

$1775\ cm^{-1}$　　$1742\ cm^{-1}$

（6）氢键效应。氢键是一种特殊的非共价相互作用，涉及氢原子与其他原子（通常是氮、氧、氟）之间的相互作用。

（7）质量效应。质量效应指分子中原子的质量对分子的振动频率和行为产生的影响。较重的原子通常会使振动频率降低，同时会影响分子的热力学和动力学性质。

2. 外部因素

外部因素指测定时物质的状态、溶剂效应等因素。

（1）物态效应。在气态条件下，物质的红外吸收峰通常较为尖锐，这是因为气体中分子的自由度较高，谱带受到的干扰较少，吸收峰相对较窄。当物质处于液态时，红外吸收峰往往会变宽，这是因为液态环境中，分子之间存在相互作用，会使吸收峰变得宽广。

（2）溶剂效应。不同溶剂对分子振动和吸收峰的影响可能不同，这会影响红外光谱的解析。溶剂的选择需谨慎，以确保测得的谱图能够准确反映样品的特性。

10.3　红外光谱仪的类型和组成

红外光谱仪的发展经历了三次迭代。第一代采用棱镜作为分光元件，分辨率较低，对操作环境要求苛刻。第二代采用衍射光栅，提高了分辨率和性能。第三代采用了迈克尔逊干涉仪与计算机技术，即傅里叶变换红外光谱仪（FTIR Spectrometer）。FTIR 光谱仪利用计算机把干涉图进行傅里叶数学变换得到吸收光谱，具有高光通量、低噪声、高速测量、高分辨率、精确波数和广泛的光谱范围等特点，已成为红外光谱分析的标准工具，广泛应用于多个科学领域。

10.3.1　色散型红外光谱仪

1. 工作原理

光源发出的光照射试样，经光栅分成单色光，由检测器检测后获得光谱。色散型红外光谱仪由光源、样品池、单色器、检测器和记录仪等部分组成，其组成示意图如图 10-1 所示。

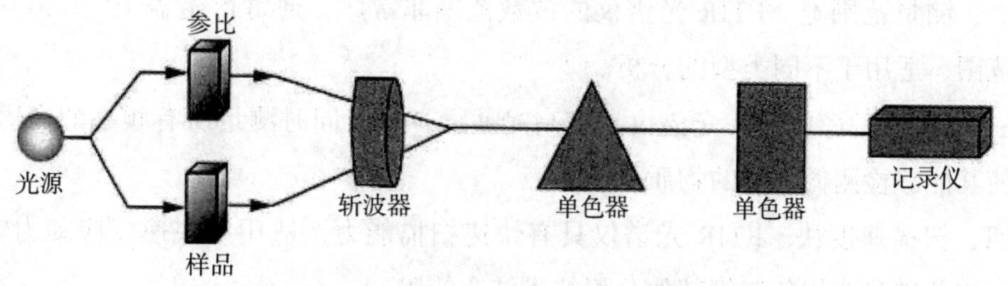

图 10-1 色散型红外光谱仪组成示意图

2. 工作过程

红外灯产生的红外辐射分成两路，一路经过参比槽，另一路经过样品槽。随后，吸收光经过分散元件（如棱镜或光栅）被分散成不同波数的光，类似于将白光分成不同颜色的光谱。最后，检测器测量各个波数的光强度，产生红外光谱，其图谱上的吸收峰位置和强度对应样品的化学基团。记录仪通过扫描分散元件可以获得整个红外光谱的信息。

10.3.2 傅里叶变换红外光谱仪

傅里叶变换红外光谱仪主要由光源、迈克尔逊干涉仪、吸收池、检测器和计算机组成，其组成示意图如图 10-2 所示。

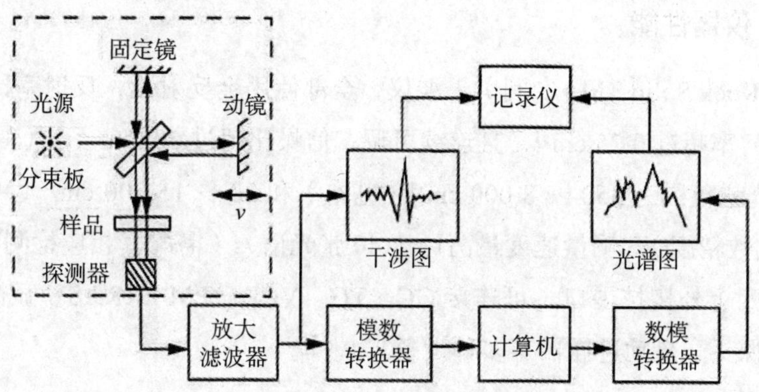

图 10-2 傅里叶变换红外光谱仪组成示意图

FTIR 光谱仪的工作原理：光源发出的光经迈克尔逊干涉仪变成干涉光，样品再进行干涉光照射，检测器由此获得干涉图而得不到红外吸收光谱，实际吸收光谱是由计算机对干涉图进行傅里叶数学变换所获得的。

FTIR 光谱仪具有以下特点。

第一，光学构造简单。FTIR 光谱仪的光学系统结构相对简单，包括运动部件（如动镜），这些运动部件运作稳定，不易磨损。

第二，测量范围宽。FTIR 光谱仪的波数范围非常广，通常可覆盖 10 ～ 40 000 cm^{-1} 的频率范围，适用于不同类型的分析。

第三，精准度高。FTIR 光谱仪具有高光通量，可以同时测量所有频率的光谱，其高灵敏度使其能够检测低浓度的物质。

第四，扫描速度快。FTIR 光谱仪具有快速扫描能力，适用于快速反应动力学研究，还可与气相色谱和液相色谱等其他分析技术结合使用。

第五，抗杂散光干扰。FTIR 光谱仪对杂散光的抗干扰性较强，能够保证测量的准确性，即使在环境中存在其他光源或杂散光的情况下也能正常工作。

第六，环境适应性强。FTIR 光谱仪对环境条件的要求相对较低，不受温度和湿度变化的严重干扰，适用性广泛。

随着红外探测器和氦、氖激光器，以及小型计算机技术的进步，FTIR 光谱仪已逐渐替代色散型红外光谱仪，成为分析化学领域中应用极为广泛的仪器之一。

10.4 TENSOR Series 傅里叶变换红外光谱仪的使用方法

10.4.1 仪器性能

仪器采用 Rock Solid TM（专利）干涉仪，全部使用金反射镜，反射率比铝镜高 5% 以上。仪器的分辨率超过 0.25 cm^{-1}，且连续可调；信噪比超过 50 000 ： 1（峰 - 峰值，1 min 测试）。测量光谱范围为 350 ～ 8 000 cm^{-1}（基本）和 20 ～ 15 500 cm^{-1}（可选），精度为 0.005 cm^{-1}（波数精度）。测量速度最高可达 40 张光谱 /s（需配套相应检测器）。

仪器具有四个外接扩展口，可连接 GC、TG、VCD、PM-IRRAS、显微镜、积分球、望远镜、在线探头、自动进样器等多种设备。

10.4.2 操作程序

1. 样品的制备

将固体样品粉碎成细粉，样品中水的含量不宜过高，然后与透红外光的载体（如氯化钾、溴化钾等）混合，或者将固体样品溶解在透红外光的溶剂（如氯仿、四氧化碳等）中，制成溶液，然后滴在透红外光的盐类晶体片（如氯化钠、溴化钾等）上，等待溶剂挥发。样品干燥后，与高纯度的氯化钾或溴化钾按照质量比为 1 ： 100 的比例混合均匀，用研钵研磨成粒径小于 5 μm 的粉末，放入模具中，用压片机在高压下压制成透明的圆片，厚度为 0.1 ～ 0.2 mm。将压制好的圆片放入干燥箱中，温度控制在 80 ～ 100℃，干燥 24

h，以去除水分和杂质。将干燥好的圆片取出，用无尘纸擦拭表面，避免沾染指纹或灰尘。将圆片放入傅里叶变换红外光谱仪的样品舱中，调整好位置和角度，开始测量。

对于易挥发的样品，将样品液滴在盐类晶体片（如 NaCl、KBr、CsI 等）上，形成一层薄膜，以备测定。

对于易发生氧化或分解的样品，用液态石蜡封装固体粉末，然后夹于盐类晶体片上进行测定。

对于沸点较高且黏性较大的液体样品，用不锈钢刮刀取少量样品均匀涂抹在盐类晶体片表面，在红外灯下烘烤片刻以除去微量水分后即可用于测定。

对于沸点较低的样品及黏性小、流动性较大的高沸点液体样品，滴加一小滴样品于盐类晶体片的中心，再压上另一片盐类晶体片，在两个盐类晶体片之间制成一个液膜进行测定。

对于气态样品，将样品气体注入高压气瓶中，通过调节阀门控制其压力，将气瓶连接到光谱仪的气体池中，测量其红外光谱。

对于不溶、难熔或难粉碎的固体样品，可采用机械切片法进行测定。

2. 测量光谱

（1）启动计算机并打开 OPUS 软件，用注册的用户名和密码登录。

（2）在 OPUS 窗口中，通过“Measure”菜单中的“Optic Setup and Service”对话框设置光谱仪的参数，包括仪器部件。

（3）在“Measure”菜单中的“Measurement”对话框中设置测量参数，包括“Optic”（光学）参数、“Acquisition”（采样）模式和傅里叶变换参数。

（4）首次使用光谱仪时，需要保存并记录干涉峰的位置，减少反复操作。

（5）在“Measure”菜单中的“Advanced”对话框中进行高级设置，包括扫描次数和文件保存路径等。

（6）测量背景。在“Optic”页面检查光圈设定，然后在“Basic”页面中点击“Collect Background”按钮，采集背景谱。

（7）测量样品。采集背景光谱后，将测试样品放置在光路中，点击“Collect Sample”，然后测试样品，相关数据将显示在谱图窗口。

（8）在“File”菜单中选择“Save File As”，保存测量到的谱图数据。

10.4.3　仪器使用及保养的注意事项

第一，仪器应放置在干燥、清洁、无振动和恒温的环境中，避免阳光直射和强烈的电磁干扰。室内温度应为 15 ～ 30 ℃，相对湿度应在 65% 以下。仪器开机前应先检查电源电压是否符合要求、电源插座是否接地良好、电源线是否完好无损。

第二，为了获得清晰可靠的红外光谱，试样制备方法是关键的一步。常用的试样制备方法是溴化钾（KBr）压片法，它适用于大多数固体有机物。KBr是一种无色透明的晶体，具有很高的透光率，不会对红外光谱产生干扰。但是KBr也有一些缺点，如容易吸收水分和二氧化碳，导致结块和透光率降低，所以在使用前应适当研细（200目以下）并在120 ℃以上烘烤至少4 h后置于干燥器中备用，以去除水分和二氧化碳，防止结块和防止透光率降低。

第三，如果样品含有氯离子，应该使用经过预处理的氯化钾作为压片剂，而不是溴化钾；但如果两种压片剂的光谱效果没有明显差异，那么溴化钾也可以使用。

第四，因为不同的样品对红外光有不同的吸收特性，所以要求压片的光谱图中大部分吸收峰的透光率为10%～30%。如果最强的吸收峰透光率过高（如超过30%），说明样品量不足；如果最强的吸收峰透光率过低（接近0%）并且呈现平顶形状，说明样品量过多。样品量不足或过多时都需要调节样品量并重新测量。

10.5 实验内容

10.5.1 近红外光谱仪在橄榄油品质分析和掺杂量检测中的应用

1. 实验目的

（1）了解近红外光谱仪的工作原理。

（2）学会近红外光谱仪的操作方法。

（3）掌握红外光谱图的分析方法。

2. 实验原理

橄榄油是由新鲜的油橄榄果实直接冷榨而成的食用油，含有高比例的单不饱和脂肪酸，含量超过80%，而玉米油中这种脂肪酸的含量只有28%～32%。此外，橄榄油和玉米油中不饱和脂肪酸的比例也不同，这会影响它们的含氢基团（O—H、C—H）在近红外光谱中的振动合频和各级倍频。利用化学计量学方法，我们可以建立近红外光谱与橄榄油掺杂量之间的相关模型，从而预测未知样品中橄榄油的含量。

3. 仪器及试剂

（1）仪器：聚光科技SupNIR-1500系列便携式近红外光谱分析仪；5 mm光程的石英比色皿；小体积烧杯；注射器（用于移取油品）。

（2）试剂：橄榄油及玉米食用油。

4. 实验步骤

（1）橄榄油的测定。在进行光谱测定之前，我们需要将光谱仪预热至少 30 min，以保证仪器的稳定性。测定采用透射法对橄榄油样品进行近红外光谱扫描，扫描波数范围为 5 500～10 000 cm^{-1}，分辨率为 8 cm^{-1}，每个样品重复扫描 64 次，取平均值作为最终结果，以空气为参比标准，在室温条件下进行测定。

（2）掺杂样品的测定。按照不同的质量比例将玉米油掺入橄榄油中，制备出 20 个不同掺杂水平的样品。橄榄油的质量分数从 100% 逐渐降低到 5%，每次减少 5%，掺杂水平由实际添加的玉米油质量计算得出。对每个掺杂样品进行近红外光谱扫描，得到相应的光谱图。

（3）数据建模。利用光谱仪自带的 CM-2000 化学计量学软件，从测定的样品中随机选择 17 个作为校正集，用于建立近红外光谱与玉米油掺杂水平之间的数学模型，建模方法参考实验步骤（4）。另外选择 4 个样品作为验证集，用于检验模型的预测能力和准确性。

（4）建模方法。近红外光谱仪器配置的软件包括两个部分：测量分析和模型管理。模型管理有两个项目：样本集管理和模型集管理。我们首先通过样本集管理项目将测量得到的近红外光谱导入数据库中，将样本集分为校正集和验证集，用于模型的建立。具体操作步骤如下。

①样本集管理（添加样品集）。在“新样本集”对话框中的“样本集编辑”界面添加样品。在“样本集编辑”界面的工具栏选择“编辑”→“添加样本”→“添加谱图”。在“添加谱图”对话框中点击“浏览”导入测量获得的测量样本。建立定量模型还需要添加“性质”项，在空白处点击鼠标右键，选择“添加性质”，性质数据全部添加完成后，点击“确定”导出样本集。导出的校正集和验证集保存在数据库中。

②模型集管理。在软件界面中，右键选择“建立模型”可以建立新模型集。在“一键建模”对话框中导入校正集和验证集后，我们可以进行参数设置。“参数配置”中可调参数较多，主要包括预处理方法和波长点的选择。参数设置完成后点击“计算模型”，系统会给出模型报告，选择较好的模型进行模型的评价。如果要对分析样品作模式识别分析，可以直接对测量的近红外光谱按照谱图相近、性质相近的原则进行聚类分析。

5. 数据记录与处理

（1）对建立的模型进行准确性检验。

（2）对合成样品进行分类识别并计算结果和标准偏差。

6. 注意事项

在进行光谱测量时，要尽量减少外部因素的影响，如光源变化、温度波动等。

7. 思考题

（1）近红外光谱仪测定的波长范围是多少？

（2）为什么要用化学计量学方法建立定量分析模型？

10.5.2 用红外光谱法测定有机化合物的结构

1. 实验目的

（1）掌握使用红外光谱进行样品制备和官能团鉴别的方法。

（2）学习使用红外光谱仪进行分析。

2. 实验原理

红外光谱法是一种广泛应用于化学分析的技术，它通过检测分子中的特定振动频率来鉴别不同的官能团和化合物。在进行红外光谱的定性分析时，我们可以采用已知标准物质对照法或标准谱图对照法进行分析。

在用未知物谱图查对标准谱图时，必须注意以下几点：第一，比较所用仪器与绘制的标准谱图在分辨率与精度上的差别，否则可能导致某些峰的细微结构的差别。第二，未知物的测绘条件需保持一致，否则谱图会出现很大差别，如在进行溶液样品的红外光谱测定时，溶剂的选择对测定结果具有显著影响，必须保证溶剂的一致性以避免得出错误的结论。样品的浓度存在差异仅会影响吸收峰的强度，而各吸收峰间的相对强度将保持不变。第三，必须注意引入杂质对吸收带的影响（如 KBr 压片可能吸水而引入水的吸收带等），应尽可能避免杂质的引入。

解析红外光谱图的基本步骤如下：第一，从特征频率区入手，识别化合物中含有的主要官能团；第二，进行指纹区分析，以进一步确认官能团的存在，由于一个官能团通常具有多种振动模式，因此不能仅依赖单一特征吸收来确定官能团，需识别所有相关的吸收带；第三，仔细分析指纹区谱带的位置、强度和形状，以确定化合物的可能结构；第四，参照标准谱图并结合其他鉴定技术进一步验证化合物结构。

3. 仪器及试剂

（1）仪器：红外光谱仪；手压式压片机（包括压模等）；玛瑙研钵；可拆式液体池；盐类晶体片。

（2）试剂：KBr（A.R.）；无水乙醇（A.R.）；液状石蜡；滑石粉；苯甲酸；对硝基苯甲酸；苯乙酮；苯甲醛。

4. 实验步骤

（1）苯甲酸（或对硝基苯甲酸）固体样品的红外光谱测定方法。先将苯甲酸（或对硝基苯甲酸）干燥，取 1 ～ 2 mg 放入玛瑙研钵，研细后加入 400 mg 干燥的 KBr，继续混合均匀，混合物的粒径约为 2 μm。从混合物中取出约 100 mg 装入清洁的压模，用 29.4 MPa 的压强压制 1 min，制成透明片。将透明片放在样品架上，放入光谱仪的样品池。之后检测透光率，如果透光率大于 40%，就开始扫描，扫描范围是 650 ～ 4 000 cm^{-1}。如果透光率小于 40%，就要重新压制透明片。扫描结束后，取出样品架和透明片，并按要求清理模具和样品架，妥善保存。

（2）苯乙酮（或苯甲醛）纯液体样品的红外光谱测定方法。①准备可拆式液体样品池，戴上指套，从干燥器中取出两个盐类晶体片，在红外灯下用滑石粉和少量无水乙醇混合，抛光盐类晶体片表面，然后用软纸擦干净，再用无水乙醇清洗几次，最后在红外灯下烘干盐类晶体片，备用。②在可拆式液体样品池的金属池板上放置橡胶圈，再将一个盐类晶体片放在孔的中心位置，然后在盐类晶体片上滴半滴液体试样。盖上另一盐类晶体片（注意避免气泡），再盖上另一金属片，对角方向拧紧螺丝，将盐类晶体片固定好。将液体池放在红外光谱仪的样品池处，进行扫谱。③扫谱完成后，取出样品，松开螺丝，戴上指套，取出盐类晶体片。先用软纸擦去液体，再用无水乙醇洗去试样（不能用水洗），然后在红外灯下用滑石粉和无水乙醇抛光处理，最后用无水乙醇清洗、擦干、烘干盐类晶体片。将两盐类晶体片放回干燥器中保存。

5. 数据记录与处理

将扫谱得到的谱图与已知标准谱图进行比较，并找出主要吸收峰的归属。

6. 注意事项

（1）固体样品经研磨（在红外灯下）后应随时注意防止吸水，否则压出的片易粘在模具上。

（2）可拆式液体池的盐类晶体片应保持干燥、透明，每次测定前后均应反复用无水乙醇及滑石粉抛光（在红外灯下），切勿用水洗。

7. 思考题

（1）红外光谱仪与紫外 - 可见分光光度计在光路设计上有什么不同？为什么？

（2）为什么红外光谱法要采取特殊的制样方法？

（3）液体样品若为溶液样品，摄取红外光谱图时应注意什么问题？

10.5.3　醛和酮的红外光谱分析

1. 实验目的

（1）对醛和酮的羰基吸收频率进行比较，说明取代效应和共轭效应，指出各个醛、酮的主要谱带。

（2）熟悉压片法及可拆式液体样品池的制样技术。

2. 实验原理

醛和酮的特性吸收峰出现在 1 540 ～ 1 870 cm^{-1} 的区间，这主要归因于 C═O（碳氧双键）的伸缩振动产生的吸收带。此吸收带的位置较为固定，且吸收强度较大，因此很容易识别。然而，C═O 的伸缩振动吸收带的实际位置会受多种因素的影响，包括样品的状态、邻近取代基团的性质、共轭效应、氢键的存在，以及环结构的张力等。

脂肪醛通常在 1 720 ～ 1 740 cm^{-1} 区间显示吸收峰。若 α－碳位置上存在电负性较高的取代基团，则该基团会增加 C═O 吸收带的吸收频率，如乙醛的 C═O 伸缩振动吸收峰位于 1 730 cm^{-1} 处，含有三个氯取代基的三氯乙醛的 C═O 伸缩振动吸收峰则位于 1 768 cm^{-1} 处。双键与羰基之间的共轭效应会降低 C═O 的吸收频率，使吸收峰出现在更低的频率处，如芳香醛通常在较低频率处显示吸收，这也是双键和羰基之间的共轭效应导致的。分子内的氢键也会使 C═O 的伸缩振动吸收峰向低频方向移动。

酮的羰基比相应醛的羰基在稍低的频率处吸收。饱和脂肪酮的吸收峰在 1 715 cm^{-1} 左右。同样，双键的共轭效应会造成吸收向低频移动，酮与溶剂之间的氢键也将降低羰基的吸收频率。

3. 仪器及试剂

（1）仪器：红外光谱仪；压片机；压模；样品架；可拆式液体池；盐类晶体片；红外灯；玛瑙研钵。

（2）试剂：苯甲醛；肉桂醛；正丁醛；二苯甲酮；环己酮；苯乙酮；滑石粉；无水乙醇；KBr。

4. 实验步骤

（1）用可拆式液体池将苯甲醛、肉桂醛、正丁醛、环己酮、苯乙酮等分别制成 0.015 ～ 0.025 mm 厚的液膜，测定红外光谱。

（2）二苯甲酮为固体，可按压片法制成 KBr 片剂测其红外光谱。

5. 数据记录与处理

（1）根据红外光谱图确定各化合物的羰基振动频率，并据此推断它们的结构。

（2）从苯甲醛的光谱图中分析出 3 000 cm^{-1} 附近和 675 ～ 750 cm^{-1} 区间的主要吸收峰。

（3）从环己酮光谱图中找出 2 900 cm^{-1} 和 1 460 cm^{-1} 处的主要吸收峰。

（4）比较肉桂醛、苯甲醛和正丁醛的烷基振动频率，讨论共轭效应和芳香性对羰基振动频率的影响。

（5）讨论共轭效应和芳香性对酮类化合物的羰基振动频率的影响。

6. 注意事项

在实验中注意保护液体池的盐类晶体片。

7. 思考题

（1）解释若用氯原子取代烷基，羰基振动频率会产生位移的原因。

（2）推测苯乙酮中 C=O 伸缩振动的泛频频率。

10.5.4　红外光谱的校正——薄膜法聚苯乙烯红外光谱的测定

1. 实验目的

（1）掌握薄膜的制备方法，并用于聚苯乙烯的红外光谱测定。

（2）利用绘制的谱图进行红外光谱的校正。

2. 实验原理

每一张谱图，在光谱仪上图纸的实际安放位置是有变化的。为了完全正确地识别峰的位置，我们需要校正所要分析的谱图。聚苯乙烯红外光谱的已知吸收峰的位置分别在 2 850 cm^{-1}、1 601.8 cm^{-1}、906 cm^{-1} 处，可用于校正光谱。此外，薄膜法在高分子化合物的红外光谱分析中被广泛应用。

3. 仪器及试剂

（1）仪器：红外光谱仪；红外灯；薄膜夹；平板玻璃；玻璃；铅丝。

（2）试剂：CCl_4（A.R.）；聚苯乙烯；氯仿（A.R.）。

4. 实验步骤

（1）用四氯化碳制备约 12% 的聚苯乙烯溶液，用滴管将溶液滴在干净的玻璃板上，迅速用两端缠有细铅丝的玻璃棒将溶液均匀涂抹，自然风干 1 ～ 2 h。然后将玻璃棒浸入水中，用镊子轻轻地剥离薄膜，用滤纸吸去薄膜表面的水分，将薄膜放在红外灯下干燥。最后，将薄膜夹在薄膜夹中，在光谱仪上测定光谱。

（2）用氯仿作为溶剂，重复上述步骤，再测定光谱。

5. 数据记录与处理

将两次扫描的谱图与已知标准谱图进行比较，找出主要吸收峰的归属，同时检查 2 850 cm^{-1}、1 601.8 cm^{-1}、906 cm^{-1} 的吸收峰位置是否正确，了解仪器图纸的位置是否恰当。

6. 注意事项

（1）平板玻璃一定要光滑、干净。

（2）扫谱前应调整仪器图纸的实际位置。

7. 思考题

（1）聚苯乙烯的红外光谱图与苯乙烯的谱图有什么区别?

（2）为什么红外光谱制备样品薄膜时必须将溶剂和水分除去?

第 11 章　核磁共振波谱法

核磁共振波谱法（NMRS）是一种广泛应用于化学和生物领域的分析技术，它通过观察核自旋磁矩在外加磁场中的行为来研究样品的结构和动态性质，具体可通过测量原子核对 4 ～ 800 MHz 射频辐射的吸收来测定物质中各种原子核的类型、数量、相对位置和化学环境，从而推断出物质的分子式、构造式和空间构型。目前，核磁共振波谱法由于具有高灵敏度、高分辨率、高准确度和高选择性等优点，已经广泛应用于有机化学、无机化学、生物化学、药物化学、材料科学等领域。

11.1　基本原理

11.1.1　原子核的磁性质

1. 原子核的自旋

原子核是带电粒子，具备一定的质量和体积。经过实验证实，大部分原子核都呈现自旋运动，绕某一轴旋转。这种机械旋转会引发角动量的生成。原子核自旋产生的角动量是一个矢量，其方向遵循右手螺旋定则，与自旋轴的朝向一致，如图 11-1 所示。

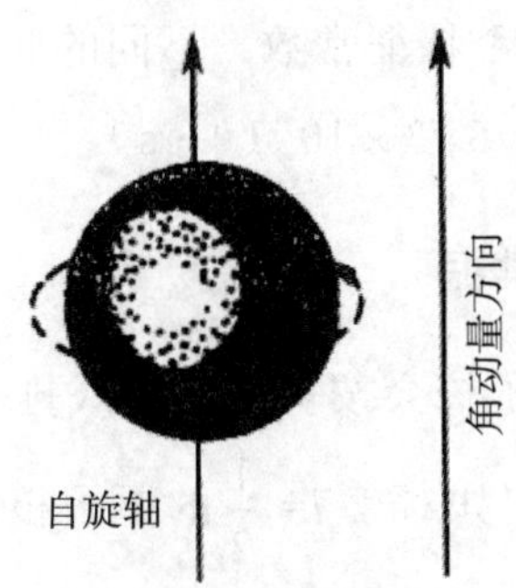

图 11–1　原子核的自旋和角动量方向

根据量子力学，可计算出核自旋角动量的绝对值：

$$P=\frac{h}{2\pi}I \tag{11-1}$$

式中：I 为核自旋量子数；P 为核自旋角动量的最大可观测值；h 为普朗克常数。

I 决定了自旋角动量的数值大小。I 只能取 0、整数或半整数，不能取其他数值。实验表明，I 与核的质量数 A 以及原子序数 Z 之间具有特定关联。

（1）I=0 的原子核，其核的质子数（Z）和中子数（N）都是偶数，故 A=Z+N，是偶数，这种核的 P=0，即没有自旋现象，如 $^{12}_{6}C$ 、$^{16}_{8}O$ 等。

（2）I= 整数（1，2，…）的原子核，其核的 Z 和 N 都为奇数，故 A 是偶数，这种核的 $P\neq 0$，有自旋现象，如 $^{2}_{1}H$ 、$^{14}_{7}N$ 等。

（3）I= 半整数（$\frac{1}{2}$，$\frac{3}{2}$，…）的原子核。核的 Z 为奇数（或偶数），N 为偶数（或奇数），故 A 是奇数，$P\neq 0$，有自旋现象，如 $^{1}_{1}H$ 、$^{13}_{6}C$ 等。

上述规律只能说明核自旋量子数是零、半整数还是整数，至于各类核自旋量子数的具体数值则必须由实验确定。

I=0 的原子核没有自旋现象，置于外磁场中也没有核磁共振现象。$I>\frac{1}{2}$ 的原子核，置于外磁场中有核磁共振现象。$I=\frac{1}{2}$ 的原子核，尤其是 $^{1}_{1}H$ 核和 $^{13}_{6}C$ 核，其电荷呈球形分布，是核磁共振中最主要的研究对象。

2. 原子核的磁矩

带正电的原子核作自旋运动时会围绕旋转轴旋转，产生循环电流和磁场，这种磁性质通常可用磁矩来描述。磁矩的方向与自旋轴方向相同，大小与角动量 P 的大小成正比。

$$\mu=\gamma P \tag{11-2}$$

式中：γ 为磁旋比，是磁性核的一个特征常数，不同的原子核具有不同的 γ 值，如质子的 γ_H=2.68×10^8 T^{-1}·s^{-1}，^{13}C 核的 γ_C=6.73×10^7 T^{-1}·s^{-1}。

11.1.2 核的磁化与核磁共振

在静磁场中，具有磁矩的原子核会按一定的方式排列。根据量子力学原理，在磁场中，核的取向数目等于（$2I$+1），如对于 $I=\frac{1}{2}$ 的原子核，取向数为 2。磁矩与磁场方向相同的核具有较低的能量 E_1，用 $+\frac{1}{2}$ 表示；方向相反者具有较高的能量 E_2，用 $-\frac{1}{2}$ 表示。根据玻尔兹曼（Boltzmann）定律，$+\frac{1}{2}$ 的核比 $-\frac{1}{2}$ 的核数目稍多，且

$$\frac{n_+}{n_-}=\exp\left(\frac{-\Delta E}{kT}\right) \tag{11-3}$$

式（11-3）可以近似表示为

$$\frac{n_+-n_-}{n_-}=\frac{2\mu H_0}{kT} \tag{11-4}$$

式中：n_+ 和 n_- 为两种能态核的数目；k 为玻尔兹曼常数（1.381×10^{-23} J·K^{-1}）；T 为绝对温度；ΔE 为两种能级的能量差；H_0 为外加磁场强度。

室温下，H_0=1.41 T 时，处于低能态的核仅比处于高能态的核多约 1×10^{-5} 个。

实际上，自旋核的磁轴并不与 H_0 重合，而是以固定夹角 54°24′ 围绕 H_0 作回旋运动，这种运动称为拉莫尔（Larmor）进动。进动角度 ω 与核的磁旋比和 H_0 有关，如图 11-2 所示。

$$\omega=2\pi\nu_0=\gamma H_0 \tag{11-5}$$

$$\nu_0=\frac{\gamma H_0}{2\pi} \tag{11-6}$$

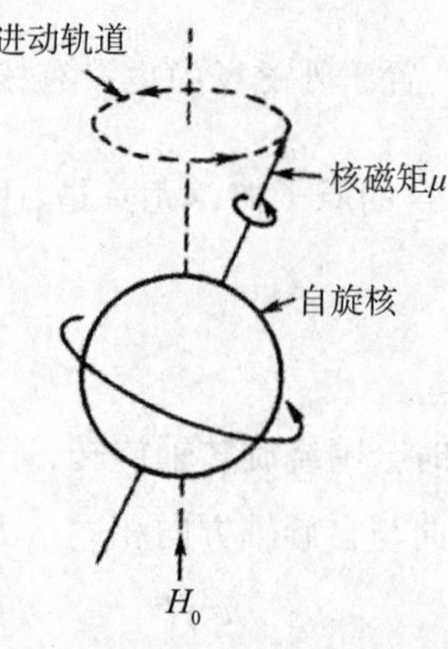

图 11-2 自旋核在磁场 H_0 中的进动

核进动角速率是量子化的。当原子核受到适当频率的射频场 H_1 作用时，进动角速率并不变化，而是处于低能态的自旋核吸收射频能量，跃迁到高能态（图 11-3），从而产生核磁共振吸收。

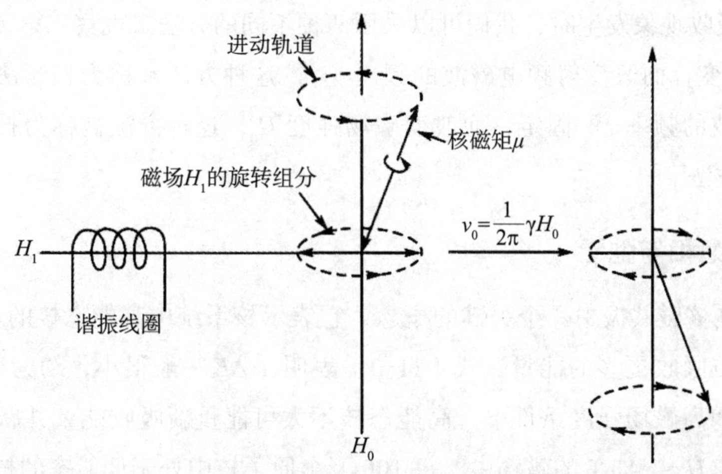

图 11-3　原子核在射频场 H_1 的作用下由低能态跃迁至高能态

当提供自旋体系一定的能量时，处于低能级自旋态的核吸收能量，从而跃迁到高能级自旋态。

当样品受到的射频电磁辐射的能量（$h\nu$）与两个核磁共振能级之间的能量差（ΔE）相匹配时，处于较低能级的核会吸收频率为 υ 的射频电磁辐射，从而跃迁到较高能级，这个过程会产生核磁共振吸收信号。

由式（11-6）可知，相邻核磁共振能级的能量差 ΔE 为

$$\Delta E = \frac{h}{2\pi}\gamma H_0 \tag{11-7}$$

又知电磁辐射的能量

$$\Delta E' = h\nu \tag{11-8}$$

则发生核磁共振时

$$\Delta E = \Delta E' \tag{11-9}$$

即

$$\frac{h}{2\pi}\gamma H_0 = h\nu \tag{11-10}$$

由此可见发生核磁共振的条件是

$$\frac{1}{2\pi}\gamma H_0 = \nu \tag{11-11}$$

例如，在外磁场 H_0=4.69 T 的超导磁体中，^{1}H 和 ^{13}C 的共振频率分别为

$$\nu(^{1}\mathrm{H})=\frac{1}{2\pi}\gamma H_0=\frac{2.68\times10^{8}\ \mathrm{T^{-1}\cdot s^{-1}}\times4.69\ \mathrm{T}}{2\times3.14}=2.0015\times10^{8}\ \mathrm{s^{-1}}=200.15\ \mathrm{MHz} \quad (11\text{-}12)$$

$$\nu(^{13}\mathrm{C})=\frac{1}{2\pi}\gamma H_0=\frac{6.73\times10^{7}\ \mathrm{T^{-1}\cdot s^{-1}}\times4.69\ \mathrm{T}}{2\times3.14}=5.026\times10^{7}\ \mathrm{s^{-1}}=50.26\ \mathrm{MHz} \quad (11\text{-}13)$$

核磁共振吸收现象发生时，我们可以采用两种不同的方法来观察。第一种方法是保持磁场强度 H_0 不变，而改变射频电磁波的频率 ν，这种方法被称为扫频法。另一种方法是将射频电磁波的频率 ν 固定，而改变磁场强度 H_0，这种方法被称为扫场法，也叫作扫描法或连续波法。

11.1.3 饱和与弛豫

饱和状态是核磁共振中一个关键的概念，它表示核系统中高能态核的数量受到限制，因为它们无法再吸收更多的能量。式（11-3）表明，ΔE 一般很小，约为 10^{-6} kJ·mol^{-1}。这是由于低温和高磁场强度条件下，高能态核不太可能重新吸收能量并跃迁到更高的能级。室温下，在 H_0=1.41 T 的磁场中，每 100 万个原子核中处于低能态的核仅比高能态的核多约 6 个，在较高的 H_0 和低温下，这个差值会增大，如式（11-4）所示。这种限制对于核磁共振试验非常重要，因为它可以确保我们观察到特定的核信号，而不会受到高能态核的干扰。

核磁共振还涉及弛豫机制，这是核粒子重新回到低能态的过程。在核磁共振弛豫中，高能态核可以通过纵向弛豫（也称自旋－晶格弛豫）和横向弛豫（也称自旋－自旋弛豫）来传递多余的能量给周围的介质。

11.1.4 化学位移及其表示方法

式（11-10）似乎意味着同一种原子核在固定的磁场中均以相同的频率共振，但事实上，不同基团的原子核真正感受到的磁场强度 H 取决于核周围的电子云密度。核外电子云受到外加磁场 H_0 的作用，根据楞次定律，这些电子云会产生感应电流和感应磁场 H'，H' 的方向与 H_0 方向相反，它会使外加磁场减弱。这种作用被称为屏蔽效应（$H'=H_0\cdot\sigma$），如图 11-4 所示。最终原子核受到的磁场强度 H 为

$$H=H_0-H'=H_0(1-\sigma) \quad (11\text{-}14)$$

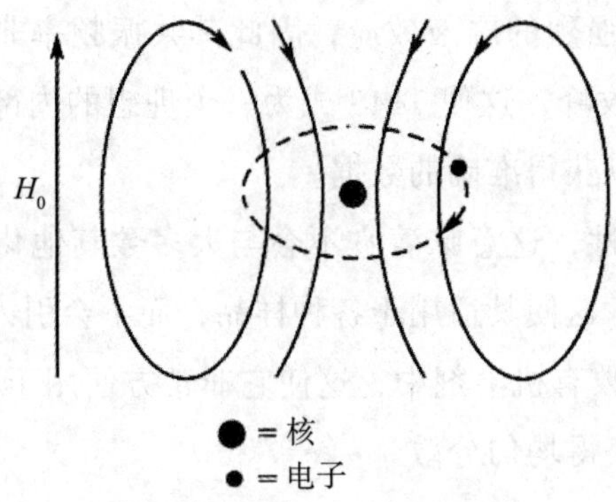

图 11-4　核外电子对核的屏蔽效应

将式（11-14）代入式（11-11）可得

$$\nu = \frac{\gamma H_0(1-\sigma)}{2\pi} \tag{11-15}$$

式中：σ 为屏蔽常数，表示改变磁场强度 H_0 的能力，化合物中的不同基团具有相应的 σ 值，能够产生不同的核磁共振频率。

不同的氢核（氢原子核）在相同磁场下表现出不同的行为，这是因为它们具有不同的屏蔽常数 σ。这种差异产生了所谓的化学位移现象，即外加电场或共振频率的变化。因为不同的氢核与周围电子云的相互作用不同，它们在磁场中的响应也会不同，在核磁共振谱中会产生不同的峰。

然而，由于化学位移的数值相对较小，因此精确测量其绝对值可能较为困难。为了解决这个问题，科学家提出了相对化学位移的概念，将样品的化学位移与某个参考物质的化学位移进行比较。通常，特定的标准物质会被选为参考，共振频率（ ν_x 与 ν_s ）或磁场强度（H_x 与 H_s）的差值同所用仪器的频率 ν_0 或磁场强度 H_0 的比值用 δ 来表示，因其值极小，故相对差值需再乘 10^6，即

$$\delta = \frac{\nu_x - \nu_s}{\nu_0} \times 10^6 \tag{11-16}$$

或

$$\delta = \frac{H_x - H_s}{H_0} \times 10^6 \tag{11-17}$$

TMS（四甲基硅烷）在核磁共振谱分析中是一种不可或缺的标准物质，这是因为它拥有一系列独特的优势，使其成为理想的化学位移标准。

（1）TMS 中的 12 个氢核位于完全相同的化学环境，它们形成一个尖峰。这意味着所有氢核具有相同的化学位移值，使 TMS 的核磁共振谱呈现单一而锐利的峰，非常容易识别和测量。

（2）TMS 的氢核受到强烈的屏蔽效应，因此其共振频率非常低，几乎不会干扰大多数有机化合物中的氢核吸收峰，这使 TMS 成为一个理想的内部参考物质，可以用来校正其他化合物的化学位移，以获得准确的数据。

（3）TMS 具有化学惰性，这意味着它不会与大多数其他化合物发生化学反应，从而保持其分子结构的稳定性，这使其适用于各种样品，而不会引入额外的干扰。

（4）TMS 易溶于大多数有机溶剂中，这使它非常方便用于不同类型的核磁共振试验，因为它可以在各种溶剂中获得均匀分散。

11.1.5 影响化学位移的因素

1. 元素电负性的影响

原子或基团的电负性与氢核的核磁共振谱的化学位移密切相关。电负性是描述一个原子或基团吸引电子能力的指标，它可以影响周围化学环境的电子密度分布。当氢核与电负性较大的相邻原子或基团相互作用时，屏蔽效应较小，这会使共振频率增加，从而使化学位移 δ 增大。当氢核与电负性较小的相邻原子或基团相互作用时，屏蔽效应增强，这会使共振频率降低，从而使化学位移 δ 减小。表 11-1 列出了几种 CH_3X 中氢核的化学位移与元素电负性的关系。

表 11-1 CH_3X 中氢核的化学位移与元素电负性的关系

化学式	CH_3F	CH_3Cl	CH_3Br	CH_3I	CH_4	CH_3Si
电负性	4.0	3.1	2.8	2.5	2.1	1.8
化学位移	4.26	3.05	2.68	2.16	0.23	0

2. 化学键的磁各向异性效应

化学键产生的第二磁场是各向异性的，这会使周围的磁场不对称。这意味着在分子中的不同区域，外加磁场的强度会有所不同。一些区域会增强外加磁场，使氢核向低场移动，产生去屏蔽效应，从而使化学位移 δ 增大。另一些区域会减弱外加磁场，使氢核向高场移动，产生屏蔽效应，从而使化学位移值 δ 减小。

3. 分子间的相互作用的影响

溶剂与溶质之间的相互作用会对溶质分子中原子核的电子云分布和屏蔽效应产生影响，称为溶剂效应。氢键或范德华力等相互作用会减弱屏蔽效应，使化学位移增大；相反，静电排斥等相互作用会增强屏蔽效应，使化学位移减小。

4. 不同溶剂的影响

不同溶剂对化学位移的影响主要受溶剂的极性、氢键的形成、分子复合物的形成，以及溶剂分子对核的屏蔽作用等因素影响。在核磁共振波谱分析中，我们必须注明是在什么溶剂条件下测得的化学位移值，因为不同溶剂会引起化学位移的变化。

11.2　核磁共振氢谱

核磁共振氢谱（^{1}H-NMR 谱）是有机化合物结构分析中的关键工具，它能够提供多方面的信息，有助于确定分子的组成和结构。以下是 ^{1}H-NMR 谱能够提供的关键信息和结论。

第一，化学位移。^{1}H -NMR 谱能够通过化学位移值，即峰的位置，帮助确定氢原子的位置。不同类型的氢（如烷氢、烯氢、芳香氢）会在谱图上呈现不同的化学位移，因为它们周围的电子环境不同。化学位移还可以用来判断邻近的基团类型，因为相邻基团的电子效应可以影响氢核的化学位移。

第二，多重峰峰形。^{1}H -NMR 谱中峰的多重性是由自旋耦合引起的，它提供了关于氢基团之间的连接方式和立体构型的重要信息。自旋耦合会使峰分裂，峰的数目和形状可以告诉我们有关氢原子之间相对位置的信息。这对于确定分子内键的性质和结构非常有用。

第三，峰面积。^{1}H -NMR 谱中峰的面积与相应氢原子的数量成正比，这使峰面积成为定量分析的有力工具，可以用来确定化合物中不同类型氢原子的相对数量。通过积分曲线和积分值，我们可以计算不同信号对应的氢的数目。

化学位移、多重峰的峰形和峰面积是化合物定性和定量分析的重要依据。

11.2.1　核磁共振氢谱解析的一般程序

第一，峰位检查。首先，确保内标物的峰位准确、底线平坦，溶剂中残留的 ^{1}H 信号应出现在预定的位置。接着，根据积分面积辨认是否存在杂质峰和溶剂峰等非待测样品的信号。通常，试样和杂质的氢信号积分值之间不会出现简单的整数比关系。

第二，不饱和度计算。基于已知分子式计算不饱和度（Ω），确定分子中的双键数量。

第三，氢数目的确定。利用谱图中各组峰的积分面积，确定谱图中各组峰所对应的氢原子数目，从而明确氢原子的分布。

第四，推测结构单元与连接关系。通过分析各峰的化学位移、多重峰的峰形（包括多重峰的数量、面积比和耦合常数），判断分子的结构单元和它们之间的连接关系。首先分析强峰和单峰，然后分析耦合峰。建议先解析一级耦合部分，再解析高级耦合部分。在必要时，可使用高场强仪器或双共振技术来简化谱图。

第五，组合多种结构。将根据步骤四得出的结构单元组合成多种可能的结构式。

第六，结构核对与确认。确定初始结构后，核对化学位移、耦合关系，以及耦合常数是否与所推测的结构相符。对于已经发表的化合物，可以查阅标准光谱以进行核对。还可以利用其他谱图信息，如紫外－可见光谱、红外光谱、质谱和碳－13 核磁共振光谱（^{13}C-NMR）等加以确认。

11.2.2 解析示例

例 11-1 某未知物为液体，沸点为 218 ℃，分子式为 $C_8H_{14}O_4$，其红外光谱图显示分子中存在羰基，^1H-NMR 谱图如图 11-5 所示。

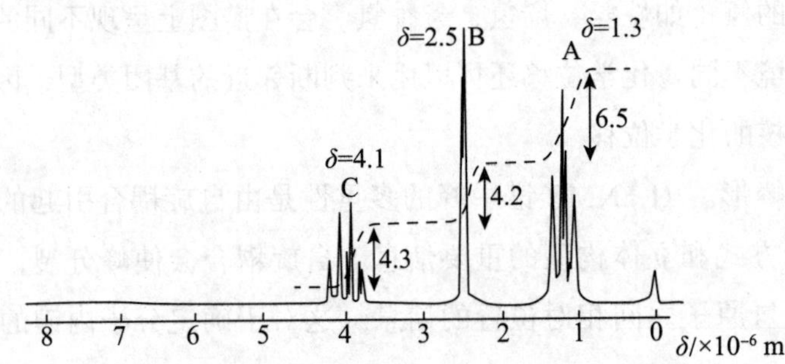

图 11-5 化合物 $C_8H_{14}O_4$ 的 ^1H-NMR 谱图

解：

（1）不饱和度 $\Omega=\dfrac{2+2\times8-14}{2}=2$，其中至少有一个羰基。

（2）化合物共有 14 个氢原子，A、B、C 三组信号对应的氢数目为

A 组：$14\times\dfrac{6.5}{4.3+4.2+6.5}\approx6$；

B 组：$14\times\dfrac{4.2}{15}\approx4$；

C 组：$14\times\dfrac{4.3}{15}\approx4$。

（3）A、B、C 三组信号的 δ 值均小于 5，为烷基氢信号。根据每个信号对应的氢数目，可以判断 A 对应 2 个 CH_3，B、C 分别对应 2 个 CH_2，且两者的化学环境相同，说明化合物为对称结构。

（4）亚甲基（B）为单峰，且 δ 值为 2.5，推测其与羰基相连（—CO—CH_2—），甲基（A）分裂为 1 ∶ 2 ∶ 1 的三重峰，其邻近应有两个质子与其耦合，推断甲基（A）可能和亚甲基（C）相连。C 分裂为 1 ∶ 3 ∶ 3 ∶ 1 的四重峰，其邻近应有三个质子与其耦

合，进一步说明乙基的存在，且其 δ 值比较大，为 4.1，推测其和电负性比较大的氧相连，因此结构中含有—O—CH_2CH_3。

（5）综合上述分析，化合物为对称结构，且含有两组—CO—CH_2—和—O—CH_2CH_3 基团，将它们连接得到化合物的结构为

$$CH_3CH_2O—CO—CH_2CH_2—CO—OCH_2CH_3$$

（6）核对：不饱和度吻合；查阅化合物的标准 NMR 谱图比对，证实结论正确。

例 11-2　已知一化合物的化学式为 C_8H_{10}，测得其 ^{1}H-NMR 谱图如图 11-6 所示，试推断其结构。

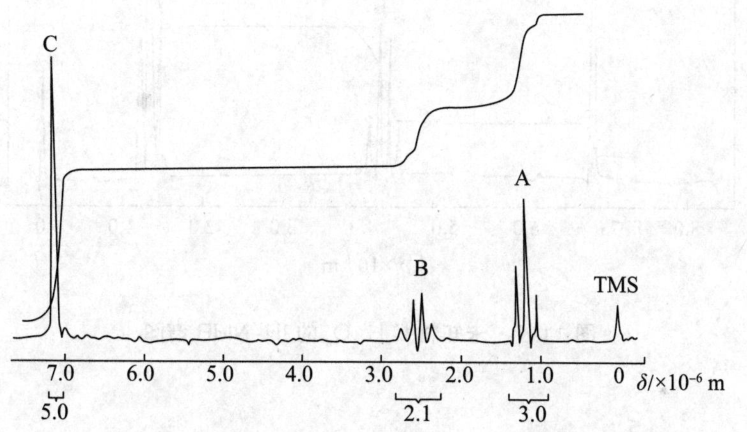

图 11-6　化合物 C_8H_{10} 的 ^{1}H-NMR 谱图

解：

（1）不饱和度 $\Omega = \dfrac{2+2\times8-10}{2} = 4$。

（2）化合物共有 10 个氢，信号 A、B、C 的峰面积比为 3 ∶ 2 ∶ 5，因此 A、B、C 对应的氢数目分别为 3，2 和 5。

（3）A、B 的 δ 值在烷氢区域，C 的 δ 值在芳氢区域，根据每个信号对应的氢数目，可以判断：A 对应—CH_3，B 对应—CH_2，C 对应单取代苯基。

（4）甲基（A）分裂为面积比为 1 ∶ 2 ∶ 1 的三重峰，亚甲基（B）分裂为面积比为 1 ∶ 3 ∶ 3 ∶ 1 的四重峰，说明两个基团相连，为乙基。

（5）推断结构：

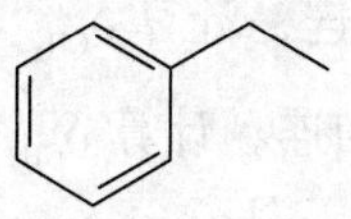

（6）核对：不饱和度吻合，化合物中各组氢的化学位移及耦合情况与谱图吻合。进一步通过比对化合物标准 NMR 谱图，证实结果正确。

例 11-3 某未知物分子式为 $C_8H_{12}O_4$。其核磁共振氢谱（60 MHz）如图 11-7 所示，δ_A=1.31（t）、δ_B=4.19（q）、δ_C=6.71（s）；J_{AB}≈7 Hz。试确定其结构式。

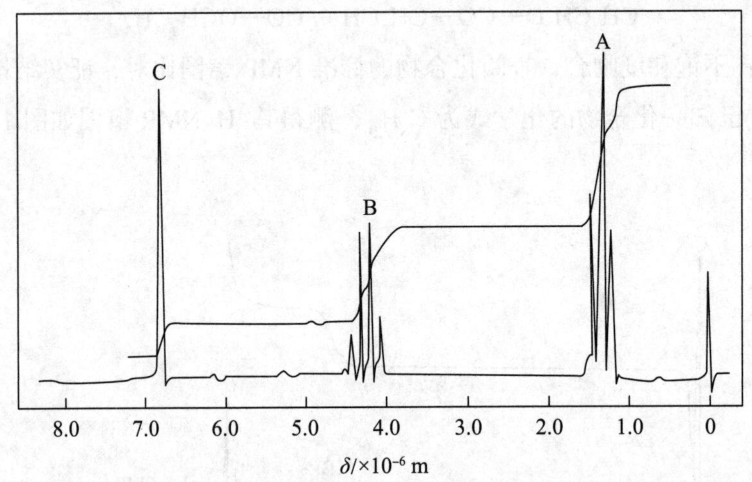

图 11-7 未知物 $C_8H_{12}O_4$ 的 ^{1}H-NMR 谱图

解：

（1）不饱和度 $\Omega=\dfrac{2+2\times8-12}{2}=3$。

（2）根据图 11-7 的积分高度，信号 A、B、C 的峰面积比为 3 ∶ 2 ∶ 1。分子式含氢数为 12，则 A、B、C 对应的氢数目为 6，4，2，表明未知物具有对称结构。

（3）δ_A=1.31 和 δ_B=4.19 为烷氢信号，δ_C=6.71 为烯氢信号，结合氢的分布情况，结构中的两个对称单元分别含有一个烯氢、一个—CH_3 和一个—CH_2。

（4）烯氢信号（C）在低场，说明烯氢与电负性较强的基团相邻。由于是单峰，说明没有其他氢与其耦合。根据甲基信号（A）为 1 ∶ 2 ∶ 1 的三重峰、亚甲基信号（B）为 1 ∶ 3 ∶ 3 ∶ 1 的四重峰，推断分子为典型的 A_2X_3 系统，即含—CH_2CH_3，由于亚甲基信号 δ_B 在较低场，推断其与电负性基团相连。

（5）分子式 $C_8H_{12}O_4$ 中减去上述含氢基团（2 个—CH_2CH_3 及 2 个 ═CH—），余 C_2O_4，说明有两个—COO—基团。连接方式有两种可能：

乙基与—COOR 相连，计算 $\delta_{CH_2}=1.20+1.05=2.25$；

乙基与—O—COR 相连，计算 $\delta_{CH_2}=1.20+2.98=4.12$。

未知物的亚甲基信号 δ_B 为 4.19，与 4.12 接近。因此乙基与氧原子相连。

（6）综上所述，该未知物有两种可能的结构：

$$\underset{\text{顺式丁烯二酸二乙酯}}{\mathrm{CH_3CH_2OC(=O)CH{=}CHC(=O)OCH_2CH_3}}\qquad\underset{\text{反式丁烯二酸二乙酯}}{\mathrm{CH_3CH_2OC(=O)CH{=}CHC(=O)OCH_2CH_3}}$$

（7）查对标准光谱，反式丁烯二酸二乙酯烯氢的化学位移为 6.71×10^{-6} m（Sadtler 10269M），顺式的烯氢的化学位移为 6.11×10^{-6} m（Sadtler 10349M）。进一步证明未知物是反式丁烯二酸二乙酯。

11.3　核磁共振碳谱

核磁共振碳谱（nuclear magnetic resonance carbon spectrum, ^{13}C-NMR 谱）用于测定有机化合物中碳原子的结构和数量，是核磁共振谱学的一个分支，它通过观测碳原子的核自旋在强磁场中的能级分裂以及相应的核磁共振信号来进行分析。^{1}H-NMR 谱虽然在观察氢核方面非常有用，但对于碳原子，它的信息有限。核磁共振碳谱扩展了这一技术，能够提供更多有机分子结构的信息，特别是有机分子中碳原子的种类、数量和周围环境。核磁共振碳谱的原理基于核自旋在强磁场中的能级分裂。通过射频波的激发，碳原子核自旋可以跃迁到不同的能级，产生核磁共振信号。这些信号的频率和强度提供了关于碳原子的信息。核磁共振碳谱通过测定不同类型碳原子的共振频率和强度，可以鉴别不同类型的碳原子，如烷烃、烯烃、芳香烃等。相对于核磁共振氢谱，^{13}C-NMR 谱的信号通常较为微弱，这意味着 ^{13}C-NMR 谱需要更长的脉冲重复时间和更高的扫描数来获得高质量的谱图。然而，尽管信号较弱，核磁共振碳谱仍然提供了宝贵的信息，特别是在分子结构确定和有机化合物的碳环境研究中，核磁共振碳谱更是发挥了巨大作用。

11.3.1　^{13}C-NMR 谱的特点

1. 信号强度低

^{13}C-NMR 谱的一个显著特点是其信号强度相对较低。这是因为 ^{13}C 的天然丰度仅为 1.1%，远远低于氢核的丰度，因此 ^{13}C 信号的强度约为 ^{1}H 信号的六千分之一。为了获得足够的信噪比，我们通常需要长时间的信号累积，这意味着数据采集时间相对较长。

2. 化学位移范围宽

^{13}C-NMR 谱的化学位移范围通常为 0 ～ 250×10^{-6} m，这相对于 ^{1}H-NMR 谱的狭窄

范围来说非常宽广，即使存在微小的化学环境差异，不同的核也可以被清晰地区分，这对于鉴定分子结构非常有利。

3. 耦合常数大

在 ^{13}C-NMR 谱中，^{13}C—^{13}C 之间的耦合效应通常不需要考虑，因为 ^{13}C 的天然丰度较低。然而，由于碳原子通常与氢原子连接，它们之间可以发生耦合。在 ^{13}C-NMR 谱中，碳 - 氢耦合常数通常为 125 ～ 250 Hz，这种较大的耦合常数会使谱线交叠，因此通常需要进行去耦处理，以减少交叠，使谱图更清晰。

4. 共振方法多

^{13}C-NMR 谱具有多种共振方法，包括偏共振去耦谱、不失真极化转移增强共振谱等。这些不同的共振方法提供了不同类型的信息，有助于我们更全面地理解分子结构和环境。

化学位移、耦合常数和峰面积是核磁共振碳谱的主要参数，与核磁共振氢谱相似。此外，在核磁共振碳谱中，弛豫时间（T）也具有广泛的应用，它与分子大小和碳原子类型密切相关。弛豫时间可在多个方面发挥作用，包括判断分子的尺寸和形状、估算碳原子上的取代数、区分季碳、解释峰的强度、研究分子的各向异性运动、了解分子内部的链柔性和内部运动、研究空间位阻效应、探究有机物分子和离子的配位，以及在不同溶剂中的相互作用等。

11.3.2 提高 ^{13}C-NMR 谱灵敏度的方法及去耦技术

1. 提高灵敏度的方法

^{13}C-NMR 谱的一个主要特点是其信号强度相对较低，为了获得足够的信噪比，我们可采取以下方法来提高灵敏度。

（1）增加样品体积和浓度：增加样品的体积和浓度可以增加信号强度，但可能需要更多的样品量。降低测试温度：降低温度可以减少热噪声，从而提高信噪比。增大磁场强度：使用更强的磁场可以提高信号强度，因为 ^{13}C NMR 的信号与磁场强度成正比。采用化学增强转移（computer averaged transient, CAT）方法可以提高 ^{13}C-NMR 的信噪比，使低浓度样品更容易测定。结合 PFT 和去耦技术：脉冲傅里叶变换核磁共振技术（PFT-NMR）结合去耦技术可以显著提高 ^{13}C NMR 的灵敏度和分析速度。去耦技术有助于减少谱线交叠，使谱图更清晰，提高了分析的准确性。

（2）脉冲傅里叶变换核磁共振技术（PFT-NMR）。PFT-NMR 是一种核磁共振谱学技术，通过脉冲发射来提高谱图的获取速度和信噪比。该技术利用短暂的脉冲作用时间，能够快速获取 ^{13}C-NMR 谱图，从而提高了仪器的灵敏度和分析速度。通过 PFT-NMR，可以更迅速地获取 ^{13}C-NMR 谱，加速样品分析和数据处理的过程。

（3）氘锁。为了稳定磁场并确保 ^{13}C-NMR 谱的准确性，氘锁定方法被广泛应用。这种方法通过使用氘代溶剂或含氘的试剂将磁场锁定在氘信号上，以保持磁场频率的恒定。这对于长时间的数据积累过程非常重要，因为它确保了信号频率的稳定性。氘锁定还有助于减小磁场漂移，从而提高 ^{13}C NMR 的准确性。

（4）^{13}C-NMR 化学位移参照标准。在进行 ^{13}C-NMR 谱的分析和解释时，选择适当的化学位移参照标准非常重要。通常，TMS（四甲基硅烷）是 ^{13}C-NMR 化学位移的标准物质，可以用作内标或外标。此外，溶剂的共振吸收峰也可以作为参考标度。正确选择和校准参照标准对于确保谱图的准确性和可比性至关重要。

2. ^{13}C-NMR 谱的去耦技术

^{13}C-NMR 谱中的一个主要挑战是 ^1H 对 ^{13}C 的耦合问题。由于 ^{13}C 核的自旋会与周围 ^1H 核相互作用，导致谱线形状复杂和峰线重叠，使谱图难以解析。这不仅降低了谱图的清晰度，还会影响信噪比，降低灵敏度。为了克服这一问题，研究人员开发了各种去耦技术，以消除 ^{13}C 和 ^1H 之间的耦合效应，从而提高 ^{13}C-NMR 谱的质量。

（1）质子噪声去耦（proton noise decoupling）。质子噪声去耦是一种常用的去耦方式，它通过射频 B_2 照射饱和质子，消除 ^{13}C 和 ^1H 之间的耦合。这意味着每种碳原子只会显示一条共振谱线，从而提高了信噪比和灵敏度。通过这种方法，我们能够更清晰地分析 ^{13}C-NMR 谱图，更容易推导出有机分子的结构信息。

（2）选择氢核去耦（selective proton decoupling, SPD）和远程选择氢核去耦（long-range selective proton decoupling, LSPD）。在已确定氢核信号的情况下，SPD 和 LSPD 是常用的去耦技术。它们通过选择性照射来消除某种特定氢核对相应碳核的耦合作用，从而提供相关或远程相关的 ^{13}C 信号信息。这有助于分析复杂的分子结构，提供更多的关于碳原子环境的信息。

（3）偏共振去耦（off resonance decoupling, OFRD）。OFRD 是一种去耦方法，它通过偏共振照射来消除弱的 ^{13}C 与 ^1H 耦合，同时保留强的 ^{13}C 与 ^1H 的耦合。这有助于分辨 ^{13}C 峰的分裂及与其相连的氢核数之间的关系，从而提供有关碳原子的更多信息。

（4）不失真极化转移技术（distortionless enhancement by polarization transfer, DEPT）。DEPT 是一种核磁共振谱学方法，它通过不失真的极化转移从 ^1H 核向 ^{13}C 核进行转移，从而提高 ^{13}C 核的观测灵敏度。这个方法特别适用于确定碳原子的类型，它具有较强的定量性，允许化学家更准确地分析 ^{13}C-NMR 谱图中的碳原子。

11.3.3　^{13}C 的化学位移

^{13}C 的化学位移（δ_C）在核磁共振碳谱分析中具有重要意义。化学位移直接反映了核周围基团和电子的分布情况，因此对分子的化学环境非常敏感。

在核磁共振碳谱中，碳核的 δ_C 排列顺序与相连氢核的 δ_H 存在相关性，尽管它们并不完全一致。一般来说，饱和碳位于最高场，炔碳次之，烯碳、芳香碳和羰基碳则在较低场。这种关联性为分析分子结构提供了额外的信息，有助于确定碳原子的环境和相互关系。

碳核对分子结构的敏感性是核磁共振碳谱的一大特点。与氢核相比，碳核对分子内部的相互作用、结构变化、构型、动力学过程、热力学过程，以及分子运动等更为敏感。因此，核磁共振碳谱提供了有关分子内部相互作用和状态的重要信息，有助于我们更全面地理解分子的结构和性质。

常见有机化合物的 ^{13}C 化学位移如表 11-2 所示。

表 11-2　常见有机化合物的 ^{13}C 化学位移

官能团		$\delta_C/\times10^{-6}$ m
>C=O	酮	175～225
	α，β 不饱和酮	180～201
	α-卤代酮	160～200
>C=O（H）	醛	175～205
	α，β 不饱和醛	175～195
	α-卤代醛	170～190
—COOH	羧酸	160～185
—COCl	酰氯	165～182
—CONHR	酰胺	160～180
—COOR	羧酸酯	155～175
$(RO)_2CO$	碳酸酯	150～160
>C=N	甲亚胺	145～165
—C≡N	氰化物	110～130
—S—C≡N	硫氰化物	110～120
—O—C≡N	氰酸盐（酯）	105～120
>C=C<	芳环	110～135
>C=C<	烯烃	110～150

续表

官能团		$\delta_C/\times10^{-6}$ m
—C≡C—	炔烃	70 ～ 100
$\rangle$C—C$\langle$	烷烃	5 ～ 55
$\rangle$C—C$\langle$	C（季碳）	35 ～ 70
$\rangle$C—O—		70 ～ 85
$\rangle$C—N$\langle$		65 ～ 75
$\rangle$C—S		55 ～ 70
$\rangle$C—X	卤代烃	35 ～ 75（I）
CH_3—O—		40 ～ 60
CH_3—X	X 为卤素	-35 ～ 35
CH_3—S—		10 ～ 30
—CH_2—S—		25 ～ 45
CH_3—N$\langle$		20 ～ 45
CH_3—C$\langle$		20 ～ 30

11.3.4　^{13}C 核磁共振波谱解析的大致程序

1. 化合物结构已知时

当化合物结构已知时，我们可以将得到的数据与光谱集或文献进行对照予以确定，或与类似化合物数据比较确定信号归属。常用的重要参考资料如下（方括号内数字为收载的化合物数目）。

（1）Carbon-13 NMR Spectra，Johnson and Jankowski，John Wiley & Sons，New York.（1972）[500].

（2）Selected ^{13}C-NMR Spectral Data（APl Research Project No.44）, Vol. 1,（1975）, Vol Ⅱ（1976）[430].

（3）Atlas of Spectral Data and Physical Constants for Organic Compounds，Grasseli JG，CRC Press.Inc.Vol. Ⅰ-Ⅳ（1975）.

（4）Atlas of Carbon-13 NMR Data，Vol. Ⅰ，E. Breitmaier, G. Hass and W. Voelter（1975）Heyden and Son，London [1000].

（5）Sadtler Guide to Carbon-13 NMR Spectra，Simons，William W., London（1936）[500].

2. 化合物结构未知时

（1）确定信号数目和化学位移。首先，使用核磁共振谱学技术 [如噪声去耦谱（proton noise decoupling，PND）和无畸变极化转移增强（distortionless enhancement by polarization transfer, DEPT）谱] 来确定谱图中的信号数目及每个信号的化学位移。这些信息有助于确定碳核的类型，如饱和碳、炔碳、烯碳、芳碳等。这是结构确定的第一步，因为不同类型的碳核通常具有不同的化学位移范围。

（2）确定碳相连的氢核数目。使用偏共振去耦谱（off-resonance decoupling, OFR）来确定每个碳原子相连的氢核数目。这个步骤非常关键，因为它有助于进一步缩小分子结构的可能性。不同碳原子的氢核数目可以通过观察 ^{13}C-NMR 谱中的裂分模式来确定。

（3）推断化合物的基本骨架或整个结构。一旦知道了碳核的类型、化学位移和相连的氢核数目，我们就可以综合考虑这些信息，推断化合物的基本骨架或整个结构。这可以通过对照已知的化学位移数据表、已知图谱或其他已有信息来实现。根据已有的知识，我们可以确定化合物可能包含哪些功能基团或结构单元，从而缩小结构的范围。

如今在确定未知化合物结构方面有了更多的工具和技术。对于新化合物结构的确定，我们可以直接使用证明法（如基于 ^{1}H-NMR 谱信号的归属）结合选择性氢核去耦、远程氢核去耦或二维核磁共振技术（2D-NMR）等，以直接确认化合物的结构。这些方法可以使化学家更准确、更快速地确定未知化合物的结构，特别是在分析复杂的分子结构时非常有用。

11.4　二维核磁共振谱简介

J.Jeener 在 1971 年首次提出二维核磁共振（2D-NMR）的概念，但并未引起足够的重视。Ernst 对推动二维及多维的核磁共振的发展作出了卓越的贡献，加上他发明了脉冲傅里叶变换核磁共振技术，于 1991 年荣获诺贝尔化学奖。2D-NMR 是一种利用核磁共振原理，通过对样品进行两次脉冲激发，得到两个频率维度的信号，从而提供更多化学信息的谱学方法。二维核磁共振谱可以分为同核耦合和异核耦合两大类，根据不同的脉冲序列和信号处理方式，又可以细分为多种类型，如 COSY、NOESY、HSQC、HMBC 等。二维核磁共振谱的优点是可以解决一维谱中信号重叠和分辨率不足的问题，揭示分子结构中的空间关系和化学位移关联，提高分子识别和结构解析的准确性和效率。

11.4.1　二维核磁共振谱的形成

一维谱图的信号可以用 $S(\omega)$ 表示，它是频率变量 ω 的函数，信号沿着频率轴分布。二维谱图的信号可以用 $S(\omega_1, \omega_2)$ 表示，它是两个独立频率变量 ω_1 和 ω_2 的函数，信号在由两个频率构成的平面上分布。要获得 2D-NMR 谱，我们可以采用双共振技术，系统地改变 ω_1 和 ω_2 的值，测量信号，绘制二维谱图。我们通常把时间作为一维连续变量，如何将其变成两个独立的时间变量则是实现二维时域实验的关键。这个问题可以通过“分割时间轴”的方法得以解决。二维实验中通常把时间轴分成四个区间，如图 11-8 所示。

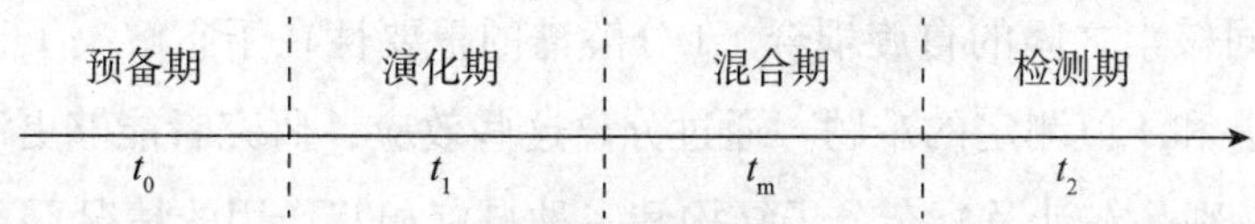

图 11-8　二维实验中的时间区间

预备期（t_0）：t_0 在时间轴上通常是一个较长的时期，目的是使体系恢复到平衡状态。

演化期（t_1）：t_1 开始时由一个脉冲或几个脉冲使体系激发，使之处于非平衡状态。

混合期（t_m）：t_m 是通过相干或极化的传递，建立信号检出的条件；混合期不是必不可少的，需要视 2D-NMR 的种类而定。

检测期（t_2）：以通常的方式检出 FID 信号。

时间轴中的 t_2 对应 ω_2 轴，为通常的频率轴。t_1 对应的 ω_1 是什么则取决于演化期是何种过程。

11.4.2　二维核磁共振谱的表现形式

1. 堆积图（stacked trace plot）

堆积图是一种准三维立体图形，其中两个频率变量构成了二维平面，信号强度则构成了第三维度。这种图形呈现出强烈的立体感，使观察者可以感受信号的强度随频率的变化，从而更直观地理解核磁共振谱的信息。堆积图的优点在于其直观性，能够提供一种沉浸感，但它也有一些缺点，其中最显著的是难以准确表示信号的频率，而且可能会隐藏一些小峰，特别是在信号密集的情况下。因此，在实践中，堆积图通常使用较少，更多用于初步观察和快速展示谱图。

2. 等高线图（contour plot）

等高线图类似于地形图上的等高线图，它是通过对堆积图进行平面切割而得到的。在等高线图中，信号的频率用等高线表示，而等高线的密集程度反映了信号的强度。相比堆积图，等高线图更容易确定信号的频率，制图速度也较快。等高线图的缺点在于可能会丢失低强度信号，因为在图像中较弱的信号可能无法明显地显示出来。

11.4.3 二维核磁共振谱的分类

2D-NMR 谱大致可以分为三类：J 分解谱（J resolved spectroscopy）、化学位移相关谱（chemical shift correlation spectroscopy）、多量子谱（multiple quantum spectroscopy）。

1. J 分解谱

J 分解谱是 2D-NMR 谱的一种重要类型，主要用于分离化学位移和自旋耦合效应。J 分解谱包括同核 J 谱和异核 J 谱。同核 J 谱用于同一核素不同氢原子之间的自旋耦合，而异核 J 谱用于不同核素之间的自旋耦合。J 分解谱的重要性在于它解决了一维谱中化学位移相近的信号重叠和 J 值测定的难题。通过分离这些效应，研究者能够更清晰地分析和解释 NMR 谱图，特别是在涉及复杂分子结构和多种自旋相互作用的情况下。

2. 化学位移相关谱

化学位移相关谱是 2D-NMR 谱的另一主要类别，其主要目的是显示不同共振信号之间的相关性。化学位移相关谱包括同核位移相关谱和异核位移相关谱、核 Overhauser 效应谱（NOE 谱）和化学交换谱，常见的类型包括 $^{1}H-^{1}H$ COSY（correlation spectroscopy）、$^{13}C-^{1}H$ COSY 和 NOESY（nuclear overhauser effect spectroscopy）。这些谱图可以用于分析分子中的自旋系统和相互作用关系，有助于确定分子的结构和相对位置。

$^{1}H-^{1}H$ COSY（图 11-9）的横轴（ω_2）和纵轴（ω_1）都是化合物的氢谱，图中有一条斜线，斜线上的峰叫作自相关峰或斜线峰，斜线外的峰叫作相关峰或交叉峰，每个相关峰表明其对应的氢信号之间有耦合作用。由于谱图是对称的，因此我们只需要分析斜线一边的相关峰就可以了。$^{1}H-^{1}H$ COSY 反映了氢核之间的耦合关系，可以用来分析结构中的自旋系统。

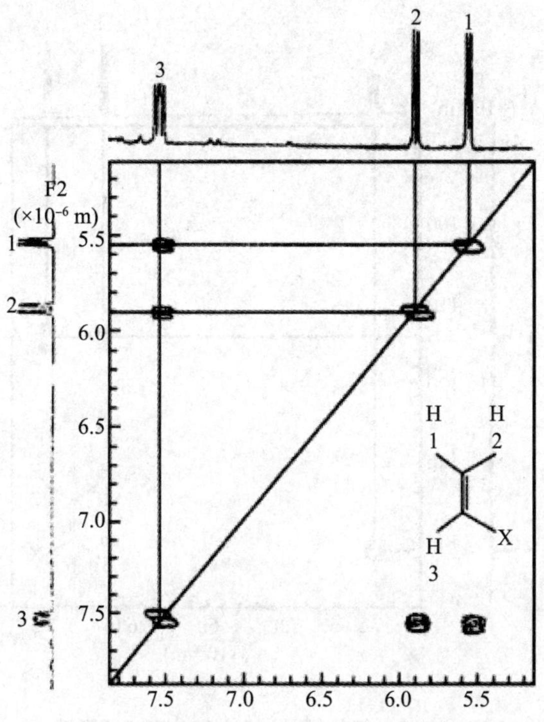

图 11-9　某物质的 $^1H-^1H$ COSY 谱图

$^{13}C-^1H$ COSY（图 11-10）的横轴和纵轴分别对应碳谱和氢谱，谱图中出现的峰称为相关峰或交叉峰，每个相关峰把直接相连的碳和氢的信号关联起来。$^{13}C-^1H$ COSY 结合了碳的化学位移，对于推断含碳基团的种类非常有效，可以判别甲基、亚甲基、次甲基及连氢烯基、醛基等基团的存在。

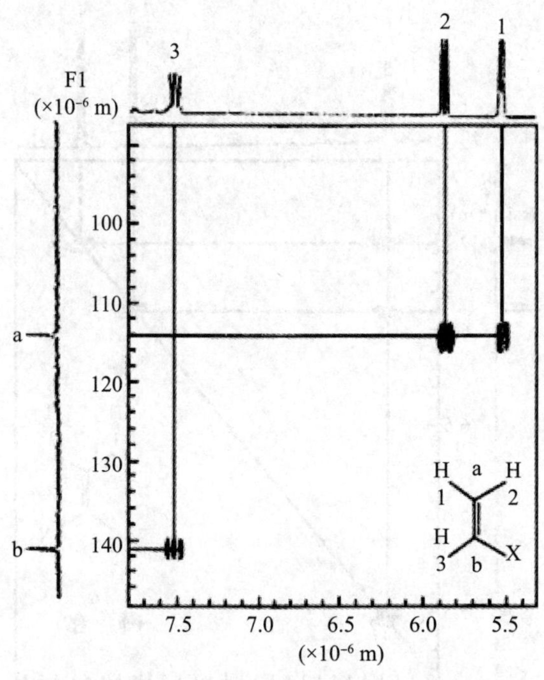

图 11-10　某物质的 $^{13}C-^{1}H$ COSY 谱图

$^{1}H-^{1}H$ COSY 和 $^{13}C-^{1}H$ COSY 是常用的 NMR 谱图，用于结构推导和确定分子内部的连接关系。这些谱图通过显示核之间的耦合关系，可以帮助研究者确定分子中不同氢基团的连接方式。具体来说，$^{13}C-^{1}H$ COSY 谱图可以用于确定碳原子的类型，因为它显示了与 ^{13}C 核相连的氢原子，这对于区分不同碳原子的化学环境非常有用；而 $^{1}H-^{1}H$ COSY 谱图可以用于确定氢基团之间的连接关系，帮助构建整个分子的结构。这两种谱图为化学家提供了强大的工具，以便更准确地理解和确定有机分子的结构。

NOESY 是通过相关峰来反映核之间的空间距离和相对位置的。这种谱图对于分析分子中的核 Overhauser 效应非常有用。核 Overhauser 效应是当两个核之间距离足够近时，由于核之间的相互作用而产生的信号增强效应。NOESY 谱图通过显示相关峰能够帮助研究者确定分子中不同核之间的距离和立体结构，这对于确定化合物的立体结构、蛋白质的二级结构及分子内部的相互作用非常重要。

3. 多量子谱

多量子谱包括 HMQC（heteronuclear multiple-quantum coherence）和 HMBC（heteronuclearmultiple-bond correlation），可以提供类似于 $^{1}H-^{1}H$ COSY 和 $^{13}C-^{1}H$ COSY 的信息，但具有更高的测定灵敏度。HMQC 谱用于观察不同核之间的多量子共振，有助于确定异

核之间的连接关系。HMBC 谱则用于观察核之间的多键关系，有助于确定化合物的分子骨架。这些多量子谱图在分析分子的键连接和结构中非常有帮助，提供了更丰富的信息。

11.5　核磁共振谱仪及试验技术

核磁共振波谱仪根据其工作方式可以分为两种主要类型：连续波核磁共振波谱仪和脉冲傅里叶变换核磁共振（PFT-NMR）波谱仪。下面将对脉冲傅里叶变换核磁共振波谱仪进行简要介绍。

11.5.1　脉冲傅里叶变换核磁共振波谱仪的结构

脉冲傅里叶变换核磁共振波谱仪通常由五个主要部分组成，包括射频发射系统、探头、磁场系统、信号接收系统和信号处理与控制系统。图 11-11 为仪器的基本结构。

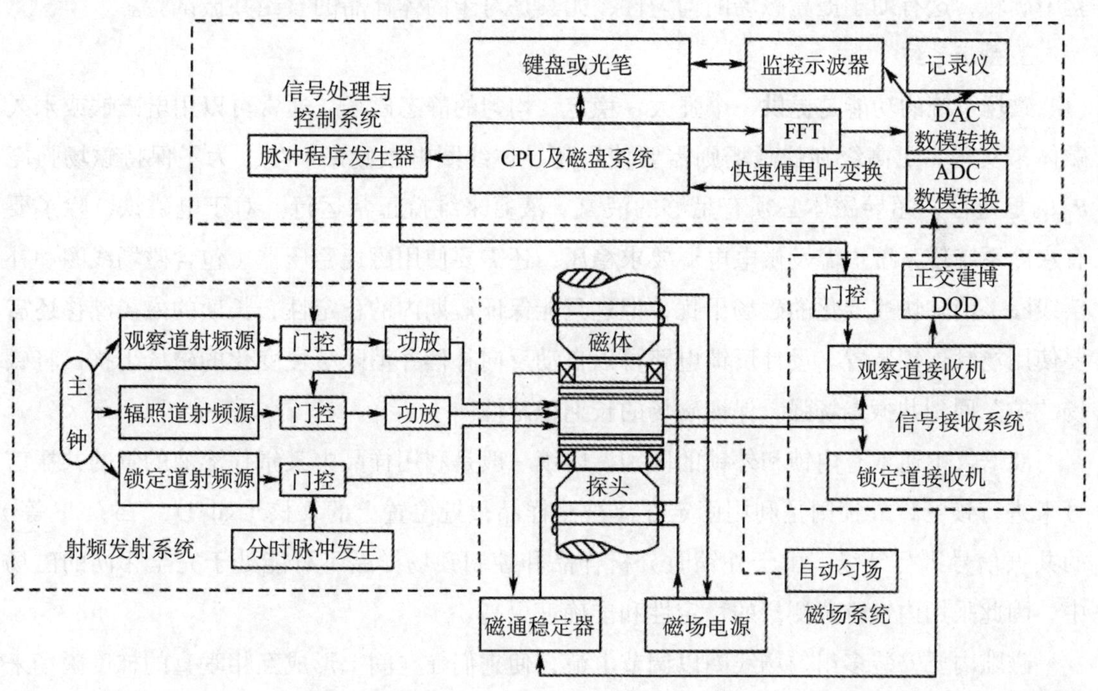

图 11-11　PFT-NMR 仪器的基本结构

1. 射频发射系统

射频发射系统的功能是利用一个稳定的、已知频率的“主钟”（石英晶体振荡器）产生的电磁波，通过频率综合器准确地合出三个通道的射频源，分别对应欲观测核（如 ^{1}H、^{13}C、^{31}P 等）、被辐射核（如 ^{1}H，用于消除对观测核的耦合作用，从而简化谱图）和锁定核（如 ^{2}D、^{7}Li 等，用于稳定谱仪自身的磁场强度）。射频源产生的射频场在脉冲程序的控制下形成相应的射频脉冲，经过功率放大后，能发出高功率的多种频率脉冲，最后传送到探头部分包裹在试样套上的发射线圈上。

2. 探头

核磁共振仪的探头是仪器的重要组成部分，它用于产生、发送和接收射频脉冲以进行核磁共振试验。探头在核磁共振仪的磁体中央位置，位于核磁共振仪的主磁场之间。探头中的发射线圈用于产生和发送射频脉冲，这些射频脉冲能够激发样品内的核磁共振信号。发射线圈的设计和参数会根据不同试验需求进行调整，以确保合适的射频脉冲。探头中的接收线圈既可以用于发射信号，也可以用于接收信号，它负责捕捉样品中的核磁共振信号，以作后续处理和分析，这种双重功能的设计充分利用了探头的空间，提高了信号灵敏度。样品管是容纳试验样品的部分，它通常位于探头的中央，暴露在主磁场中，不同类型的核磁共振试验需要不同类型的样品管。有些探头还配备了样品旋转装置，允许样品在试验中旋转，这有助于提高磁场的均匀性，尤其是对于固体样品的核磁共振试验。

3. 磁场系统

磁场系统的功能是提供一个强大、稳定、均匀的静态磁场，通常可以用电磁铁或永久磁体来实现，更高级别的磁场则需要使用超导体线圈电激励来产生。为了保持磁场强度 B_0 的稳定性，超导磁体必须有足够的液氦、液氮来维持正常运行。对于电磁铁，除了要有水冷系统使系统恒温及供电电源要求稳压，还需要使用磁通稳压器（包含磁场线圈和补偿线圈）消除快速变化的磁场干扰，但这只能保证短期内的稳定性，长期的磁场漂移还需要使用场频连锁装置。设计反馈电路可以自动反向补偿并消除缓慢变化的磁场干扰，将磁场“拉”回到共振点场强，保证磁场的长期稳定性。

波谱仪中通常有内锁和外锁的区别。内锁一般是利用样品中某氘代溶液的氘的共振信号来进行锁场，外锁则是利用固定在离被测样品很近位置上的某核（如 ^{2}D、^{7}Li、^{19}F 等）的共振信号进行锁场。由于外锁时分析样品和控制锁场样品不可能处于完全相同的磁场中，因此采用内锁方式测量的稳定性和准确度更高。

磁隙内要安装多组匀场线圈以调节电流，使它们在空间上形成互相垂直的梯度磁场来补偿主磁体的磁场不均匀性。我们可以通过仔细反复调节来获得足够高的波谱仪分辨率和优良的 NMR 谱图。

4. 信号接收系统

核磁共振谱仪接收信号的过程如下：首先关闭接收机，打开射频发射门，向试样施加射频脉冲；然后关闭射频发射门，打开接收门，将 FID 信号传输到信号接收系统，进行信号的记录和分析；信号经过前置放大器、混频器、PSD 或 PQD 系统、低频放大器、滤波器后，得到可以观察的模拟信号；最后信号经过 A/D 转换器变成数字信号，由计算机快速采样并存储 FID 数字信号。

5. 信号处理与控制系统

信号处理与控制系统是通过键盘或光笔输入（利用光笔触摸显示屏上的字符）系统实现人机交互，控制并协调各系统有序地运行，利用计算机指挥脉冲程序发生器，控制射频的发射与信号的接收等。A/D 与 D/A 转换器用以实现模拟量与数字量之间的互相转化。信号接收系统输出的是时域信号，A/D 转换器只是将其转变为时域的数字信号。为生成便于理解的频谱图，计算机使用离散快速傅里叶变换技术对数据进行处理，然后通过 D/A 转换器将其转化为频谱图。计算机可以根据特定的软件指令对数字化数据进行多种处理，包括对离散 FID 信号进行时域累加、应用各种窗口函数（如指数函数、梯形函数等）进行数学加权处理等，以提高分辨率和信噪比。得到的频域谱图数据需要进行相位校正、峰面积积分以获取各谱峰中含有的被测核的相对数量信息，并随时将处理后的信号显示在显示屏上，通过记录仪输出记录谱图及相关数据和参数，这些原始信息或处理结果应连同参数一起存储在外部存储设备（如硬盘或其他存储介质）中。为提高仪器的使用效率，仪器常设有前台、后台系统，前台可以直接用于当前被测试样的累加测量，后台则可以同时对已获取的 NMR 信息进行数据处理。

11.5.2 试验技术

1. 样品管的要求

样品管是 NMR 试验中的关键组成部分。为了确保良好的分辨率和仪器性能，样品管的内、外壁表面应该平整，并且能够均匀旋转，以确保样品均匀受到激发和检测。根据实验需求，我们可以选择不同外径的样品管。对于微量操作，球形或圆柱形的微量样品管可能更适用，而且可以在管子上盖上塑料管帽，以防止溶剂挥发和样品损失。

2. 样品的体积与浓度

样品的体积和浓度需要根据所使用的 NMR 仪器类型和试验方法而定。通常情况下，液体样品的体积比为 5% ～ 10%，以获得良好的信噪比。样品的体积也应足够大，以确保充分的 NMR 信号。过小的样品体积可能导致信噪比降低，从而降低谱图的质量。

3. 标准物质

每张 NMR 谱图都需要提供一个参考峰，化学位移通常以此峰为标准。这个标准物质可以是内标或外标，但它必须满足一些特定的条件，以确保准确校准。标准物质需要可溶于样品溶液，同时具有清晰且单一的峰，这有助于确保化学位移的准确性和谱图的可信度。

4. 溶剂选择

正确的溶剂选择对 NMR 试验至关重要。优质的溶剂需要具备一些关键特性（如惰性、磁各向同性），而且不应该包含待测核，以避免对样品的 NMR 信号产生干扰。一些经常使用的 NMR 溶剂包括四氯化碳、二硫化碳、氯仿、丙酮、二甲基亚砜（DMSO）、三氟乙酸（TFA）、吡啶等。通常，这些溶剂的氘代衍生物更常用，以避免质子信号的干扰。

5. 样品纯度

样品的纯度也是确保 NMR 试验成功的关键因素。少量不溶物、顺磁性物质（如氧）、水、酸和碱的存在都可能对 NMR 谱图产生不利影响，降低分辨率或干扰峰形和化学位移。为了解决这些问题，适当的净化方法和脱气技术可以用来提高样品的纯度，确保 NMR 试验的可靠性和准确性。

11.6 实验内容

11.6.1 乳制品中乳糖的测定——核磁共振波谱法

1. 实验目的

（1）掌握用核磁共振波谱法测定化合物的结构。

（2）掌握核磁共振波谱仪的使用方法。

（3）掌握核磁共振谱图的解析方法。

2. 实验原理

核磁共振波谱法是一种用于测定化合物结构的技术。该方法主要基于原子核的磁性核自旋，在外加磁场下发生共振吸收，提供对分子结构的高灵敏度研究手段。乳糖分子中的碳、氢和氧原子核都可以产生核磁共振现象，其中以氢原子核最为常用。乳糖分子中的不同质子具有不同的化学环境，因此在核磁共振谱图中会表现出不同的共振峰。通过分析核磁共振谱图，我们可以确定乳糖的存在、相对浓度，以及分子环境的信息。在进行分析前，样品通常需要制备成溶液形式，以确保分子的高度运动性和在核磁共振仪器中的适当分辨率。

3. 仪器与试剂

（1）仪器：Bruker Avance Ⅲ HD 400 MHz 波谱仪；Bruker SampleJet 5 mm 高通量核磁管；标准样品管 1 支。

（2）试剂：TMS；氘代氯仿；未知样品；乳糖标准品（纯度 ≥ 99.5%）；叠氮化钠

（NaN_3，高纯，Biotopped）；3-（三甲基硅烷基）氘代丙酸钠（TSP，98%）；重水（D_2O，99.9%）；柠檬酸（99%），Vetec；市售乳制品。

4. 实验步骤

（1）乳糖标准储备液的制备。用天平精确称取 0.512 g 乳糖标准品于 10 mL 容量瓶中，用蒸馏水定容，摇匀后得到 51.2 g · L^{-1} 的乳糖标准储备液。

（2）外标溶液的配制。用天平精确称取 0.2 g 柠檬酸标准品于 100 mL 容量瓶中，用蒸馏水定容，摇匀后得到 2.0 g · L^{-1} 的柠檬酸标准溶液。

（3）缓冲溶液的配制。用天平精确称取 0.5 g TSP 标准品于 50 mL 容量瓶中，再加入 5 mg 叠氮化钠，用重水定容，摇匀后得到 10.0 g · L^{-1} 的 TSP 标准溶液。

（4）上机样品的制备。准确称取 10 g 乳制品于 50 mL 烧杯中，再加入 35 mL 水，超声 30 min 溶解，摇匀之后用稀盐酸调 pH 为 4.4 ～ 4.5，再加入容量瓶中，润洗烧杯并加水至刻度。摇匀后取 5 mL，转速为 8 000 r · min^{-1}（4 ℃）离心 10 min，弃去上层脂肪相和蛋白相，取出中间澄清的部分，用滤膜过滤，准确量取 900 μL 滤液和 100 μL 质量分数为 1% 的 TSP 重水溶液，混匀后取 600 μL 于核磁管中待测。

（5）^{1}H-NMR 采样参数。实验所采用的 ^{1}H-NMR 的共振频率为 400.13 MHz；检测温度为 300 ± 0.1 K；空扫次数（D_S）为 4 次；扫描次数（N_S）为 64 次；谱宽（S_W）为 20.552 4 Hz；采样点数（T_D）为 65 536；接收增益（R_G）为 16；弛豫延迟（D_1）为 4 s。以 3-（三甲基硅基）氘代丙酸钠（δ=0）作为化学位移的零点。标准的脉冲序列用于水（δ=4.8）的信号抑制，有效地减弱了水峰对检测的干扰。

（6）乳糖标准溶液的制备。准确吸取一定体积的乳糖标准储备液，用蒸馏水逐级稀释，配制成浓度分别为 51.2 g · L^{-1}、25.6 g · L^{-1}、12.8 g · L^{-1}、6.4 g · L^{-1}、3.2 g · L^{-1}、1.6 g · L^{-1}、0.8 g · L^{-1}、0.4 g · L^{-1}、0.2 g · L^{-1}、0.1 g · L^{-1}、0.05 g · L^{-1} 的乳糖标准溶液，并取少量蒸馏水作为空白对照，分别加入 100 μL 质量分数为 1% 的 TSP 重水溶液。

（7）精密度分析。选取其中一个样品溶液，同一天内连续测定 5 次，取平均值，分析方法的日内精密度；连续测定 5 天，每天测定 5 次并取平均值，分析方法的日间精密度。

（8）回收率实验。称取 25 份未知样品，用蒸馏水溶解并转移至容量瓶定容，其中 5 份作为对照组，其余 20 份由低至高，分别加入四个不同浓度水平的乳糖标准溶液，每个水平重复 5 次，测定其 ^{1}H-NMR 谱图，计算回收率和相对标准偏差。

5. 数据记录与处理

脉冲宽度定量外标法依据的是信号强度互易原理，即给定线圈中样品化合物的 NMR 信号强度与 90° 脉冲宽度成反比。它是通过介电特性（离子强度）在样品间的变化来补偿因线圈灵敏度损失的信号强度，将外部参考样品的校准转移到实际样品中。每次定量前，需测定具有已知浓度的用于校准的外部参考样品（如 2 g · L^{-1} 柠檬酸样品），计算定量因子。样品定量公式如下：

$$C_{\text{Sample}} = \frac{C_{\text{Quantref}}}{M_{\text{WQuantref}}} \times \frac{A_{\text{Sample}}}{A_{\text{Quantref}}} \times \frac{N_{\text{HQuantref}}}{N_{\text{HSample}}} \times \frac{N_{\text{SQuantref}}}{N_{\text{SSample}}} \times \frac{P1_{\text{Sample}}}{P1_{\text{Quantref}}} \times \frac{T_{\text{Sample}}}{T_{\text{Quantref}}} \times M_{\text{WSample}} \times CF \quad (11\text{-}18)$$

式中：C 为分析物浓度（mg · L^{-1}）；A 为信号积分面积；M_W 为分析物的相对分子质量；N_H 为质子数；N_S 为扫描次数；P_1 为 ^{1}H 的 90° 脉冲宽度；T 为检测温度（单位为 K）；CF 为校正因子；Quantref 为外部参考样品；Sample 为待测分析物。

6. 注意事项

Bruker Avance Ⅲ HD 400 MHz 波谱仪是大型精密仪器，实验中应特别仔细，防止发生液体外泄、样品管破裂、异物掉入进样通道内等事故，以免造成仪器不能正常工作，发生停机事故，损害仪器。

7. 思考题

（1）NMR 中化学位移是否随外加磁场而改变？为什么？

（2）核磁共振波谱图的峰高能否作为质子比的可靠量度？积分高度和结构有什么关系？

11.6.2 单纯化合物 ^{1}H-NMR 谱的结构鉴定

1. 实验目的

（1）通过实验初步掌握脉冲傅里叶变换 NMR 波谱仪的基本原理与构造。

（2）初步掌握获得 NMR 图谱的一般操作与技术，给出未知物的 ^{1}H-NMR 谱图。

（3）通过对给定未知物的推定，加深理解关于化学位移、耦合常数、一级谱、峰面积及其影响因素等 NMR 基本概念，了解运用这些概念分析谱图和推定分子结构的一般过程。

2. 实验原理

NMR 波谱法是鉴定有机化合物结构的有力工具，其中 ^{1}H-NMR 谱是目前应用最广泛和成熟的测量技术。^{1}H-NMR 谱给出的主要参数是化学位移、耦合常数和积分面积，从这些参数中我们可以得到分子的结构信息，如利用化学位移可以判断出质子的类型（甲基、亚甲基、芳基、羟基等）以及质子的化学环境和磁环境，利用积分面积可以确定每种基团中质子的相对数目，利用耦合裂分情况可以判断质子与质子之间的关系。本实验以有机纯物质为样品测定化合物的氢谱，学习结构解析的方法和规律。

3. 仪器及试剂

（1）仪器：核磁共振波谱仪；核磁共振样品管（直径 5 mm）。

（2）试剂：已知分子式的系列试样，如 C_3H_8O、$C_4H_8O_2$、$C_4H_8O_2$、$C_4H_{10}O_2$、$C_7H_{12}O$、C_8H_{10} 等；已知相对分子质量 M_r=72，且只含有碳、氢、氧 3 种元素的系列化合物。

4. 实验步骤

（1）启动仪器，使探头处于热平衡状态，波谱仪程序处于待用状态（教师提前完成）。

（2）锁场并调节分辨率。电磁铁仪器通过内锁方式来观察标准样品中的氘信号，从而锁定磁场。利用标准样品中乙醛的 FID 信号或醛基的四重峰，通过精确调整均匀场线圈的电流，以获得最佳仪器分辨率。超导仪器宜用 $CDCl_3$ 标样以峰形、峰宽为依据获得最佳仪器分辨率。

（3）设置测量参数。设置的参数包括：① ^1H 谱观测频率及观测偏值；② ^1H 谱谱宽为 10×10^{-6} ～ 15×10^{-6} Hz；③观测射频脉冲为 45° ～ 90°；④延迟时间为 1 ～ 2 s；⑤累加次数为 4 ～ 32 次；⑥采样数据点为 8 000 ～ 32 000；⑦脉冲序列类型为无辐照场单脉冲序列。

（4）试样制备。上述待测试样任选其一（几十毫克），用 0.5 mL CCl_4（外锁测量）或 $CDCl_3$ 混溶，滴加少许 TMS，小心移入样品管内，盖上小帽，擦净外壁，套上转子，以量规确定其位置待测量用。

（5）切换到外锁状态，更换待测的试样，也可以直接以内锁方式选择某一已知分子式的试样或选择某一已知相对分子质量的试样，以 20 $r\cdot min^{-1}$ 的速率旋转测出 ^1H-NMR 谱。

（6）出谱图。利用所选参数，对采集的 FID 信号作以下加工处理：①数据的窗口处理；②作快速傅里叶变换获得频谱图；③作相应的调整；④调整标准参考峰位（如 TMS 为 0，$CDCl_3$ 残余氢为 7.27），显示并记录谱峰化学位移 i；⑤对谱峰作积分处理，记录积分相对值；⑥合理布局谱图与积分曲线的大小与范围等，绘出谱图。

5. 数据记录与处理

按表 11-3 记录实验数据并作处理。

表 11-3　实验数据记录表

峰序号	δ/Hz	J/Hz	峰积分高度 /cm	相对数
1				
2				
3				
4				

6. 注意事项

（1）严格按照操作规程进行，实验中不用的旋钮不得乱动。

（2）严禁将磁性物体（工具、手表、钥匙等）带到强磁体附近，尤其是探头区。

（3）样品管的插入与取出务必小心谨慎，切忌折断或碰碎而造成事故。样品管壁应先擦干净，用量规限定转子的高度，用以保证试样在磁体发射线圈的中心位置。

7. 思考题

（1）脉冲傅里叶变换是如何获得 NMR 频谱的？

（2）NMR 波谱法与红外、紫外光谱法相比较有何重要差异？为什么？

（3）NMR 波谱仪有哪些主要部件？它们各自的功能及相互关系如何？

第 12 章　扫描电子显微镜

扫描电子显微镜（scanning electron microscope, SEM）是当今广泛用于显微结构分析的重要工具，可用于观察和分析不同材料表面的微观形貌。商品化扫描电镜的分辨率已经实现了跨越式提高，从最初的钨灯丝扫描电镜的 25 nm 发展到现在场发射扫描电镜的 0.5 nm，并且已接近透射电镜的分辨率水平。目前大多数扫描电镜可以与 X 射线能谱仪以及自动图像分析仪等组合使用，实现对样品微观形貌的全方位分析。相比光学显微镜和透射电镜，扫描电子显微镜具有以下特点。

第一，可以无障碍观察样品表面的结构特征，样品的尺寸最大可达 120 mm × 80 mm × 50 mm。

第二，样品制作流程便捷，不需要薄片。

第三，样品室具有将样品三维空间旋转平移的功能，因此可以从多角度对样品进行全方位观察。

第四，扫描电镜的景深比光学显微镜和透射电镜大，图像更具有立体感。

第五，囊括了放大镜、光学显微镜、透射电镜的放大范围，高分辨率支持从几十倍放大到几十万倍，其中高分辨率场发射扫描电镜的分辨率可达 0.5 nm。

第六，使用电子束，能减小对样品的损伤和污染程度。

第七，除了观察表面形貌，还可利用样品的其他信号进行微区成分分析。

12.1 基本原理

扫描电子显微镜的工作原理基于电子与物质之间的相互作用。它通过电子枪发射直径为 20 ～ 35 nm 的电子束，并施加 1 000 ～ 40 000 V 的加速电压；然后利用一个磁透镜聚焦遮蔽孔径来选择电子束的长度，在产生一组可以控制电子束的扫描线圈之后，再利用物镜将电子束聚焦到样品表面上；接着通过第二聚光器与物镜中的电流互感器的相互作用，将电子束按相应时间、空间的先后对试样表面做光栅型扫描，利用聚焦原理来获取表面相互作用的有关信息；之后通过检测器检测相应的电子信号，经过信号放大、转换后得到电压信号，最终送至显像管的栅极上，调制显像管的亮度。将接收器设置在试样的一侧可以选择成像的信号，如背散射电子、二次电子、特征 X 射线、俄歇电子或次级电子等，其中二次电子是最重要的。试样的表面特征决定了其信号电子发射载量（表面形貌、成分、晶体取向、电磁特性等）的变化。显像管的电子束在荧光屏上做光栅状扫描，在显像管上的扫描运动与样品表面电子束的扫描运动严格同步，因此获得的亮度和接收信号强度对应的扫描电子图像能够反映样品表面的形貌特征。

背散射电子是被固体样品的原子核或核外电子反射回来的一小部分入射电子，包括弹性背散射电子和非弹性背散射电子。弹性背散射电子指试样的入射电子在散射角超过 90°的情况下，其能量基本不会变化，数值通常为几千到几万电子伏。非弹性背散射电子是指入射电子与试样分子中的核外电子产生了非弹性碰撞，从而使能量发生了变化。非弹性背散射电子的能量范围更大，为几十至几千电子伏。在数量方面，弹性背散射电子的数量远远超过非弹性背散射电子的总量。产生背散射电子的深度范围为 100 nm 到 1 mm。原子序数的增加会增加背散射电子的产生量，因此背散射电子不仅可以作为成像信号来分析表面形貌，还可以对原子序数进行定性分析。

二次电子是指被入射原子通过轰击的方式所产生的核外电子。原子核与外层价电子的结合能较低，分子中的核外电子因获得比逸出功更大的能量而脱离出来形成新的自由电子。散射通常发生在样品表面，使获得能量大于逸出功的自由电子从样品表面逸出，成为二次电子。二次电子通常分布于样品表面 5 ～ 10 nm 的地方，能量为 0 ～ 50 eV。二次电子极易受到样品表面形态变化的影响，故能很好地体现样品表面的特征形貌。由于二次电子极少能在样品表面反射，因此二次电子的产生区域与入射电子的照射区域无明显变化，分辨率较高，可达 5 ～ 10 nm。扫描电子显微镜的分辨率通常以二次电子的分辨率衡量。

特征 X 射线一般是由原子内层电子获得能量后激发，在能级跃迁过程中直接放出的一种具有特征能量和波长的电磁辐射，其发射范围通常在 500 nm 到 5 mm 之间。

俄歇电子是在原子内部电子能级跃迁过程中产生的电子能量不足以形成特征 X 射线时出现的一个形式，它是指通过传输电能把原子核外的一个电子打出，离开分子之间时所产生的二次电子。因为在每一个分子之间都有一定的壳层能量，所以俄歇电子也有特征值，其能量范围为 50 ～ 1 500 eV。俄歇电子的电子信息可用于表面的化学成分分析，因为它是在试模表面数量有限的小分子间层中产生的。

次级电子的产生的数量取决于电子束的入射角的大小，即数量多少与表面结构特征有关联。

探测体的作用是把次级电子收集起来，利用闪烁器将电子信号转变为光信号。电子束通过电倍增管和放大器控制其强度，显示为电子束同步的扫描立体图像，反应样品的表面结构特征。

12.2　仪器组成与结构

扫描电子显微镜主要由七大系统组成，即电子光学系统、信号探测处理和显示系统、图像记录系统、样品室、真空系统、冷却循环水系统、电源供给系统。下面简要介绍其中的电子光学系统、信号探测处理和显示系统以及真空系统。

12.2.1　电子光学系统

一个完整的电子光学系统通常由电子枪、电磁透镜、扫描线圈和样品室组成，其主要作用是发射电子束来扫描成像。

1. 电子枪

扫描电子显微镜的电子枪类似于透射电镜的电子枪，其加速电压比透射电镜低。通过阴极电子枪发射的电子受到阴、阳两极的作用而向阳极高速运动，形成电子束。电子束具有高亮度、低能量散布的特性。目前常用的电子枪种类有钨灯丝、六硼化镧灯丝和场发射三种，各种灯丝在不同的电子源、电流量、电流稳定性和电子源寿命情况下对系统性能有不同影响。钨灯丝和六硼化镧灯丝利用热发射效应产生电子；场发射电子枪则利用场致发射效应产生电子，寿命可超过 1 000 h，且无须电磁透镜系统。如今，高分辨率扫描电子显微镜普遍采用场发射电子，其分辨率可达 1 nm。

根据工作原理的不同，电子枪又可分为冷场发射式电子枪、热场发射式电子枪和肖特基发射式电子枪。冷场发射式电子枪的电子束直径最小、亮度最高，可获得最清晰的影像分辨率并改善低电压下的操作效果。热场发射式电子枪需在 1 800 K 温度下使用，可减少气体分子的吸附，保持发射电流稳定，适用于较差真空环境下的操作，其电子束亮度接近冷场发射式电子枪，但能量散布较大，影像分辨率也不如冷场发射式电子枪，因此使用较少。肖特基发射式电子枪具有稳定的发射电流和较大的发射总电流，电子能量散布较小，但电子源直径较大，影像分辨率稍逊于冷场发射式电子枪。

2. 电磁透镜

热发射电子可以通过电磁透镜实现凝聚。扫描电子显微镜一般有两个电磁透镜，包括聚透镜和物镜。聚透镜用来凝聚电子束，物镜则用来把电子束凝聚在样品表面。在数字化扫描电子显微镜中，电磁透镜通常被当作集光器使用，它的主要作用是将电子束的最大束斑从 50 μm 的直径缩小至几纳米，通常用几个镜片来实现。扫描电子显微镜一般由三个聚光器组成，其中两个是强磁透镜，作用是将电子束的光点缩小；剩下一个是软磁透镜，软磁透镜在使用时要在样品和透镜之间留有一定距离，这样才能在其中放置各种信号的检测器。

3. 扫描线圈

扫描线圈可通过电子束偏转实现在样品上的规律性扫描，保证样品上电子束的扫描和显像管上的扫描一致。扫描方式可分为点扫描、线扫描、面扫描和 *Y* 扫描。扫描电镜图像的放大倍数取决于电子束偏转角的改变。

4. 样品室

样品室不仅可以放置样品，还安装了信号检测器。各类检测器的位置会影响信号的收集，如果位置放置不当，信号可能会收集不到或者信号过于微弱，导致分析精度下降。样品台类似于一个复杂精密的组件，它通过马达的驱动夹持一定尺寸的样品做平移、倾斜和转动运动，方便对样品上每一个特定位置进行各类分析。

12.2.2 信号探测处理和显示系统

在样品室中，扫描电子束与样品相互作用会产生各种信号，包括二次电子、背散射电子、特征 X 射线、吸收电子以及俄歇电子等。样品的形貌和成分会影响二次电子的产生率。二次电子、背散射电子和透射电子的信号均可通过闪烁计数器进行检测，这些信号电子通过闪烁体后发生电离，产生可见光信号，然后经过光导管传输并放大，最后转换成电压的输出，经过放大器放大后成为调制信号。由于光体管中的电子束和摄像管中的电子束都是同步扫描的，因此在荧光显示器上每一点的对比度都可利用从样品上激发出来的光信号强度来调整，所以如果各个样品点的状态不同，所接收的光信息也就不一样，这样就能够从显像管上得到反映样品各部位情况的全扫描电子显微图像。

12.2.3　真空系统

真空系统包括真空泵和真空柱。真空柱是包括了成像装置和电子束系统的一个完全密封的柱形容器；真空泵的作用则是在真空柱中提供真空度，目前常用的真空泵主要有机械泵、油扩散泵和涡轮分子泵三大类。钨灯丝枪扫描电子透镜以机械泵和油扩散泵来满足所需的真空度要求；以场发射枪、六硼化镧枪和六硼化铈枪为主的扫描电子显微镜则需通过机械泵和涡轮分子泵来满足需求。

真空度会妨碍电子光学装置的正常工作，所以必须确定镜筒内真空度的要求量，以此增加成像用的电子数量。一般情况下，真空系统可供给 $1.33\times10^{-3}\sim1.33\times10^{-2}$ Pa 的最大真空度。真空度如果不够高，除会造成样品的严重破坏之外，还会产生灯丝寿命降低、极内放电等现象。

12.3　实验内容

12.3.1　Ag_3PO_4 粉末样品的形貌测定

1. 实验目的

（1）了解扫描电子显微镜的构造及工作原理。

（2）学习扫描电子显微镜的样品制备。

（3）学习并掌握背散射电子的应用。

（4）掌握样品的二次电子成像观察。

2. 仪器与试剂

（1）仪器：JEOL JSM-7800F 场发射扫描电子显微镜（分辨率为 15 kV 下 0.8 nm，1 kV 下 1.2 nm；放大倍数为 25 ～ 1 000 000，放大倍数连续可调；加速电压为 0.01 ～ 30 kV；束流强度为 15 kV 下 200 nA；电子枪为浸没式热场发射式电子枪；物镜设计为超级混合式物镜；样品台采用 5 轴电机驱动；工作距离为 1.5 ～ 25 mm；真空系统为 2 SIPs；磁悬浮轴承为 TMP、RP）。

（2）试剂：Ag_3PO_4 粉末样品。

3. 实验步骤

（1）样品准备。扫描电子显微镜主要用于观察样品表面形态，通常使用尖角镊将少量样品均匀分散在样品座的导电胶上。可用洗耳球轻吹未牢固黏附在导电胶上的颗粒。通常，扫描电子显微镜的样品及其准备必须满足以下要求。

①对于试样表面导电的样品，可以将其制成固体块状或粉末状，对于不导电的样品，需要先进行表面镀膜处理（如使用Au、Pt或Pt/Pd合金等），在材料表面形成一层导电膜。

②试样在高真空下能保持稳定。

③含有水分或易挥发物的试样应先进行烘干处理。

④表面受到污染的样品应在不破坏表面结构的前提下适当进行清洗，然后烘干，新断开的断口或断面一般不需要处理。

⑤有些样品的表面、断口需要进行适当侵蚀才能暴露某些细节，但在侵蚀后应将表面或断口清洗干净，然后烘干。

⑥根据试样大小选择合适的样品座，样品尺寸不能太大，样品的高度一般在10 mm以内。

⑦磁性样品需要进行消磁，即使是无漏磁物镜设计的电镜，也要将样品远离，以防离物镜太近而造成污染。

（2）样品交换。①点击specimen窗口的exchange position选项使EXCH POSN灯点亮，并确认样品台STAGE处于样品交换的位置（X=0.000 mm，Y=0.000 mm，R=0.00 mm，Z=40.0 mm，T=0.000 mm）；②按下VENT按钮对exchange chamber放气破真空，直至VENT灯不闪，表示样品交换室处于联通大气状态；③打开exchange chamber并将样品架放入chamber，检查chamber内部的清洁情况，完全关闭exchange chamber门，然后按下EVAC键将交换室抽至真空状态，等待EVAC灯停止闪烁，确定exchange chamber已经达到所需的真空度；④拿起样品交换杆，水平方向转动并轻轻推动样品杆，将样品holder完全送入specimen chamber中，等待HLDR灯亮起后再完全拔出样品杆，并将其垂直放置，此时样品已成功放置在样品室中；⑤选择正确的样品架类型，点击“确认”，并设置工作距离（通常为Z=10 mm）；⑥确认样品室的真空值低于5×10^{-4} Pa后，即可开始进行图像操作。

（3）观察样品，获取图像。①点击observation ON，开启gun valve，设定操作参数（电压、电流及WD等），依照1 kV、5 kV、10 kV、15 kV逐次提升至所需要的电压，等电流稳定后开始测试；②右击鼠标选择“移动到中心”，将观察点移至屏幕中央，确保扫描模式处于快速查看状态，调整放大倍数旋钮以增大放大倍数，在该倍率下寻找样品表面的明显特征，并通过旋钮调整对焦以及亮度和对比度，直到样品表面特征清晰可见为止。

（4）拍照存储。图像聚焦像散调整完毕后，按下fine view 1或fine view 2及freeze

键扫描图像并定格。扫描完成后按下 photo 键获取最终图像，保存于预设的文件夹中。不同倍率下 Ag_3PO_4 的 SEM 图如图 12-1 所示。

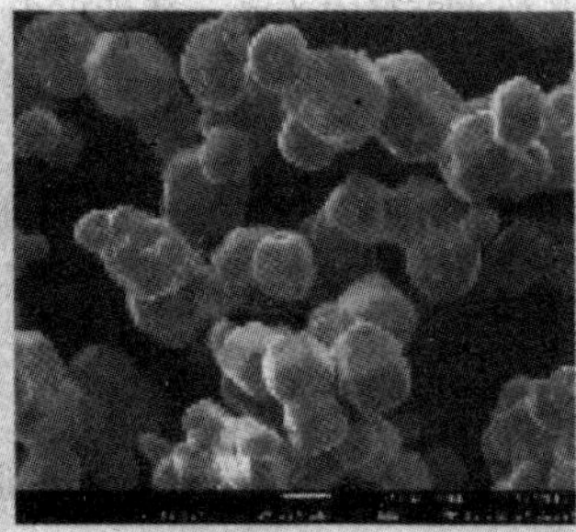

图 12-1　不同倍率下 Ag_3PO_4 的 SEM 图

（5）结束观察。①将加速电压缓慢下降，等待 emission 电流稳定后再降电压，依照 15 kV、10 kV、5 kV，逐次降至 1 kV；②将放大倍率调整至最低倍；③点击 observation off；④点击 exchange position 将样品台恢复到样品交换的初始位置；⑤用样品交换杆将样品 holder 拉出样品交换室，再按下 VENT 按钮放气，在样品互换室内抽出样品 holder 并检测样品在互换室内是否正常工作（有无脱落情况）；⑥关闭样品交换室并按下 EVAC 键将其抽至真空状态，待 EVAC 指示灯不再闪动后，观察结果。

4. 注意事项

（1）JSM-7800F 的发射器及聚光透镜的真空由两组离子泵（SIP1，SIP2）提供。SIP1 的真空范围为（2.0 ～ 5.0）$\times 10^{-8}$ Pa，SIP2 的真空范围为（3.0 ～ 5.0）$\times 10^{-7}$ Pa。

（2）样品室真空：1.0×10^{-3} Pa 以上，由机械泵和分子泵提供，可以达到 9.6×10^{-5} Pa，样品室真空达到 5.0×10^{-4} Pa 以下时进行观察。

（3）改变加速电压时，最好是以 5 kV 为梯度逐次递增，即 1 kV，5 kV，10 kV…

（4）当钢瓶压强小于 2.0 MPa 时应及时更换钢瓶。

（5）循环水交换方法：正常情况下每隔 3 至 6 个月检查并确认循环水是否需要交换。

5. 思考题

（1）改变加速电压的要求是什么？

（2）影响样品成像质量的因素有哪些？如何获取高质量样品图像？

（3）何种条件下可采用背射电子成像？

12.3.2　探针逼近曲线及探针 - 基底距离的计算

1. 实验目的

（1）掌握探针逼近技术。

（2）根据探针逼近曲线计算探针与基底之间的距离。

2. 实验原理

本实验利用超微电极（UME）样品表面进行非接触扫描，通过监测微电极上的电流，来获得表面形貌和电化学反应动力学信息。

3. 仪器与试剂

（1）仪器：CHI 910B 扫描电化学显微镜；Ag-AgCl 参比电极；铂丝对电极；Pt 盘或 Au 盘基底电极；Pt 或 Au 盘微电极探头。

（2）试剂：含 1.00×10^{-2} mol · L^{-1} $K_3Fe(CN)_6$ 的 0.50 mol · L^{-1} KCl 溶液（称取 0.329 g $K_3Fe(CN)_6$ 和 0.377 3 g KCl 溶于 10 mL 蒸馏水中待用）。

4. 实验步骤

（1）打开 CHI 910B 电化学工作站电源，然后打开三维电机控制器电源。

（2）在三维电机定位系统的工作台上放置电解池，其内含 1.00×10^{-2} mol · L^{-1} $K_3Fe(CN)_6$ 和 0.50 mol · L^{-1} KCl 溶液。

（3）将铂电极或金电极（直径为 2 nm）放置于电解池底部，将 Ag-AgCl 电极和铂电极分别固定在电解池内。将探针微电极垂直固定在 SECM 的爬行器上（*Z* 轴）。

（4）进行探头向导体基底的逼近。①使用 CHI 910B 控制软件调节 *X*、*Y*、*Z* 轴的电机，使探头位于基底为导体的 Pt（或 Au）电极上方；②打开探头逼近曲线，设置探头电位为 0 V（$K_3Fe(CN)_6$ 转为 $K_4Fe(CN)_6$），基底电极电位为 0.5 V（$K_4Fe(CN)_6$ 转 $K_3Fe(CN)_6$），将停止时的电流值设为起始电流的 120%，最大增量为 1 μm，后退距离为 50 μm，时间增量为 0.02 s；③运行探头逼近曲线，当电流达到设定值的 120% 后，电机将自动停止移动并保存所得的探头逼近曲线数据。

（5）进行探头向绝缘体基底的逼近。①使用 CHI 910B 控制软件调节 *X*、*Y*、*Z* 轴的电机，使探头位于基底电极上方的绝缘层位置；②打开探头逼近曲线，将探头电位设为 0 V（$K_3Fe(CN)_6$ 转为 $K_4Fe(CN)_6$），将停止时的电流值降至起始电流的 80%，最大增量设为 1 μm，后退距离设为 50 μm，时间增量为 0.02 s；③运行探头逼近曲线，当电流降至设定值的 80% 后，马达将自动停止移动并保存所得的探头逼近曲线数据。

5. 数据记录与处理

利用理论公式对实验得到的探头逼近曲线进行拟合，从而得出探头与基底之间的距离。

6. 注意事项

（1）由于微电极电流信号较小，实验过程中需尽量减少移动等操作，以降低噪声。

（2）在设置探头逼近曲线参数时，务必设定一定的后退距离，以保护探针。

（3）实验结束后，先关闭三维电机控制器电源，再关闭电化学工作站电源。

（4）移除各电极和电解池，并彻底清洁屏蔽箱，确保没有电解液残留在其中，特别是在三维马达控制器上，以免腐蚀三维马达控制器。

7. 思考题

（1）解释探头逼近曲线的形状。

（2）如何将实验得到的探头逼近曲线与理论公式得到的理论曲线进行拟合，以得到探头与基底的距离？

第 13 章　X 射线粉末衍射法

X 射线是电磁波的一种，它是原子内部电子在高速移动电子的碰撞下跃迁而释放出的辐射。X 射线的波长范围通常介于 0.001 和 10 nm 之间，常见的波段为 0.01 ～ 2 nm。X 射线可以分为连续 X 射线和特征 X 射线两种。

将 X 射线作为辐射源的方法均属于 X 射线分析法。本章所介绍的 X 射线粉末衍射法就是其中一种分析方法。

13.1　基本原理

晶体是指由原子、离子或分子在三维空间以一定的距离间隔重复、呈周期性排列而形成的固态物质。当一束平行的 X 射线射到晶体上时，一部分 X 射线被晶体吸收，使晶体内部电磁场出现周期性的变化，引起晶体内的电子进行周期性振动，这些振动的电子成为新的电磁波源，会以与入射 X 射线波长和相位相同的电磁波向各个方向发射出去，这一现象称为散射。晶体中原子散射 X 射线的能力与原子中的电子数成正比。在晶体中，原子的散射电磁波相互干涉和叠加，会在某些方向上产生加强或抵消效应，这种现象被称为衍射，相关的方向被称为衍射方向。晶体的衍射 X 射线方向与晶胞的大小、形状以及入射 X 射线的波长有关，衍射光的强度与晶体内原子类型和晶胞内原子位置有关。因此，从衍射光的方向和强度来看，每种晶体都具有其特定的衍射图。

晶体可以被视为包含多个平行晶面簇的结构，每个晶面簇由具有相同晶面间距 d 的平行晶面组成。如图 13-1 所示，根据衍射条件，只有当光程差等于入射 X 射线波长的整数倍时，衍射效应才会相互加强。这符合布拉格（Bragg）方程，其中 d 和 θ 之间的关系如下：

$$n\lambda = 2d\sin\theta \tag{13-1}$$

式中：n 表示 X 射线衍射级次；λ 代表入射 X 射线波长；d 表示晶胞内两晶面之间的距离，θ 为入射角。式（13-1）阐述了衍射现象的基本条件，即只有在特定入射角下，X 射线才能相互干涉并形成衍射图案。这一条件揭示了衍射方向与晶体结构之间的紧密关系。因此，通过衍射数据，我们可以精确鉴定晶体物质的结晶相特性。

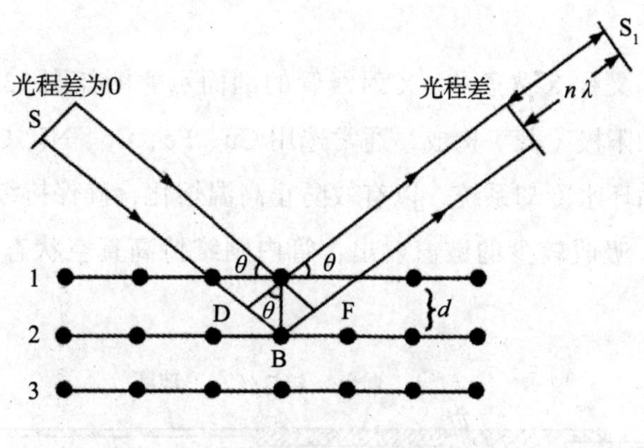

图 13-1　晶体产生 X 射线衍射的条件

13.2　X 射线衍射仪

13.2.1　X 射线衍射仪的基本结构

X 射线衍射仪主要包括 X 射线发生器、测角仪、计数管与记录装备等组件，这些组件在 X 射线衍射分析中发挥着重要的作用。X 射线发生器可产生高强度的 X 射线束，用于照射晶体样品。测角仪负责测量衍射角度，以确定衍射图案中的晶胞参数。计数管用于测量 X 射线的强度，从而提供关于晶体样品中原子排列的信息。记录装置负责记录并分析 X 射线衍射的数据，以帮助研究者鉴定晶体的结构和特性。这些仪器为材料科学和结晶学等领域的研究提供了巨大帮助。X 射线衍射仪的基本结构如图 13-2 所示。

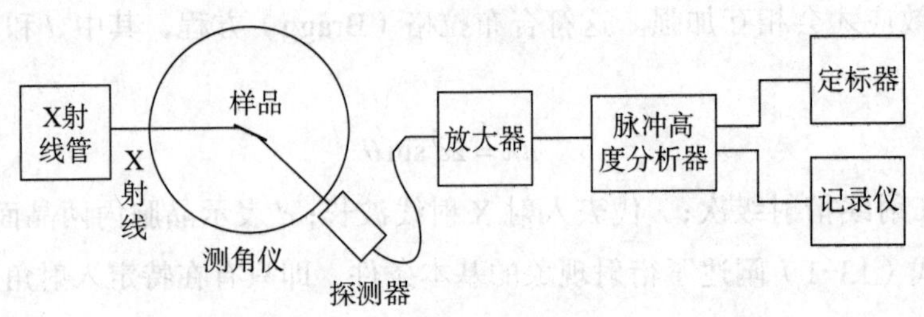

图 13-2　X 射线衍射仪的基本结构

1. X 射线发生器

（1）X 射线管（又称 X 光管）。X 射线管的剖面示意图如图 13-3 所示，X 射线衍射仪由阴极（灯丝）和阳极（靶）构成，通常选用 Cu、Fe、Co、Ni、Cr 等金属制造阳极靶。阳极靶内部设计了循环水冷却系统，以有效防止高温熔化，确保持续运行。阳极靶产生的 X 射线通过质量轻、吸收较少的铍窗射出，管内则维持高真空状态，以减少空气对 X 射线的吸收。

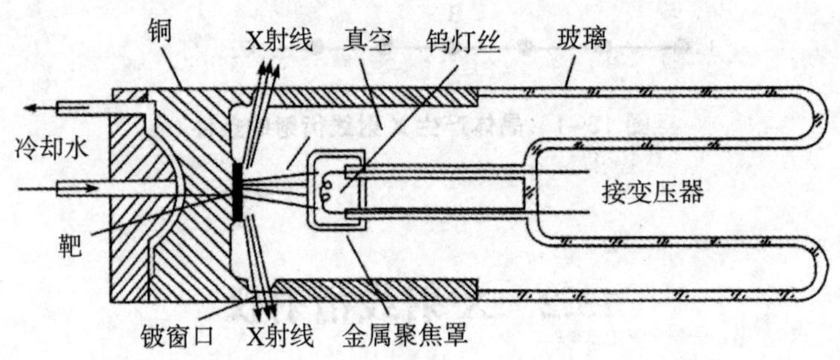

图 13-3　X 射线管的剖面示意图

（2）电源。灯丝变压器可供给一定的电流将灯丝加热到白热而发射电子。高压变压器是 X 射线衍射仪中的关键组成部分，用于在阴、阳两极之间产生数万伏的高电压，以加速阴极发射的电子并引导其撞击阳极。这一高电压系统用于生成高能的电子束，从而产生强烈的 X 射线辐射。

（3）保护系统。X 射线发生装置中还装有各种保护电路，用于保护设备和人身安全。例如，水继电器可在水压不足时切断电源防止靶过热；过负荷继电器可在高压变压器输出电压超过 X 射线管最高工作电压时自动切断电源；低电压继电器可在灯丝变压器输出功率超过灯丝额定值时自动断电，保护灯丝；警告灯亮表示有 X 射线产生；X 射线防护罩的门被打开时，X 射线立即中断，用于保护人身安全。

（4）射线的产生。灯丝变压器供给一定的电流将灯丝加热至白热而发射出电子，电子受阴、阳极间高压加速，高速轰击阳极，电子动能的 1% 会以 X 射线的形式经铍窗向外辐射，其余 99% 转变为热能。电子与靶上的原子碰撞后会失去能量，部分能量以光子形式辐射，形成 X 射线。大多数电子不会在单次碰撞后停止，而会经历多次碰撞，每次碰撞都会产生 X 射线辐射，这些多次辐射事件中，各光子的能量不同，从而形成了连续 X 射线谱。当 X 射线管的高压增加到一定的临界值（激发电压）时，高速运动的电子的动能就足以激发靶原子的内层电子，此时原子处于不稳定的激发态，外层电子跃迁至能级较低的内层轨道上填补空位，从而释放多余的能量，产生某些具有一定波长的 X 射线，即特征 X 射线。特征 X 射线的波长与激发它的电子速度无关，只与靶材料金属的原子序数有关。当 K 层电子被激发时，大概率会使外层（L、M、N 等）电子跃迁到 K 层，从而辐射出 K 系特征 X 射线。具体来说，L 层到 K 层的跃迁会产生 Kα 射线，M 层到 K 层的跃迁会产生 Kβ 射线，N 层到 K 层的跃迁会产生 Kγ 射线。其中，Kα 射线是最常见的，而 Cu 是常用的靶材。特征 X 射线的强度与 X 射线管的电流和电压有关。

2. 测角仪

测角仪是 X 射线衍射仪的核心部件，其基本结构如图 13-4 所示。X 射线源 S 发出的 X 射线经垂直发散索拉狭缝 S_1、水平发散狭缝 DS 照射到试样上，试样产生的衍射 X 射线通过接收狭缝 RS、接收垂直发散索拉狭缝 S_2、防散射狭缝 SS，最后进入计数管。

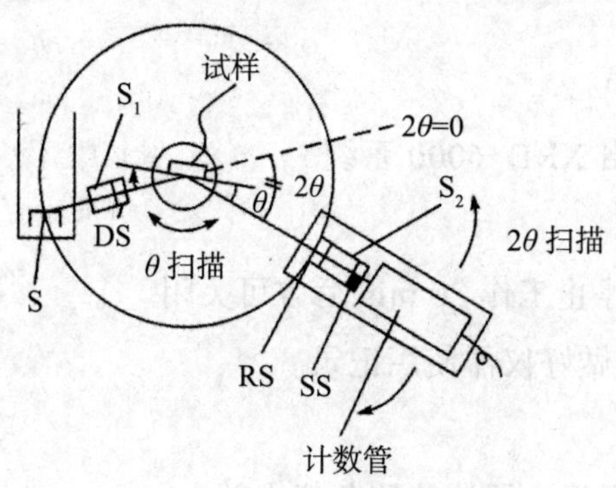

图 13-4　测角仪的基本结构

3. 计数管与记录装置

闪烁计数器由铊活化的碘化钠单晶片和光电倍增管组成，可以在脉冲高达 $10^5 \cdot s^{-1}$ 的计数率下使用而不漏计。

计数管输出的脉冲经放大器放大，进入脉冲高度分析器，再送入定标器进行定点计数，可采用定时计数或定数计时的方法记录衍射线的强度，或进一步送入打印机打印。定标器是将脉冲高度分析器或从计数管送来的脉冲加以计数的电子装置。

13.2.2 X 射线衍射仪的操作方法及注意事项

1. 操作方法

现以 XRD-6000 X 射线衍射仪为例，仪器操作方法如下。

（1）快速合上闸刀。

（2）调节冷却水箱的 BV 阀，使水压指示为 2.5 ～ 3 kg · cm^{-2}。

（3）启动计算机，在 XRD 硬件自检结束后（开启 XRD 电源 2 ～ 3 min），进入桌面 XRD 6000 系统，将被测样品放置在测试架上。

（4）在界面上点击“Display & Setup”，接着点击“Close”，此时系统将出现一个“测角仪归零确认”对话框，然后点击“OK”。

（5）点击画面上“Right Gonio Condition”，双击空白处，出现“Standard Cotldition Edit”对话框，进行实验条件（角度范围、扫描步长、扫描速度、管电流 - 管电压）设定及对样品取名，同时点击画面上“Right Gonio Analysis”。

（6）在设定实验条件后，点击“Append”和“Start”进入“Right Gonio Analysis”画面，然后点击“Start”以启动 XRD 测试。

（7）点击画面上的“Basic Process”选项进行数据处理，包括获取 2θ、d 值、半峰宽、强度等数据。

（8）打印报告。

（9）操作完成后，退出 XRD-6000 系统。

（10）关闭 XRD 电源。

（11）冷却水在 XRD 停止工作 20 min 后方可关闭。

（12）关闭所有电源，做好仪器使用记录。

2. 注意事项

（1）仪器使用后，需用吸尘器清洁测角仪内部。

（2）若样品掉落在样品台上，务必取下防护罩，清洁样品台，防止样品对其造成腐蚀。

（3）在进行超细微粒实验时，除了清洁样品台，还需用吸尘器清扫测角仪表面。

（4）若手部沾有样品，请先彻底清洗手后再进行操作。

13.3　实验内容

13.3.1　用 X 射线粉末衍射法进行物质分析

1. 实验目的

（1）熟悉 X 射线粉末衍射法的原理和实验方法。

（2）学习使用衍射图谱进行物质的物相分析，掌握并熟练使用索引和卡片。

2. 实验原理

X 射线粉末衍射是一种常用的方法，用于分析晶体或多晶样品的晶体结构。与单晶样品不同，粉末样品由来自各个方向的微小晶体颗粒组成，这增加了分析的复杂性。尽管如此，通过系统分析衍射图谱，我们仍能够获取关于晶格性质的重要信息。

当 X 射线以入射角 θ 与晶面相交时，来自平行晶格内原子排列面的 X 射线反射会相互干涉。因此，只有当入射角 θ 满足布拉格方程 $2d\sin\theta = \lambda$ 时，我们才能观察到 X 射线的衍射现象。由于不同物质的晶体内原子排列方式各不相同，它们具有独特的衍射特征。衍射图谱上的衍射线位置仅与原子排列的周期性有关，衍射线的强度则取决于原子的种类、数量和相对位置。

衍射线的位置和强度是晶体结构的关键特征，是物相鉴定的依据。物相鉴定的基础在于分析衍射线的方向和强度，也就是衍射图谱上的衍射峰的位置和峰值高度。通过 X 射线衍射仪，我们可以直接测量和记录晶体样品产生的衍射线的方向（θ）和强度（I）。在实验中，我们可以计算待鉴定样品的衍射图谱上各衍射峰的 d 值和 I 值，并通过与 ASTM 粉末衍射卡片进行比对，从而确定待鉴定物质的化学式以及相关的晶体学数据。这一过程有助于精确鉴定样品的晶体结构和物相。

3. 仪器与试剂

（1）仪器：D8 Advance Davinci 射线衍射仪；玛瑙研钵；平板玻璃 20 块，30 cm^2；样品板。

（2）试剂：未知样品。

4. 实验步骤

（1）样品的准备。将样品在一块玛瑙研钵中磨细，施加压力直到没有颗粒存在。接着清洁样品板并将其放在一块玻璃板上，确保有孔的一侧朝上。将粉末加入样品板的孔中，使其略微高于样品板的表面，然后使用另一块玻片将粉末压平、压实，以去除多余的试样。将准备好的样品板插入粉末衍射仪的样品台上，并将其对准中心线。

（2）X 射线衍射仪的操作条件。辐射源为 Cu-Kα 辐射源；管电压为 35 V；管电流为 20 mA；限制狭缝为 1°；发射狭缝为 1°；接收狭缝为 0.3°；扫描速度为 4°·min^{-1}；扫描时间为 2 min；记录纸速度为 40 mm·min^{-1}；分析范围为 5°～35°。按上述条件启动 X 射线衍射仪，得到粉末衍射图。

5. 数据记录与处理

（1）对每个衍射峰的 2θ 值计算相应的面间距 d 值，按相对强度 $\frac{I}{I_0}$ 排序。

（2）利用上述实验结果，与索引和 ASTM 卡片对照，进行物相分析并鉴定未知样品。

6. 注意事项

（1）X 射线具有高能量和强大的穿透性，对人体有害，且 X 射线是不可见的，无法通过肉眼感知。因此，在使用 X 射线仪器时，操作人员必须极为小心，应采取适当的防护措施。

（2）仔细阅读并遵守仪器使用注意事项部分的指导，确保操作的准确性和安全性。

7. 思考题

（1）用衍射图鉴定物相的理论依据是什么？

（2）实验中，如何得到一张良好的衍射图？

13.3.2 二氧化钛的 X 射线粉末衍射分析

1. 实验目的

（1）了解 X 射线粉末衍射分析仪的工作原理。

（2）熟悉 Advance D8 型 X 射线衍射仪的使用方法。

（3）学习利用 X 射线粉末衍射进行物相分析。

2. 实验原理

X 射线衍射是一种无损分析技术，它使用波长为 0.05～0.25 nm 的 X 射线进行研究。这些波长的 X 射线能够与物质结构中原子和分子之间的距离相互作用，特别是在晶体结构分析中提供了丰富的微观结构信息。

当 X 射线照射到晶体上时，晶体内的电子会发生散射，这种散射波会相互叠加，形成相干散射波。相干散射波叠加产生了晶体的 X 射线衍射现象。衍射方向是相干散射波周期性增强的方向，它取决于晶体的周期性或晶胞的尺寸，而晶胞内各个原子的排列位置决定了衍射的强度。

每种物质的晶体结构都具有独特的 X 射线衍射图案，这些图案可以看作物质的“指纹”，而且不会受到与其他物质混合的影响，因此 X 射线衍射法用于物相分析时非常有用。

粉末衍射标准联合委员会（Joint Committee on Powder Diffraction Standards, JCPDS）将可靠的粉末衍射数据整理成卡片，以方便研究人员查询和验证。

图 13-5 展示了一种磷酸盐的 X 射线粉末衍射图谱。通过与 JCPDS 卡片数据库中的数据进行对比，我们可以确认该磷酸盐的晶体结构为正交晶系，具体为 $KTiOPO_4$。

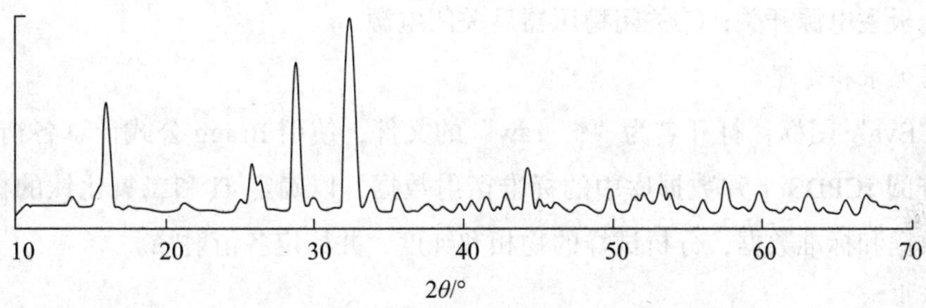

图 13-5　$KTiOPO_4$ 的 X 射线粉末衍射图谱

3. 仪器与试剂

（1）仪器：德国 Bruker 公司的 X 射线衍射仪（Advance D8 X-ray Diffraction Analyzer）；玛瑙研钵 1 只；载玻片 1 块；标准样品架 1 只。

（2）试剂：经预处理的待测样品二氧化钛粉末。

4. 实验步骤

（1）开机。①开电脑；②开水冷系统，先打开水冷机侧面板电源开关，再开水冷机正面板水泵开关；③开总电源；④开稳压器（等到输出稳定）；⑤解锁并检查仪器主机两侧的“STOP”按钮是否已释放，然后按下右侧面板上的绿色按钮“1”，此时黄色 busy 灯会亮起，一直等到黄色 busy 灯熄灭，表示控制计算机已经启动完毕，接下来开启高压，逆时针旋转“high voltage”按钮并保持，直到黄色“ready”灯开始闪烁或保持常亮；⑥仪器预热 20 ～ 30 min 后，单击并启动 XRD Commands，首先初始化轴参数，然后设定 KV=40，MA=40，以 Cu 靶为辐射线源（Cu-Kα 为 λ=0.154 06 nm）。

（2）试样的要求及制备。①试样要求：使用粉晶样品，确保表面平整，晶粒大小不超过 5 μm。②制备：在玛瑙研钵中取出适量试样，彻底研磨至无颗粒感；取一小部分研磨后的二氧化钛粉末，均匀地装入样品框中，用小抹刀轻轻垛实，确保粉末均匀摊开；使用小抹刀或载玻片将粉末轻轻压实、压平，并用保险刀片将多余的粉末刮平，确保粉末牢固固定在样品台上，注意要对准圆心；关闭样品室的防护门。

（3）测试。双击“DIFFRACplus Measurement Part”图标以打开测试软件。在相应栏目中设定步长、扫描时间、扫描范围等参数。启动X射线探测器，按“start”开始测试，此时仪器样品室上方的红色警示灯会亮起。等待测试结束并确保红色警示灯熄灭后，才能打开样品室防护门，取出样品并清理样品台。

（4）关机。①软件中将功率调低，将电压和电流调至最低（20 kV，5 mA）；②逆时针旋转“high voltage”按钮一下，然后等待20～30 min，关闭计算机；③关闭仪器主机右侧面板上的红色“0”；④首先关闭水冷系统（关闭水冷机正面板水泵开关），然后关闭水冷机侧面板主电源开关；⑤关闭稳压器后关闭电源。

5. 数据记录和处理

双击“Eva”图标，打开名为“*. raw”的文件，使用Bragg公式计算各衍射峰对应的d值。查阅JCPDS卡片数据库中的标准衍射数据，以确定Ti和二氧化钛的标准数据。比对实验数据和标准数据，分析试样的物相和纯度，并标定各衍射峰。

6. 注意事项

（1）关上玻璃门时，确保将把手向内插入，听到“咯”的一声，门会自动锁上。

（2）打开玻璃门时，首先按下“Open door”按钮，切勿强行拉动玻璃门把手。

（3）移动玻璃门时要缓慢，玻璃门易碎且昂贵。

（4）注意不要碰坏仪器玻璃柜顶上的四个X射线指示灯，因为稍有问题就可能导致X射线发生器无法开启。

（5）请勿随意打开仪器主机的左侧、右侧和背面面板。

（6）在仪器周围有许多水管、气管和电线，注意不要踩到或触碰。

7. 思考题

（1）分析二氧化钛的用途和晶型结构及其参数。

（2）X射线粉末衍射谱图能够得出哪些晶体特征？

第 14 章　热重分析

热重分析（thermogravimetric analysis, TGA）是一种分析技术，它通过在严格控制的温度条件以及不同气氛条件下测量样品质量与温度或时间之间的关系来进行分析。TGA 是热分析领域中比较常用的方法之一，其应用范围也比较广泛，只要在受热时，物质的质量产生了变化（如脱水、吸附、解吸、吸湿、分解、化合、升华等现象），都可以用 TGA 来研究其变化过程。

TGA 实验的原理是通过对样品在不同温度下的质量变化进行监测来研究物质的性质和反应。在 TGA 实验中，样品需要被加热至一定温度，然后通过连续测量样品质量的变化，我们可以得到样品的热分解、氧化、还原等反应的信息。

TGA 实验可以用于研究物质的热稳定性、热分解机理、热容量、热导率等热力学性质。通过测量样品的质量变化曲线，我们可以确定物质的熔点、沸点等物理性质。TGA 还可以用于研究化学反应的动力学参数，如反应速率常数、反应活化能等。

除了研究物质的性质和反应，TGA 还可以用于物质的鉴别分析和组分分析。通过对样品的质量变化曲线进行分析，我们可以确定样品中的不同组分的含量和比例，这对于分析复杂样品或者确定样品的纯度非常有用。

需要注意的是，TGA 不适用于那些在室温下挥发性很强的物质的定量分析。因为在 TGA 实验中，样品会被加热，挥发性很强的物质可能在加热过程中完全挥发掉，导致无法准确测量样品的质量变化。这类物质的定量分析通常需要使用其他方法，如气相色谱－质谱联用等。

TGA 方法的显著优点是其出色的定量性能，可以准确测定物质的起始分解温度和分解速率。此外，TGA 还具有样品用量少、分辨率高、仪器操作简单灵敏以及分析速度快等优点。

14.1 基本原理

在热重分析中，当试样在受热的过程中经历脱水、升华、汽化或蒸发等使质量发生变化的情况时，这些变化会以直观的方式记录在热重曲线上。如果试样未发生质量变化，热天平将保持初始平衡状态。但如果试样发生质量变化，热天平将失去平衡，这一情况将由传感器检测并输出失衡信号。

热重分析方法通常可分为升温法（动态法）和恒温法（静态法）两大类。升温法是一种常见的 TGA 实验方法，它通过提升样品的温度来观察样品的质量变化，可以快速地获取样品的热分解、氧化、还原等反应的信息。在升温法中，样品会被加热至一定温度，然后以一定的升温速率继续加热，同时测量样品质量的变化。通过观察质量变化曲线，我们可以确定样品的热分解温度、反应速率等信息。

相比之下，恒温法需要在一定温度下进行较长时间的实验，以获得稳定的质量变化数据。恒温法具有高度准确性的特点，适用于研究物质的热稳定性、热容量等热力学性质，但由于耗时较长，一般在实验中较少使用。

热重分析仪常生成 TGA 曲线和微商热重（DTG）曲线。TGA 曲线以质量（或失重率）为纵坐标，以温度（或时间）为横坐标，显示了质量的变化情况。TGA 曲线中的水平部分表示质量基本稳定。通过分析 TGA 曲线，我们可以获取关于样品组分、温度段内的变化、质量损失、分解步骤、分解温度范围、热稳定性、结晶水等信息，甚至可以根据失重信息和其他分析手段推测可能丢失的物质。

DTG 曲线是 TGA 曲线的一阶微商曲线，它展示了质量随温度或时间变化的速率。当试样随温度变化使物质损失或与气氛中的气体反应时，这些反应将在 TGA 曲线上表现为“台阶”，在 DTG 曲线上则呈现为峰值。

图 14-1 为二水合草酸锰铁（Mn 与 Fe 的物质的量比为 7 ∶ 3）分解的 DTG 和 TGA 曲线，测试升温速率为 5℃ · min^{-1}，氮气氛围。

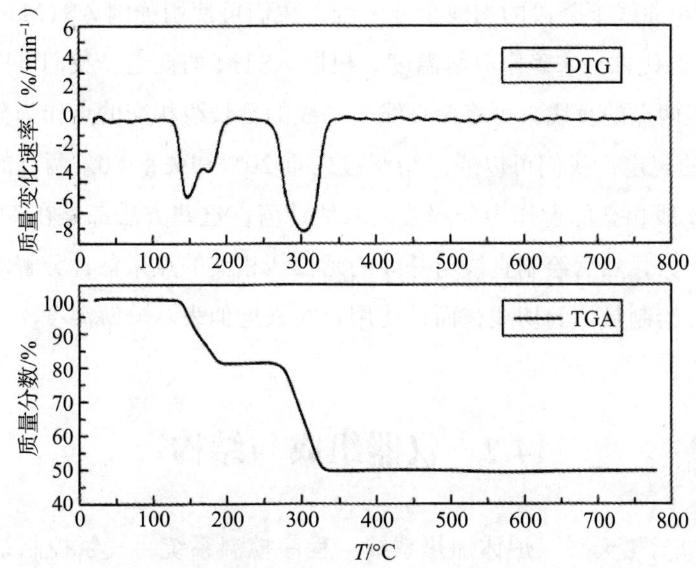

图 14–1　二水合草酸锰铁（7 ∶ 3）分解的 DTG 曲线（上）和 TGA 曲线（下）

TGA 曲线清楚地显示了草酸锰铁在升温过程中的失重情况，其中有两个明显的失重区间，一个失重区间对应于失水过程，另一个对应于分解过程。通过观察 DTG 曲线，我们可以看到第一个大的失重峰实际上由两个小的失重峰组成，分别在 123 ～ 165℃和 165 ～ 205℃，这两个小的失重峰可能分别对应于草酸锰和草酸亚铁失去结晶水的过程。

综上所述，TGA 曲线和 DTG 曲线提供了草酸锰铁在升温过程中失重的详细信息。TGA 曲线清楚地显示了失重区间，而 DTG 曲线进一步揭示了失重峰的组成和温度范围。通过分析这两个曲线，我们可以得出结论：草酸锰铁在特定温度范围内发生了失水和分解反应。这种相互印证和相互补充的观察有助于更好地理解物质的热性质和反应过程。

失重曲线中的温度值通常用于评估材料的热稳定性，因此正确的选择方法至关重要。一般情况下，我们可以使用以下不同的参数来确定起始分解温度。

起始分解温度（onset temperature）：TGA 曲线开始偏离基线的温度。

外延起始温度（extrapolated onset temperature）：曲线下降段的切线与基线延长线的交点。

外延终止温度（extrapolated end temperature）：切线与最大失重线的交点。

终止温度（end temperature）：TGA 曲线到达最大失重时的温度。

半寿温度（half-life temperature）：失重率达到 50% 的温度。

一般而言，外延起始温度的重复性最高，因此通常用于表示材料的热稳定性。当然，我们也可使用起始分解温度，但这个参数通常较难确定，因为它受多种因素影响。

如果绘制 TGA 曲线下降段的切线十分困难，我们可使用美国 ASTM 和国际标准化组织（ISO）提供的替代方法来确定分解温度。根据 ASTM 的规定，我们可以通过绘制过失重 5% 和失重 50% 两点的直线，再将该直线与基线的延长线相交的点作为分解温度的估计值。而根据 ISO 的规定，我们可以通过绘制过失重 20% 和失重 50% 两点的直线，再将该直线与基线的延长线相交的点作为分解温度的估计值。这些方法都是在 TGA 曲线上找到失重百分比的特定点，然后绘制直线与基线的延长线相交的点来估计分解温度。这些方法的优势在于不需要绘制具体的切线，而是使用直线来近似表示分解温度。

14.2　仪器组成与结构

热重分析仪包括热天平、炉体加热系统、程序控温系统、气氛控制系统、称重变换器、放大器、模 / 数转换器、数据实时采集和记录装置等主要组成部分。这些组件共同作用，通过计算机及相关软件实现数据处理，生成测试曲线和分析结果。热重分析仪的主要功能是对样品进行热性质的分析和研究，可以用于研究材料的热分解、氧化、失重等过程以及测定样品的热稳定性、热分解温度等参数。热重分析仪的基本结构如图 14-2 所示。

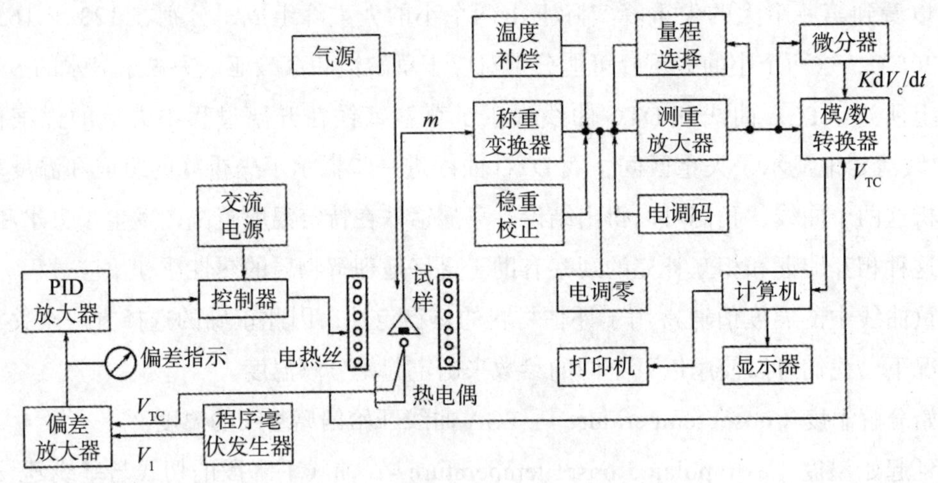

图 14-2　热重分析仪的基本结构

14.2.1　热天平

热天平的主要作用是将电路与天平结合，通过程序控温仪，按一定的升温速率对加热电炉进行升温（或保持恒温）。热天平的量程一般为 1 ～ 5 g，分辨率为 0.1 ～ 1 μg。

图 14-3 为电压式微量热天平的结构示意图。电压式微量热天平使用的是差动变压器

法，即零位法。当被测物质发生质量变化时，热天平中的光传感器会将这一变化转化为直流电信号。这个信号经过放大处理后，会反馈给天平的动圈，从而生成一个反向的电磁力矩，使天平能够返回到平衡位置。反馈产生的电位差与质量变化成正比，也就是说样品的质量变化可以被转化为电压信号。这种反馈机制可以使热天平对样品的质量变化非常敏感，并且能够实时地将质量变化转化为电压信号。这样，通过将电压信号进行放大和处理，我们就可以得到样品的质量变化情况，这个质量变化的信息可以用来生成测试曲线和分析结果，从而实现对样品的热性质进行分析和研究。总的来说，热天平通过光传感器将样品质量变化转化为电信号，并通过反馈机制使天平能够对质量变化进行补偿，从而实现对样品质量变化的测量和分析。

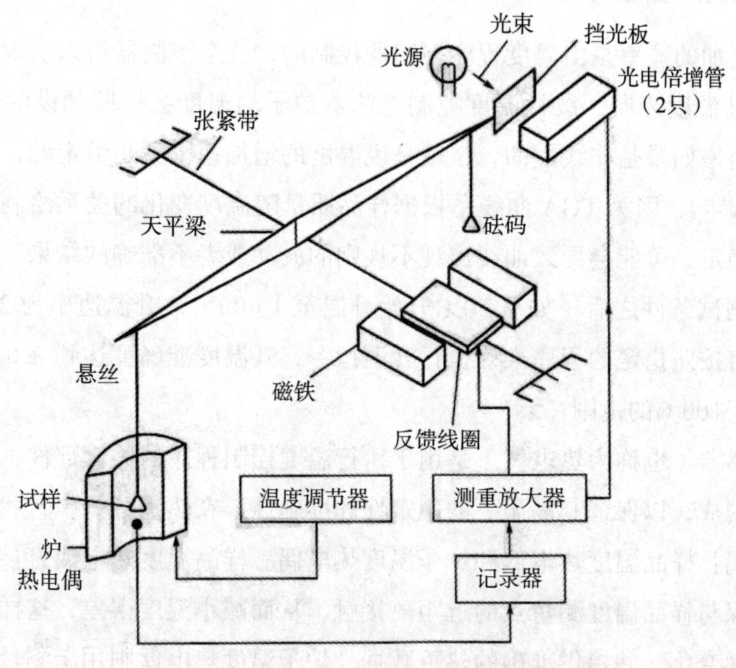

图 14–3　电压式微量热天平的结构示意图

根据试样与天平横梁支撑点之间的相对位置，热天平分为上皿式、平卧式和下皿式三种。

14.2.2　炉体加热系统

炉体是热重分析仪中的一个重要组成部分，通常包括炉管、炉盖、炉体加热器和隔离护套。

炉管是一个管状结构，用于容纳样品，并提供样品加热的环境，其内径根据炉子的类型而有所不同，最高温度可达 1 100℃，高温型的炉体可以加热到 1 600℃甚至更高。炉盖是用于覆盖炉管顶部的部件，它可以保持样品在炉体内的封闭环境，并且可以通过炉盖上的孔洞实现样品的进出。炉体加热器位于炉管表面的凹槽中，可以提供恒定的加热源，其中的加热线圈采取非感应的方式缠绕，这是为了克服线圈与样品之间的磁相互作用，从而避免对样品的影响。隔离护套是用来保护炉体和加热器的外部环境的，它可以防止外部环境对炉体和加热器的影响，也能够提供一定的绝缘和保温效果。

炉体的设计和性能对于热重分析的准确性和可靠性起着重要的作用，它能够提供稳定的温度环境，使样品可以按照预设的升温速率进行加热，从而实现对样品热性质的分析和研究。

14.2.3 程序控温系统

炉子温度增加的速率是由温度程序控制器控制的，这个控制器可以实现在不同的温度范围内进行线性温度控制，线性温度控制意味着炉子的温度会按照预设的升温速率稳定地增加。升温速率如果是非线性的，也就是说温度的增加速率不是恒定的，那么可能会对 TGA 曲线产生影响，因为 TGA 曲线是根据样品质量随温度变化的关系绘制的，如果温度的增加速率不稳定，可能会导致曲线出现不规则的波动或者不准确的结果。

在设定好测试条件之后（如从 50℃开始升温至 1 000℃，升温速率为 20℃ · min^{-1}），温度控制系统将按照指定的程序准确执行升温指令，其温度准确度达到 ± 0.25℃，温度涵盖了从室温到 1 100℃的范围。

热电偶传感器（也称为热电偶）是用于执行温度控制程序的关键部件，这些热电偶通常采用铂材料制成，以保证其高温下的稳定性和准确性。在热重分析中，我们通常使用两种类型的热电偶：样品温度热电偶和炉子温度热电偶。样品温度热电偶直接安置在样品托盘下方，以确保与样品温度测量点的近距离接触，从而减小温度误差，这样可以更准确地测量样品的温度变化，并提供准确的热重数据。炉子温度热电偶则用于测量炉温并控制炉子的电源，它位于炉管表面，可以实时监测炉子的温度变化，并将这些数据反馈给程序控制器，程序控制器根据炉子温度热电偶的反馈信号，调节炉子的电源，以实现预设的温度升降速率和稳定性。

14.2.4 气氛控制系统

气氛控制系统通常分为两路。一路是反应气体，反应气体经反应性气体毛细管引入样品池附近，并随样品进入炉腔，以确保整个测试过程处于特定气氛下，气体的选择取决于样品需求，有的需要参与反应的气体，而有的需要惰性气体。另一路是用于保护热天平的气氛，它可对热天平室内进行吹扫，以防止样品加热时可能释放的腐蚀性气体进入热天平室，从而提高精度并延长热天平的寿命。

14.3　实验内容

14.3.1　$CuSO_4 \cdot 5H_2O$ 脱水的热重分析

1. 实验目的

（1）了解热重分析仪的基本原理、测试方法及应用。

（2）了解五水硫酸铜热分解反应的步骤及特点。

（3）熟悉热重分析仪的基本结构与操作技术。

（4）掌握绘制五水硫酸铜的热重曲线的方法。

2. 实验原理

在含水盐中，结晶水通常以晶格水、配位水和阴离子水等形式存在。晶格水是那些仅占据晶格中特定位置的水分子，其结合力最弱，特别容易在受热时失去。配位水与金属离子之间有较强的结合力，这种结合力受金属离子的正电场强度影响，正电场越强，结合力越大，水合热越高，失水温度也越高。阴离子水通常通过氢键与阴离子结合，相对难以失去，通常需要升温到 473 ～ 573 K 才能失去。

$CuSO_4 \cdot 5H_2O$ 在常温常压下性质稳定，不易潮解，但易在干燥空气中风化。具体的加热脱水直至分解的过程如下：

$$CuSO_4 \cdot 5H_2O \longrightarrow CuSO_4 \cdot 3H_2O + 2H_2O \uparrow$$

$$CuSO_4 \cdot 3H_2O \longrightarrow CuSO_4 \cdot H_2O + 2H_2O \uparrow$$

$$CuSO_4 \cdot H_2O \longrightarrow CuSO_4 + H_2O \uparrow$$

本实验使用 α-Al_2O_3 作为参比物，通过热重分析的方法定量研究 $CuSO_4 \cdot 5H_2O$ 在热处理过程中的质量变化。借助 TGA 和 DTG 曲线，我们可以精确计算每一阶段的失重率，从而推测并分析 $CuSO_4 \cdot 5H_2O$ 在失去五分子结晶水的过程中所发生的变化。

3. 仪器与试剂

（1）仪器：差热分析仪。

（2）试剂：$CuSO_4 \cdot 5H_2O$（分析纯）；α-Al_2O_3。

4. 实验步骤

（1）逐一启动以下设备及仪器：稳压电源、工作站、气体流量计、主机（主机的开关位于后方）以及电脑。同时打开氮气瓶，并将压强调整至 0.5 MPa。

（2）打开炉子，将左、右两个陶瓷杆手动插入铝堆场容器中，然后关闭炉子。在操作界面上进行零点校准，仪器将自动扣除空塌的重量。

（3）打开炉子并取出样品堆场容器，将 5 ～ 10 mg 的样品研磨成粉末，并将其放入铝堆场容器中。

（4）启动 TA-60WS Collection Monitor 软件，并点击“measure”。在弹出的“measure parameter”窗口中，设置所需的程序温度。然后点击“Start”，选择存储测量文件的位置。

（5）单击“Start”按钮开始测量过程。

（6）测定完成后，仪器自动停止操作。

5. 数据记录及处理

从 $CuSO_4 \cdot 5H_2O$ 脱水的热重曲线上确定各脱水峰温度，并根据热谱图推测各峰所代表的可能反应，写出反应方程式。

6. 注意事项

（1）定期使用标准物质进行温度校正，每月执行一次。

（2）在进行实验之前，首先测定基线，并扣除基线漂移。

（3）在实验过程中，应避免仪器周围的强烈振动，以确保实验曲线的准确性。

（4）当处理样品时，应轻拿轻放，以避免损坏天平梁。

（5）样品的体积通常不应超过坩埚容积的 1/3。

7. 思考题

（1）哪些因素会影响热重分析的测试结果？如何规避这种影响？

（2）升温速率的大小对实验曲线的形状有何影响？

14.3.2 草酸钙与二茂铁的热重分析和差示扫描量热测定

1. 实验目的

（1）掌握两种常用的热分析方法——热重分析法和差示扫描量热法的基本原理和分析方法。

（2）了解热重分析仪和差示扫描量热仪的基本结构和基本操作。

2. 实验原理

热重分析是通过记录试样质量与温度（或时间）之间的关系而得到的曲线。根据热重分析曲线，我们可以计算不同温度区间的失重百分率，从而推断出物质在不同温度下的热分解过程和各反应阶段的产物组成，进一步了解物质的热稳定性。

差示扫描量热法测量的是温度与热流之间的关系，尤其关注材料内部的热转变。差示扫描量热法可用于检测物质的熔点、熔程、比热容、结晶、分解等随温度变化而发生的热转变，还可用于高分子材料中的玻璃化转变温度等二级热容变化。

3. 仪器和试剂

（1）仪器：热重分析仪（瑞士梅特勒公司 TGA/SDTA851e）；差示扫描量热仪（DSC822e）；氧化铝坩埚 1 只；铝坩埚 2 只；镊子，小勺。

（2）试剂：待测样品草酸钙，二茂铁。

4. 实验步骤

（1）热重分析。①开机：启动恒温水浴槽，确保气体通路畅通，然后启动 TGA 主机。②测试步骤：设置实验参数，等待仪器稳定后，将样品放入样品仓进行测试。③数据处理：打开数据处理软件，选择要处理的曲线，根据需要对曲线进行各种数据处理。④关机：只有在 TGA 主机的炉温低于 300℃时才能关闭恒温水浴槽，然后按顺序关闭 TGA 主机、气体供应和计算机。

（2）差示扫描量热分析。①开机：打开 DSC822e 主机电源，确保气体通路通畅，同时启动计算机和制冷机。②测试步骤：设定实验参数，将样品放入事先称好重量的坩埚中，等待仪器稳定后，放入样品进行测试。③数据处理：启动数据处理软件，选择需要处理的曲线，根据需要进行曲线处理，测得样品的熔融温度和熔融热。④关机：只有在 DSC 主机的炉温低于 200℃时才能关闭低温冷却器，然后关闭气体供应，最后关闭计算机。

5. 数据记录与处理

（1）通过分析热重曲线的各项数据，我们可以推断出草酸钙的热分解过程以及各个反应阶段的产物组成，有助于了解物质的热稳定性。

（2）对 DSC 曲线的讨论可以确定二茂铁的熔融温度和熔融热，有助于了解其热性质和熔融行为。

（3）就基本原理和实验进行讨论，写出实验报告。

6. 注意事项

（1）严格遵循仪器开关机顺序及温度控制。

（2）使用高温加热器具应严格按照仪器使用规范。

7. 思考题

（1）热重分析能够得到什么信息？哪些因素会影响热重分析曲线？

（2）从差示扫描量热法可得到什么信息？影响差示扫描量热曲线的因素有哪些？

14.3.3 热重法和差热分析法测定 $FeSO_4 \cdot 7H_2O$ 的脱水过程

1. 实验目的

（1）掌握热重法和差热分析法的基本原理和分析方法。

（2）了解热重 / 差热综合分析仪的基本结构。

（3）根据热谱图分析 $FeSO_4 \cdot 7H_2O$ 的脱水过程。

2. 实验原理

热重 / 差热综合分析仪是一种可以在程序控制的温度条件下同时测定试样质量和焓随温度变化的仪器。通过将试样置于相同的热处理条件和环境下，该仪器可以提供具有高度可比性和准确性的 ΔG（自由能变化）和 ΔT（温度变化）的结果。这有助于消除因试样不均匀或不同气氛等因素引起的干扰，因为它同时测定热重和差热数据。此外，使用这种仪器进行一次测试可以获得更多的信息，为进一步的研究提供更多的参考。

七水合硫酸亚铁通常被称为绿矾，是一种呈浅绿色晶体状的物质。这种物质在不同的温度下可以逐步失去结晶水。

$$FeSO_4 \cdot 7H_2O \longrightarrow FeSO_4 \cdot 4H_2O + 3H_2O$$

$$FeSO_4 \cdot 4H_2O \longrightarrow FeSO_4 \cdot 2H_2O + 2H_2O$$

$$FeSO_4 \cdot 2H_2O \longrightarrow FeSO_4 \cdot H_2O + H_2O$$

$$FeSO_4 \cdot H_2O \longrightarrow FeO \cdot SO_3 + H_2O$$

$FeSO_4 \cdot 7H_2O$ 是白色粉末，本实验是将已知质量的 $FeSO_4 \cdot 7H_2O$ 加热，除去所有的结晶水后称重，便可计算出 $FeSO_4 \cdot 7H_2O$ 中结晶水的数目。

3. 仪器与试剂

（1）仪器：Q100 热重 / 差热综合分析仪；FC60A 气体流量控制器；TG-60 WS 工作站；电子天平；坩埚。

（2）试剂：待测试样 $FeSO_4 \cdot 7H_2O$；参比物 。

4. 实验步骤

（1）样品准备：精确称取 3 ～ 5 mg 待测样品和参比物，分别放入两个清洁且干燥的坩埚中。

（2）开始测量：选择合适的实验条件并启动测量，以获取谱图。

5. 数据记录与处理

（1）由所测 DTG 曲线测量各峰的起始温度和峰温，并填入表 14-1 中。

表 14-1　各峰起始温度及峰温

峰编号	起始温度 T_0 / ℃	峰温 T_m / ℃

（2）分析由热效应而产生谱峰的原因。

（3）依据 TG 曲线，解释各台阶产生的原因。进一步根据失重率推断 $FeSO_4 \cdot 7H_2O$ 的热分解反应机理。

6. 注意事项

（1）在称量时，确保坩埚的干净是非常重要的。否则，不仅会影响热传导，坩埚内残留的物质也可能在受热的过程中发生物理化学变化，从而影响实验结果的准确性。

（2）试样的用量需要适中，本实验只需使用大约 10 mg 的试样。过多的试样会影响试样的热传递效果，用量太少会降低测定结果的精确性。

（3）在处理坩埚时，务必小心，轻拿轻放。取放坩埚时，使用试样托板，避免异物掉入加热炉膛内。

（4）放入试样后，等仪器示数稳定，并确保炉体内具有实验所需的气氛条件。

（5）在仪器使用过程中，通入氮气通常是必要的。对于一般试样测定，氮气的流量通常设置为 30 ～ 50 $mL \cdot min^{-1}$。

7. 思考题

（1）影响本次实验的主要因素有哪些？

（2）简述热重分析和差热分析的应用范围。

参考文献

[1] 白玲，石国荣，王宇昕 . 仪器分析实验 [M].2 版 . 北京：化学工业出版社，2017.

[2] 陈怀侠 . 仪器分析实验 [M]. 北京：科学出版社，2017.

[3] 董坚，刘福建，邵林军，等 . 高分子仪器分析实验方法 [M]. 杭州：浙江大学出版社，2017.

[4] 高秀蕊，孙春艳 . 仪器分析操作技术 [M]. 东营：中国石油大学出版社，2017.

[5] 高义霞，周向军 . 食品仪器分析实验指导 [M]. 成都：西南交通大学出版社，2016.

[6] 干宁，沈昊宇，贾志舰，等 . 现代仪器分析实验 [M]. 北京：化学工业出版社，2019.

[7] 郭雪松，商琳，张卓姝 . 近红外光谱技术在二组分混纺面料纤维成分含量快检中的应用 [J]. 分析仪器，2017（3）：33-38.

[8] 黄丽英 . 仪器分析实验指导 [M]. 厦门：厦门大学出版社，2014.

[9] 胡坪，王氢 . 仪器分析 [M].5 版 . 北京：高等教育出版社，2019.

[10] 金银平 . 微波消解 - 电感耦合等离子体发射光谱法测定人发中微量元素及其临床意义 [J]. 国际检验医学杂志，2013，34（10）：1280，1345.

[11] 李险峰，金真，马毅红，等 . 现代仪器分析实验技术指导 [M]. 广州：中山大学出版社，2017.

[12] 刘雪静 . 仪器分析实验 [M]. 北京：化学工业出版社，2019.

[13] 卢亚玲，汪河滨 . 仪器分析实验 [M]. 北京：化学工业出版社，2019.
[14] 卢士香，齐美玲，张慧敏，等 . 仪器分析实验 [M]. 北京：北京理工大学出版社，2017.
[15] 宋桂兰 . 仪器分析实验 [M].2 版 . 北京：科学出版社，2015.
[16] 唐仕荣 . 仪器分析实验 [M]. 北京：化学工业出版社，2016.
[17] 王静 . 电感耦合等离子体原子发射光谱法测定电镀铬溶液中铜、铁、铝及镍元素的含量 [J]. 化学分析计量，2012，21（3）：69-70.
[18] 王元兰 . 仪器分析实验 [M]. 北京：化工工业出版社，2014.
[19] 王淑华，李红英 . 仪器分析实验 [M]. 北京：化学工业出版社，2019.
[20] 叶明德 . 新编仪器分析实验 [M]. 北京：科学出版社，2016.
[21] 叶美英 . 仪器分析实验 [M]. 北京：化学工业出版社，2017.
[22] 郁桂云，钱晓荣 . 仪器分析实验教程 [M]. 上海：华东理工大学出版社，2015.
[23] 张进，孟江平 . 仪器分析实验 [M]. 北京：化学工业出版社，2017.
[24] 张景萍，尚庆坤 . 仪器分析实验 [M]. 北京：科学出版社，2017.
[25] 郑国经 . 电感耦合等离子体原子发射光谱分析仪器与方法的新进展 [J]. 冶金分析，2014，34（11）：1-10.
[26] 国家药典委员会 . 中华人民共和国药典 [M]. 北京：中国医药科技出版社，2015.
[27] 全国物理化学计量技术委员会 . 液相色谱仪：JJG 705—2014[S]. 北京：中国标准出版社，2014.
[28] 中华人民共和国国家质量监督检验检疫总局（现国家市场监督管理总局）. 特种设备安全技术规范 气瓶安全技术监察规程：TSG R0006—2014[S]. 北京：中国标准出版社，2014.
[29] 全国气瓶标准化技术委员会 . 气瓶颜色标准：GB/T 7144—2016[S]. 北京：中国标准出版社，2016.
[30] 全国气瓶标准化技术委员会 . 气体警示标签：GB/T 16804—2011[S]. 北京：中国标准出版社，2011.
[31] 刘冰冰，刘佳，贾娜，等 . 电感耦合等离子体原子发射光谱法测定地下水及生活饮用水中硫酸根的含量 [J]. 理化检验 - 化学分册，2022，58（11）：1260-1264.
[32] 洪欣，王晓飞，苏荣，等 . 电感耦合等离子体原子发射光谱法测定河流和湖泊沉积物中 11 种重金属元素含量 [J]. 理化检验（化学分册），2017，53（7）：787-791.
[33] 李文文，唐道军，张蓉蓉，等 . 固相萃取 GC-MS/MS 法测定海水中多环芳烃研究 [J]. 宁波大学学报（理工版），2021，34（4）：15-20.

[34] 李雨琦，李玮，张蓉蓉，等 . QuEChERS- 气相色谱串联质谱法测定海水鱼体中有机磷阻燃剂 [J]. 分析试验室，2020，39（8）：869-874.

[35] 时衍伟，王刘勇，张蓉蓉，等 . GC-MS/MS 法测定沉积物和生物样品中邻苯二甲酸酯 [J]. 分析试验室，2022，41（2）：141-146.

[36] 张希静，费书梅，于春波 . 火花放电原子发射光谱法分析低合金钢中酸溶铝 [J]. 中国检验检测，2023，31（4）：33-35，15.

[37] 王应平，李鑫雯，施白妮，等 . 交流电弧直读原子发射光谱法测定碳酸盐岩石样品中的银、锡 [J]. 世界有色金属，2023（8）：135-137.

[38] 刘江斌，武永芝 . 原子发射光谱法快速测定矿石中锡 [J]. 冶金分析，2013，33（3）：65-68.

[39] 杨永坛，杨海鹰，陆婉珍 . 催化柴油中硫化物的气相色谱 - 原子发射光谱分析方法及应用 [J]. 色谱，2002（6）：493-497.

[40] 梁咏梅，刘文惠，刘耀芳 . 重油催化裂化汽油中含硫化合物的分析 [J]. 色谱，2002（3）：283-285.

[41] 中国分析测试协会 . 海水养殖水镉的测定 电感耦合等离子体质谱法：T/CAIA/SH012—2019[S]. 北京：中国标准出版社，2019.

[42] 天津市市场监督管理委员会 . 海产品中重金属元素的测定方法 电感耦合等离子体质谱法：DB12/T 1020—2020[S]. 北京：中国标准出版社，2020.